全国安全技能提升培训统编教材

金属冶炼从业人员
安全技能提升培训教材

人力资源社会保障部教材办公室
北京注安注册安全工程师安全科学研究院
组织编写

本书主编：井延海

中国劳动社会保障出版社

图书在版编目(CIP)数据

金属冶炼从业人员安全技能提升培训教材/人力资源社会保障部教材办公室，北京注安注册安全工程师安全科学研究院组织编写. -- 北京：中国劳动社会保障出版社，2021
全国安全技能提升培训统编教材
ISBN 978-7-5167-5106-0

Ⅰ.①金… Ⅱ.①人…②北… Ⅲ.①冶金工业-安全生产-生产管理-安全培训-教材 Ⅳ.①TF088

中国版本图书馆 CIP 数据核字(2021)第 206882 号

中国劳动社会保障出版社出版发行
（北京市惠新东街 1 号　邮政编码：100029）
*
三河市华骏印务包装有限公司印刷装订　新华书店经销
787 毫米×1092 毫米　16 开本　21.25 印张　341 千字
2021 年 11 月第 1 版　　2021 年 11 月第 1 次印刷
定价：56.00 元

读者服务部电话：(010) 64929211/84209101/64921644
营销中心电话：(010) 64962347
出版社网址：http://www.class.com.cn

内容简介

《中华人民共和国安全生产法》明确规定，生产经营单位应当对从业人员进行安全生产教育和培训，保证从业人员具备必要的安全生产知识。《关于高危行业领域安全技能提升行动计划的实施意见》要求企业要严把新员工安全技能培训关，确保所有在岗员工培训考试合格后上岗，要重点开展高危企业各类人员的安全技能提升培训，将安全生产知识贯穿各类人员职业培训全过程。

本教材紧扣金属冶炼从业人员安全生产培训国家大纲，内容包括安全生产法律法规，安全管理基础，烧结、球团、焦化及常用气体使用安全技能，金属冶炼安全技能，金属压力加工安全技能，金属冶炼职业病防治，事故应急与救护，金属冶炼典型事故案例分析等。本教材内容全面，系统性强且理论联系实际，适合金属冶炼相关企业的所有从业人员学习和使用，适用于金属冶炼及其相关企业的从业人员安全技能提升培训、安全生产培训、再培训、工伤预防培训等。

前言

实施高危行业领域安全技能提升行动计划，推动从业人员安全技能水平大幅度提升，是贯彻落实《职业技能提升行动方案（2019—2021年）》《应急管理部　人力资源社会保障部　教育部　财政部　国家煤矿安全监察局关于高危行业领域安全技能提升行动计划的实施意见》（应急〔2019〕107号，以下简称《实施意见》）和《应急管理部办公厅关于扎实推进高危行业领域安全技能提升行动的通知》（应急厅〔2020〕34号）部署的重点工作。《实施意见》要求，高危企业在岗和新招录从业人员100%培训考核合格后上岗；高危企业班组长普遍接受安全技能提升培训，将高危企业班组长轮训一遍；实行企业内安全培训、职业技能培训等学习成果互认；开展在岗员工安全技能提升培训，培训计划要覆盖全员；要分岗位对全体员工考核一遍，考核不合格的，按照新上岗人员培训标准离岗培训，考核合格后再上岗；高危企业新上岗人员安全生产与工伤预防培训不得少于72学时，考核合格后方可上岗。

本套“全国安全技能提升培训统编教材”的编写重点突出三个特点：一是重点突出安全操作技能；二是重点突出典型事故案例及事故预防；三是重点突出培训实效。本套教材通过从业人员应知应会的内容，提高从业人员的学习兴趣，激发其学习积极性，使培训内容易学易懂、易于掌握，适合所有从业人员学习掌握安全知识，达到提升其安全技能的培训效果。通过培训，使从业人员了解我国安全生产方针、有关法律法规和规章；熟悉从业人员安全生产的权利和义务；掌握安全生产基本知识、安全操作规程，个人防护、避灾、自救与互救方法，事故应急措施，安全设施和个人劳动防护用品的使用和维护，以及职业病预防知识等，具备与其从事作业场所和工作岗位相适应的知识和能力。根据《实施意见》的要求，从业人员应人手一册本教材，接受安全技能培训，经考试合格后，方准上岗作业。

按照《实施意见》要求："应急管理部门要提供专家、内容资源等支持，会同人力资源社会保障和教育部门组织编制培训大纲和有关教材。"为编写理论与实践相结合的优质教材，推进"产学研"协同创新，人力资源社会保障部教材办公室与北京注安注册安全工程师安全科学研究院组织国内知名高等院校的相关专家学者系统地编写了本套教材，包括企业通用教材和煤矿、非煤矿山、化工危险化学品、金属冶炼、烟花爆竹等高危行业领域教材，并已纳入《国家职业技能提升行动推荐教材目录》。本套教材在编写过程中，由应急管理部门提供专家、内容资源及编写意见。为了发挥专业教材的出版优势，更有力地推动安全技能提升工作，本套教材由中国人力资源和社会保障出版集团中国劳动社会保障出版社出版发行。

人力资源社会保障部教材办公室

北京注安注册安全工程师安全科学研究院

2021 年 5 月

目录

第一章　安全生产法律法规

第二章 安全管理基础

第三章 烧结、球团、焦化及常用气体使用安全技能

第四章　金属冶炼安全技能

第五章　金属压力加工安全技能

第六章　金属冶炼职业病防治

第七章　事故应急与救护

第八章　金属冶炼典型事故案例分析

第一章　安全生产法律法规

第一节　安全生产方针、政策

安全生产是关系人民群众生命财产安全的大事，是经济社会协调健康发展的标志，是党和政府对人民利益高度负责的要求。党中央、国务院历来高度重视安全生产工作，安全为了生产、生产必须安全是现代工业的客观需要。《中共中央　国务院关于推进安全生产领域改革发展的意见》中明确指出，“坚守发展决不能以牺牲安全为代价这条不可逾越的红线”。这条红线是确保人民生命财产安全和经济社会发展的保障线，是各行业各单位和全体职工确保安全生产的责任线。

一、安全生产方针

1. 安全生产方针的内容

《中华人民共和国安全生产法》规定，安全生产工作坚持中国共产党的领导。安全生产工作应当以人为本，坚持人民至上、生命至上，把保护人民生命安全摆在首位，树牢安全发展理念，坚持安全第一、预防为主、综合治理的方针，从源头上防范化解重大安全风险。安全生产工作实行管行业必须管安全、管业务必须管安全、管生产经营必须管安全，强化和落实生产经营单位的主体责任与政府监管责任，建立生产经营单位负责、职工参与、政府监管、行业自律和社会监督的机制。

安全生产方针是安全生产的总方针、总政策，是党和国家针对生产建设而制定的工作方针，是社会主义制度优越性的具体体现，是对各行业安全生产工作总的要求和指导原则，它为安全生产工作指明了方向。

2. 安全生产方针的内涵

“安全第一”是指在看待和处理安全同生产与其他工作的关系上，要突出安全，要把安全放在一切工作的首要位置。当生产或其他工作与安全发生矛盾时，安全是主要的、第一位的，生产和其他工作要服从于安全，要做到不安全不生产，风险不管控不生产，隐患不排除不生产，安全措施不落实不生产。

“预防为主”是指在事故预防与事故处理的关系上，应以预防为主，防患于未然。依靠安全风险分级管控和事故隐患排查治理双重预防等有效的防范措施，把安全风险管控挺在隐患前面，把隐患排查治理挺在事故前面，把事故消灭在其发生之前。

“综合治理”是预防事故及其危害的一种最佳方法，在全行业、全系统、全企业各部门的业务关系上，要把安全工作看作一项复杂而艰巨的工作，必须齐抓共管、综合治理；坚持“管理、装备、素质、系统”并重的基本原则，全员、全过程、全方位搞好安全工作。

二、安全生产政策

党的十八大以来，习近平总书记作出一系列重要讲话，深刻阐述了安全生产的重要意义、思想理念、方针政策和工作要求，强调必须“坚守发展决不能以牺牲安全为代价这条不可逾越的红线”，明确要求“党政同责、一岗双责、齐抓共管、失职追责”。李克强总理多次作出重要批示，强调要以对人民群众生命高度负责的态度，坚持预防为主、标本兼治，以更有效的举措和更完善的制度，切实落实和强化安全生产责任，筑牢安全防线。习近平总书记的重要指示和李克强总理的重要批示，为我国安全生产工作提供了新的理论指导和行动指南。

2016 年 12 月 9 日，《中共中央　国务院关于推进安全生产领域改革发展的意见》（以下简称《意见》）印发实施，标志着我国安全生产领域改革发展迎来了一个新时期。《意见》以习近平总书记系列重要讲话特别是关于安全生产重要论述为指导，顺应全面建成小康社会发展大势，总结实践经验，吸收创新成果，坚持目标和问题导向，科学谋划安全生产领域改革发展蓝图，是今后一个时期全国安全生产工作的行动纲领。

《意见》是中华人民共和国成立以来第一个以党中央、国务院名义出台的安全生产工作的纲领性政策文件，对推动我国安全生产工作具有里程碑式的重大意义。《意见》指出，“坚守发展决不能以牺牲安全为代价这条不可逾越的红线”，构建“党政同责、一岗双责、齐抓共管、失职追责”的安全生产责任体系，推进安全监管体制改革，坚持管生产必须管安全，充实执法力量，堵塞监管漏洞，切实消除盲区。以下简要介绍《意见》的重要内容。

1. 指导思想

全面贯彻党的十八大和十八届三中、四中、五中、六中全会精神，以邓小平理论、“三个代表”重要思想、科学发展观为指导，深入贯彻习近平总书记系列重要讲话精神和治国理政新理念新思想新战略，进一步增强“四个意识”，紧紧围绕统筹推进“五位一体”总体布局和协调推进“四个全面”战略布局，牢固树立新发展理念，坚持安全发展，坚守发展决不能以牺牲安全为代价这条不可逾越的红线，以防范遏制重特大生产安全事故为重点，坚持安全第一、预防为主、综合治理的方针，加强领导、改革创新，协调联动、齐抓共管，着力强化企业安全生产主体责任，着力堵塞监督管理漏洞，着力解决不遵守法律法规的问题，依靠严密的责任体系、严格的法治措施、有效的体制机制、有力的基础保障和完善的系统治理，切实增强安全防范治理能力，大力提升我国安全生产整体水平，确保人民群众安康幸福、共享改革发展和社会文明进步成果。

2. 基本原则

（1）坚持安全发展。贯彻以人民为中心的发展思想，始终把人的生命安全放在首位，正确处理安全与发展的关系，大力实施安全发展战略，为经济社会发展提供强有力的安全保障。

（2）坚持改革创新。不断推进安全生产理论创新、制度创新、体制机制创新、科技创新和文化创新，增强企业内生动力，激发全社会创新活力，破解安全生产难题，推动安全生产与经济社会协调发展。

（3）坚持依法监管。大力弘扬社会主义法治精神，运用法治思维和法治方式，深化安全生产监管执法体制改革，完善安全生产法律法规和标准体系，严格规范公正文明执法，增强监管执法效能，提高安全生产法治化水平。

（4）坚持源头防范。严格安全生产市场准入，经济社会发展要以安全为前提，把安全生产贯穿城乡规划布局、设计、建设、管理和企业生产经营活动全过程。构建风险分级管控和隐患排查治理双重预防工作机制，严防风险演变、隐患升级导致生产安全事故发生。

（5）坚持系统治理。严密层级治理和行业治理、政府治理、社会治理相结合的安全生产治理体系，组织动员各方面力量实施社会共治。综合运用法律、行政、经济、市场等手段，落实人防、技防、物防措施，提升全社会安全生产治理能力。

第二节　我国安全生产法律体系

安全生产立法是安全生产法制建设的前提和基础，安全生产法制建设是做好安全生产工作的重要制度保障。在新时期新时代，全面加强我国安全生产立法建设，完善安全生产法律体系，加强相关行政机关的依法管理，是激发全社会对生命权的保护，提高全民安全法治意识，规范生产经营单位的安全生产主体责任，强化安全生产监督管理，遏制各类事故尤其是重特大事故发生的前提和基础。

一、我国安全生产立法现状

安全生产立法泛指国家立法机关和行政机关依照法定职权和法定程序制定、修订有关安全生产方面的法律、法规、规章的活动。

加强安全生产法制建设，依法加强安全管理，是安全生产领域贯彻落实“依法治国”基本方略，建立依法、科学、长效的安全管理体制机制，推动实现安全生产长治久安的必然要求和根本举措。特别是在党的十一届三中全会以后，随着我国改革开放事业的不断发展，经济结构和生产方式不断变化，市场主体和利益主体日益多样化、多元化。按照依法治国、建设社会主义法治国家的要求，安全生产秩序除了要采用经济手段和必要的行政手段外，更重要的是要依靠法律的手段来维护。在新形势下，我国大大加快了有关安全生产的立法步伐，中央和地方各有关部门陆续颁布实施了一系列与安全生产有关的法律、法规、部门规章、地方性法规、地方行政规章和其他规范性文件，经过多年来的持续努力，基本建立了以《中华人民共和国安全生产法》为主体，由国家相关法律法规和标准规程、部门规章、规范性文件等所构成的安全生产法律体系，安全生产各方面工作大致上都可以做到有法可依、有章可循。

据统计，目前全国人大、国务院和相关主管部门已经颁布实施的有关安全生产的法律法规约有160多部。其中，包括《中华人民共和国劳动法》《中华人民共和国安全生产法》《中华人民共和国煤炭法》《中华人民共和国矿山安全法》《中华人民共和国职业病防治法》《中华人民共和国海上交通安全法》《中华人民共和国道路交通安全法》《中华人民共和国消防法》《中华人民共和国铁路法》《中华人民共和国民用航空法》《中华人民共和国电力法》《中华人民共和国建筑法》《中华人民共和国特种设备安全法》等10多部法律；国务院制定的《国务院关于特大安全事故行政责任追究的规定》《安全生产许可证条例》《煤矿安全监察条例》《国务院关于预防煤矿生产安全事故的特别规定》《生产安全事故报告和调查处理条例》《危险化学品安全管理条例》《中华人民共和国道路交通安全法实施条例》《建设工程安全生产管理条例》等50多部行政法规；国务院有关部门和机构制定的《安全生产违法行为行政处罚办法》《安全生产监督罚款管理暂行办法》《安全生产领域违法违纪行为政纪处分暂行规定》《煤矿安全监察行政处罚办法》《危险化学品登记管理办法》等100多部部门规章。各地人大和政府也陆续出台了地方性法规和地方政府规章，各省（自治区、直辖市）也制定出台了当地的安全生产条例。

需要指出的是，中华人民共和国成立以来，我国安全生产标准化工作发展迅速。据不完全统计，国家及各行业颁布了涉及安全生产的国家标准1 500多项，各类行业标准几千项。《中华人民共和国安全生产法》有关条款明确要求生产经营单位必须执行安全生产国家标准或者行业标准，通过法律的规定赋予了国家标准和行业标准强制执行的效力。此外，我国许多安全生产相关法律法规直接将一些重要的安全生产标准规定在其中，使之上升为安全生产法律法规中的条款。因此，我国安全生产国家标准和行业标准，也可以被视为我国安全生产法律体系的一个重要组成部分。

二、我国安全生产法律体系的基本架构

1. 目前的安全生产法律体系

安全生产法律体系是一个包含多种法律形式和法律层次的综合性系统，法的层级不同，其法律地位和效力也不同。根据法的不同层级和效力位阶，可以分为上位法与下位法。上位法和下位法是相对的概念，上位法是相对效力较高的法律，就法律效力大小而言，效力大的为上位法，它之下生效的为下位法。不同的安全生产立法对同一类或者同一个安全生产行为作出不同法律规定的，以上位法的规定为准，适用上位法的规定。上位法没有规定的，可以适用下位法，下位法的数量一般多于上位法。从法律规范的形式和特点来讲，既包括作为整个安全生产法律法规基础的宪法规范，也包括行政法律规范、技术性法律规范、程序性法律规范。按照法的不同层级和效力位阶，安全生产法律体系由以下 5 个门类和安全生产标准组成。

（1）宪法。《中华人民共和国宪法》是安全生产法律体系框架中的最高层级，其中的“加强劳动保护，改善劳动条件”是在安全生产方面具有最高法律效力的规定。

（2）安全生产方面的法律

1）基础法。我国有关安全生产的法律包括《中华人民共和国安全生产法》和与它平行的专门法律和相关法律。《中华人民共和国安全生产法》是综合规范安全生产工作制度的法律，它适用于所有生产经营单位，是我国安全生产法律体系的核心。

2）专门法律。专门安全生产法律是规范某一专业领域安全生产工作制度的法律。我国在专业领域的法律有《中华人民共和国矿山安全法》《中华人民共和国海上交通安全法》《中华人民共和国消防法》《中华人民共和国道路交通安全法》和《中华人民共和国特种设备安全法》等。

3）相关法律。与安全生产相关的法律是指安全生产专门法律以外的其他涉及安全生产内容的法律，如《中华人民共和国劳动法》《中华人民共和国建筑法》《中华人民共和国煤炭法》《中华人民共和国铁路法》《中华人民共和国民用航空法》《中华人民共和国工会法》《中华人民共和国全民所有制工业企业法》《中华人民共和国乡镇企业法》和《中华人民共和国矿产资源法》等。还有一些与安全生产监督执法工作有关的法律，如《中华人民共和国刑法》《中华人民共和国刑事诉讼法》《中华人民共和国行政处罚法》

《中华人民共和国行政复议法》《中华人民共和国国家赔偿法》和《中华人民共和国标准化法》等。

(3) 安全生产行政法规。安全生产行政法规是由国务院组织制定并批准公布的，是为实施安全生产法律或规范安全生产监督管理制度而制定并颁布的一系列具体规定，是实施安全生产监督管理和监察工作的重要依据。我国已颁布了多部安全生产行政法规，如《国务院关于特大安全事故行政责任追究的规定》《煤矿安全监察条例》等。

(4) 地方性安全生产法规。地方性安全生产法规是指由有立法权的地方权力机关——地方人民代表大会及其常务委员会制定的安全生产规范性文件。地方性安全生产法规是由法律授权制定的，是对国家安全生产法律法规的补充和完善，以解决本地区某一特定的安全生产问题为目标，具有较强的针对性和可操作性。如目前我国多数的省（自治区、直辖市）人大都制定了当地的安全生产条例、劳动安全卫生条例以及矿山安全法的实施办法等。

(5) 部门安全生产规章、地方政府安全生产规章。根据《中华人民共和国立法法》的有关规定，部门规章之间、部门规章与地方政府规章之间具有同等效力，并在各自的权限范围内施行。

国务院部门安全生产规章由有关部门为加强安全生产工作而颁布的规范性文件组成，从部门角度可划分为交通运输业、化学工业、石油工业、机械工业、电子工业、冶金工业、电力工业、建筑业等。部门安全生产规章作为安全生产法律法规的重要补充，在我国安全生产监督管理工作中起着十分重要的作用。

地方政府安全生产规章一方面从属于法律和行政法规，另一方面又从属于地方法规，并且不能与它们相抵触。

(6) 安全生产标准。安全生产标准是安全生产法律体系中的一个重要组成部分，也是安全生产监督管理和监察工作的重要依据。安全生产标准大致分为：设计规范类，安全生产设备、工具类，生产工艺安全卫生类，劳动防护用品类。

2. 涉及安全生产的相关法律范畴

我国的安全生产法律体系比较复杂，它覆盖整个安全生产领域，包含多种法律形式，根据涵盖内容还可以分成 8 个类别，包括综合类安全生产法律法规、矿山类安全生产法律法规、危险物品类安全生产法律法规、建筑业安全生产法律法规、交通运输安全生产法律法规、公众聚集场所及消防安全法律法规、其他安全生产法律法规和国际劳工安全卫生标准。其中，综合类安全生产法律法规是指同时适用于矿山、危险物品、建筑业和其他专业领域的安全生产法律法规，它对各行各业的安全生产行为都具有指导和规范作用，主导性的法律是《中华人民共和国劳动法》《中华人民共和国安全生产法》《中华人民共和国职业病防治法》等，由监督检查职责、事故报告和调查处理、重大危险源监管、中介服务管理、检测检验、培训考核、劳动防护用品管理和举报奖励等通用安全生产与职业卫生内容组成。

当前，国际上将贸易与劳工标准挂钩已是必然的发展趋势，我国早已加入世界贸易组织，参与世界贸易必须遵守国际通行的规则，安全生产立法和监督管理工作也需要与国际接轨。

国际劳工组织自1919年创立以来，通过了100多种国际公约和若干建议书，这些公约和建议书统称国际劳工标准，其中70%的国际劳动标准涉及职业安全卫生问题。我国政府为安全生产工作已签订了国际性公约，当我国安全生产法律与国际公约有不同时，应优先采用国际公约的规定（保留条件的条款除外）。

第三节　金属冶炼相关安全生产法律法规

一、安全生产法

《中华人民共和国安全生产法》（以下简称《安全生产法》）是全面规范安全生产的基础法律，是我国安全生产法律体系的主体法。

《安全生产法》内容包括总则、生产经营单位的安全生产保障、从业人员的安全生产权利义务、安全生产的监督管理、生产安全事故的应急救援与调查处理、法律责任及附则。

1. 立法目的

制定《安全生产法》是为了加强安全生产工作，防止和减少生产安全事故，保障人民群众生命和财产安全，促进经济社会持续健康发展。

2. 从业人员的安全教育和培训相关规定

（1）生产经营单位应当对从业人员进行安全生产教育和培训，保证从业人员具备必要的安全生产知识，熟悉有关的安全生产规章制度和安全操作规程，掌握本岗位的安全操作技能，了解事故应急处理措施，知悉自身在安全生产方面的权利和义务。未经安全生产教育和培训合格的从业人员，不得上岗作业。

（2）生产经营单位使用被派遣劳动者的，应当将被派遣劳动者纳入本单位从业人员统一管理，对被派遣劳动者进行岗位安全操作规程和安全操作技能的教育和培训。劳务派遣单位应当对被派遣劳动者进行必要的安全生产教育和培训。

（3）生产经营单位应当建立安全生产教育和培训档案，如实记录安全生产教育和培训的时间、内容、参加人员以及考核结果等情况。

（4）生产经营单位采用新工艺、新技术、新材料或者使用新设备，必须了解、掌握其安全技术特性，采取有效的安全防护措施，并对从业人员进行专门的安全生产教育和培训。

（5）生产经营单位接收中等职业学校、高等学校学生实习的，应当对实习学生进行相应的安全生产教育和培训，提供必要的劳动防护用品。学校应当协助生产经营单位对实习学生进行安全生产教育和培训。

3. 从业人员在安全生产方面的权利和义务

（1）从业人员在安全生产方面的权利

1）知情权与建议权。生产经营单位的从业人员有权了解其作业场所和工作岗位存在的危险因素、防范措施及事故应急措施，有权对本单位的安全生产工作提出建议。

2）批评、检举、控告权及合法拒绝权。从业人员有权对本单位安全生产工作中存在的问题提出批评、检举、控告；有权拒绝违章指挥和强令冒险作业。

生产经营单位不得因从业人员对本单位安全生产工作提出批评、检举、控告或者拒绝违章指挥、强令冒险作业而降低其工资、福利等待遇或者解除与其订立的劳动合同。

3）紧急避险权。从业人员发现直接危及人身安全的紧急情况时，有权停止作业或者在采取可能的应急措施后撤离作业场所。

生产经营单位不得因从业人员在前款紧急情况下停止作业或者采取紧急撤离措施而降低其工资、福利等待遇或者解除与其订立的劳动合同。

4）工伤保险权。生产经营单位与从业人员订立的劳动合同，应当载明有关保障从业人员劳动安全、防止职业危害的事项，以及依法为从业人员办理工伤保险的事项。

生产经营单位不得以任何形式与从业人员订立协议，免除或者减轻其对从业人员因生产安全事故伤亡依法应承担的责任。

5）依法赔偿权。因生产安全事故受到损害的从业人员，除依法享有工伤保险外，依照有关民事法律尚有获得赔偿的权利的，有权提出赔偿要求。

（2）从业人员在安全生产方面的义务

1）遵章守纪，服从管理，正确佩戴和使用劳动防护用品。从业人员在作业过程中，应当严格落实岗位安全责任，遵守本单位的安全生产规章制度和操作规程，服从管理，正确佩戴和使用劳动防护用品。

2）接受安全生产教育和培训。从业人员应当接受安全生产教育和培训，掌握本职工作所需的安全生产知识，提高安全生产技能，增强事故预防和应急处理能力。

3）立即报告事故隐患、事故的义务。从业人员发现事故隐患或者其他不安全因素，应当立即向现场安全生产管理人员或者本单位负责人报告；接到报告的人员应当及时予以处理。

生产经营单位发生生产安全事故后，事故现场有关人员应当立即报告本单位负责人。

4）生产经营单位使用被派遣劳动者的，被派遣劳动者享有《安全生产法》规定的从业人员的权利，并应当履行《安全生产法》规定的从业人员的义务。

4. 从业人员的法律责任

《安全生产法》规定，国家实行生产安全事故责任追究制度，依照本法和有关法律法规的规定，追究生产安全事故责任单位和责任人员的法律责任。

生产经营单位的从业人员不落实岗位安全责任，不服从管理，违反安全生产规章制度或者操作规程的，由生产经营单位给予批评教育，依照有关规章制度给予处分；构成犯罪的，依照刑法有关规定追究刑事责任。

二、职业病防治法

《中华人民共和国职业病防治法》（以下简称《职业病防治法》）内容包括总则、前期预防、劳动过程中的防护与管理、职业病诊断与职业病病人保障、监督检查、法律责任及附则。

1. 劳动者依法享有的职业卫生保护权利

（1）获得职业卫生教育、培训；

（2）获得职业健康检查、职业病诊疗、康复等职业病防治服务；

（3）了解工作场所产生或者可能产生的职业病危害因素、危害后果和应当采取的职业病防护措施；

（4）要求用人单位提供符合防治职业病要求的职业病防护设施和个人使用的职业病防护用品，改善工作条件；

（5）对违反职业病防治法律法规以及危及生命健康的行为提出批评、检举和控告；

（6）拒绝违章指挥和强令进行没有职业病防护措施的作业；

（7）参与用人单位职业卫生工作的民主管理，对职业病防治工作提出意见和建议；

（8）用人单位应当保障劳动者行使上述所列权利，因劳动者依法行使正当权利而降低其工资、福利等待遇或者解除、终止与其订立的劳动合同的，其行为无效。

2. 疑似职业病病人的保障

（1）医疗卫生机构发现疑似职业病病人时，应当告知劳动者本人并及时通知用人单位；

（2）用人单位应当及时安排对疑似职业病病人进行诊断，在疑似职业病病人诊断或者医学观察期间，不得解除或者终止与其订立的劳动合同；

（3）疑似职业病病人在诊断、医学观察期间的费用，由用人单位承担。

3. 职业病病人的保障

（1）用人单位应当保障职业病病人依法享受国家规定的职业病待遇；

（2）用人单位应当按照国家有关规定，安排职业病病人进行治疗、康复和定期检查；

（3）用人单位对不适宜继续从事原工作的职业病病人，应当调离原岗位，并妥善安置；

（4）职业病病人变动工作单位，其依法享有的待遇不变；

（5）用人单位在发生分立、合并、解散、破产等情形时，应当对从事接触职业病危害的作业的劳动者进行健康检查，并按照国家有关规定妥善安置职业病病人；

（6）用人单位已经不存在或者无法确认劳动关系的职业病病人，可以向地方人民政府医疗保障、民政部门申请医疗救助和生活等方面的救助。

4. 女职工和未成年工的保护

《职业病防治法》规定，用人单位不得安排未成年工从事接触职业病危害的作业；不得安排孕期、哺乳期的女职工从事对本人和胎儿、婴儿有危害的作业。

安排未经职业健康检查的劳动者、有职业禁忌的劳动者、未成年工或者孕期、哺乳期女职工从事接触职业病危害的作业或者禁忌作业的，由卫生行政部门责令限期治理，并处五万元以上三十万元以下的罚款；情节严重的，责令停止产生职业病危害的作业，或者提请有关人民政府按照国务院规定的权限责令关闭。

三、刑法

《中华人民共和国刑法》（以下简称《刑法》）是追究安全生产违法犯罪行为刑事责任的依据。

1. 重大责任事故罪

在生产、作业中违反有关安全管理的规定，因而发生重大伤亡事故或者造成其他严重后果的，处三年以下有期徒刑或者拘役；情节特别恶劣的，处三年以上七年以下有期徒刑。

2. 强令、组织他人违章冒险作业罪

强令他人违章冒险作业，或者明知存在重大事故隐患而不排除，仍冒险组织作业，因而发生重大伤亡事故或者造成其他严重后果的，处五年以下有期徒刑或者拘役；情节特别恶劣的，处五年以上有期徒刑。

3. 重大劳动安全事故罪

安全生产设施或者安全生产条件不符合国家规定，因而发生重大伤亡事故或者造成其他严重后果的，对直接负责的主管人员和其他直接责任人员，处三年以下有期徒刑或者拘役；情节特别恶劣的，处三年以上七年以下有期徒刑。

四、生产安全事故应急条例

《生产安全事故应急条例》（中华人民共和国国务院令第 708 号）自 2019 年 4 月 1 日起施行。

《生产安全事故应急条例》中与从业人员相关的内容如下：

（1）生产经营单位应当针对本单位可能发生的生产安全事故的特点和危害，进行风险辨识和评估，制定相应的生产安全事故应急救援预案，并向本单位从业人员公布；

（2）生产经营单位应当对从业人员进行应急教育和培训，保证从业人员具备必要的应急知识，掌握风险防范技能和事故应急措施；

（3）生产经营单位未制定生产安全事故应急救援预案、未定期组织应急救援预案演练、未对从业人员进行应急教育和培训，生产经营单位的主要负责人在本单位发生生产安全事故时不立即组织抢救的，由县级以上人民政府负有安全生产监督管理职责的部门依照《安全生产法》有关规定追究法律责任。

五、生产安全事故报告和调查处理条例

《生产安全事故报告和调查处理条例》（中华人民共和国国务院令第 493 号）自 2007 年 6 月 1 日起施行。

《生产安全事故报告和调查处理条例》中与从业人员相关的内容如下：

（1）事故发生单位应当认真吸取事故教训，落实防范和整改措施，防止事故再次发生。防范和整改措施的落实情况应当接受工会和职工的监督。

（2）安全生产监督管理部门和负有安全生产监督管理职责的有关部门应当对事故发生单位落实防范和整改措施的情况进行监督检查。

第四节　金属冶炼安全生产规章标准与规范

一、生产安全事故应急预案管理办法

《生产安全事故应急预案管理办法》（2009 年 4 月 1 日国家安全监管总局令第 17 号公布，根据 2016 年 6 月 3 日国家安全监管总局令第 88 号第一次修正，根据 2019 年 7 月 11 日应急管理部令第 2 号第二次修正）最新版自 2019 年 9 月 1 日起施行。

《生产安全事故应急预案管理办法》中与从业人员相关的内容如下：

（1）生产经营单位应当在编制应急预案的基础上，针对工作场所、岗位的特点，编制简明、实用、有效的应急处置卡。应急处置卡应当规定重点岗位、人员的应急处置程序和措施，以及相关联络人员和联系方式，便于从业人员携带。

（2）生产经营单位的应急预案经评审或者论证后，由本单位主要负责人签署，向本单位从业人员公布，并及时发放到本单位有关部门、岗位和相关应急救援队伍。事故风险可能影响周边其他单位、人员的，生产经营单位应当将有关事故风险的性质、影响范围和应急防范措施告知周边的其他单位和人员。

（3）各级人民政府应急管理部门、各类生产经营单位应当采取多种形式开展应急预案的宣传教育，普及生产安全事故避险、自救和互救知识，提高从业人员和社会公众的安全意识与应急处置技能。

二、生产经营单位安全培训规定

《生产经营单位安全培训规定》（2006 年 1 月 17 日国家安全监管总局令第 3 号公布，根据 2013 年 8 月 29 日国家安全监管总局令第 63 号第一次修正，根据 2015 年 5 月 29 日国家安全监管总局令第 80 号第二次修正）最新版自 2015 年 7 月 1 日起施行。与从业人员相关的规定如下：

（1）具备安全培训条件的生产经营单位，应当以自主培训为主，也可以委托具备安全培训条件的机构，对从业人员进行安全培训。不具备安全培训条件的生产经营单位，应当委托具有安全培训条件的机构对从业人员进行安全培训。

（2）煤矿、非煤矿山、危险化学品、烟花爆竹、金属冶炼等生产经营单位必须对新上岗的临时工、合同工、劳务工、轮换工、协议工等进行强制性安全培训，保证其具备本岗位安全操作、自救互救以及应急处置所需的知识和技能后，方能安排上岗作业。

三、冶金企业和有色金属企业安全生产规定

《冶金企业和有色金属企业安全生产规定》（国家安全生产监督管理总局令第 91 号）自 2018 年 3 月 1 日起施行。

《冶金企业和有色金属企业安全生产规定》中与从业人员相关的内容如下：

（1）企业应当遵守有关安全生产法律、行政法规、规章和国家标准或者行业标准的规定。

企业应当建立安全风险管控和事故隐患排查治理双重预防机制，落实从主要负责人到每一名从业人员的安全风险管控和事故隐患排查治理责任制。

（2）企业主要负责人应当每年向股东会或者职工代表大会报告本企业安全生产状况，接受股东和从业人员对安全生产工作的监督。

（3）企业存在金属冶炼工艺，从业人员在 100 人以上的，应当设置安全生产管理机构或者配备不低于从业人员 3‰的专职安全生产管理人员，但最低不少于 3 人；从业人员在 100 人以下的，应当设置安全生产管理机构或者配备专职安全生产管理人员。

（4）企业应当按照国家有关规定对从业人员进行安全生产教育和培训，保证从业人员具备必要的安全生产知识，了解有关安全生产法律法规，熟悉本企业规章制度和安全技术操作规程，掌握本岗位安全操作技能，并建立培训档案，记录培训、考核等情况。未经安全生产教育培训合格的从业人员，不得上岗作业。

企业应当对新上岗从业人员进行厂（公司）、车间（职能部门）、班组三级安全生产教育和培训；对调整工作岗位、离岗半年以上重新上岗的从业人员，应当经车间（职能部门）、班组安全生产教育和培训合格后，方可上岗作业。

新工艺、新技术、新材料、新设备投入使用前，企业应当对有关操作岗位人员进行

专门的安全生产教育和培训。

(5) 企业应当从合法的劳务公司录用劳务人员，并与劳务公司签订合同，对劳务人员进行统一的安全生产教育和培训。

四、法律法规规定的安全生产相关制度

1. 安全生产监督管理制度

《安全生产法》规定，国务院应急管理部门依法对全国安全生产工作实施综合监督管理，县级以上地方各级人民政府应急管理部门依法对本行政区域内安全生产工作实施综合监督管理。

国务院交通运输、住房和城乡建设、水利、民航等有关部门依照《安全生产法》和其他有关法律、行政法规的规定，在各自的职责范围内对有关行业、领域的安全生产工作实施监督管理；县级以上地方各级人民政府有关部门依照《安全生产法》和其他有关法律法规的规定，在各自的职责范围内对有关行业、领域的安全生产工作实施监督管理。

应急管理部门和对有关行业、领域的安全生产工作实施监督管理的部门，统称负有安全生产监督管理职责的部门。负有安全生产监督管理职责的部门应当相互配合、齐抓共管、信息共享、资源共用，依法加强安全生产监督管理工作。

2. 安全生产保障制度

《安全生产法》规定，生产经营单位应当具备的安全生产条件所必需的资金投入，由生产经营单位的决策机构、主要负责人或者个人经营的投资人予以保证，并对由于安全生产所必需的资金投入不足导致的后果承担责任。

有关生产经营单位应当按照规定提取和使用安全生产费用，专门用于改善安全生产条件。安全生产费用在成本中据实列支。安全生产费用提取、使用和监督管理的具体办法由国务院财政部门会同国务院应急管理部门征求国务院有关部门意见后制定。

3. 安全生产许可证制度

国家对矿山企业、金属冶炼企业、建筑施工企业和危险化学品、烟花爆竹、民用爆炸物品生产企业，实行安全生产许可证制度。企业取得安全生产许可证的，还必须具备相应的安全生产条件；未依法取得安全生产许可证的，不得从事生产活动。

4. 安全生产责任追究制度

《安全生产法》规定，国家实行生产安全事故责任追究制度，依照本法和有关法律法规的规定，追究生产安全事故责任单位和责任人员的法律责任。

生产经营单位必须建立健全全员安全生产责任制，发生了生产安全事故要对相关负责人进行责任追究。责任追究包括追究行政责任、民事责任和刑事责任。职工在生产过程中要严格遵守安全生产的相关管理制度和操作规程，严禁违章作业，认真履行岗位安全责任。

5. 事故报告与调查处理制度

发生了生产安全事故后，事故现场有关人员应立即报告本单位负责人，单位负责人接到事故报告后，要按规定立即如实报告当地负有安全生产监督管理职责的部门。任何单位和个人对安全生产事故不得隐瞒不报、谎报或延迟报告、拖延不报。

发生了安全生产事故要按规定进行调查处理，对事故处理必须坚持“四不放过”，即事故原因未查清不放过、整改措施未落实不放过、有关人员未受到教育不放过、责任人员未处理不放过。

6. 隐患排查与整改制度

生产经营单位应该建立健全隐患排查及整改制度。职工在发现安全生产事故隐患后应立即报告单位负责人，生产经营单位对事故隐患应及时整改；对重大事故隐患应立即按规定报告当地负有安全生产监督管理职责的部门及职工大会或者职工代表大会。国家对报告重大事故隐患的有功人员给予奖励。

7. 安全生产教育和培训与持证上岗制度

生产经营单位应当对从业人员进行安全生产教育和培训，未经安全生产教育和培训合格的从业人员不得上岗作业。危险物品的生产、经营、储存、装卸单位及矿山企业、金属冶炼、建筑施工、运输单位的主要负责人和安全生产管理人员，应当由主管的负有安全生产监督管理职责的部门对其安全生产知识与管理能力考核合格后方可任职；特种作业人员必须按照国家的有关规定经专门的安全作业培训，取得相应资格，方可上岗作业。

8. 安全设施的“三同时”制度

生产经营单位新建、改扩建工程项目的安全设施必须与主体工程同时设计、同时施工、同时投入生产和使用。安全设施一经投入生产和使用，不得擅自闲置或拆除，确有必要闲置或拆除的，必须征得有关部门同意。

五、金属冶炼安全生产标准

1.《炼铁安全规程》

《炼铁安全规程》（AQ 2002）适用于炼铁厂的设计、设备制造、施工安装、生产和设备检修。

该规程主要包括：安全管理，厂址选择和厂区布置，一般规定，矿槽、焦槽及上料，炉顶，炉体，出铁场，喷吹煤粉，鼓风富氧，热风炉和高炉煤气的回收与净化，铁、渣处理，铸铁机，环境除尘系统，通信、信号、仪表和计算机，电气、起重设备，设备检修。

2.《炼钢安全规程》

《炼钢安全规程》（AQ 2001）适用于炼钢厂的设计、设备制造、施工安装、生产和设备检修。

该规程主要包括：安全管理，厂（车间）位置的选择与布置，厂房及其内部建筑物、构筑物，原材料，炼钢相关设备，氧气转炉，电炉，炉外精炼，钢水浇注，动力供应与管线，炉渣，检修。

3.《轧钢安全规程》

《轧钢安全规程》（AQ 2003）适用于轧钢厂的设计、设备制造、施工安装、生产和设备检修。

该规程主要包括：安全管理，厂区布置与厂房建筑，危险场所与防火，基本规定，加热，轧制，坯料清理、酸洗、涂镀、清洗和精整，起重与运输，电气安全与照明。

4.《工业企业煤气安全规程》

《工业企业煤气安全规程》（GB 6222）适用于工业企业厂区内的发生炉、水煤气炉、半水煤气炉、高炉、焦炉、直立连续式炭化炉、转炉等煤气及压力小于或等于 12×10^5 Pa 的天然气（不包括开采和厂外输配）的生产、回收、输配、储存及使用设施的设计、制造、施工、运行、管理和维修等，不适用于城市煤气市区干管、支管和庭院管网及调压设施、液化石油气等。

该规程主要包括：基本要求，煤气生产、吸收与净化，煤气管道（含天然气管道），煤气管道设备与附属装置，煤气加压站与混合站、煤气柜，煤气设施的操作与检修，煤气事故处理，煤气调度室与煤气防护站。

5.《工业企业厂内铁路、道路运输安全规程》

《工业企业厂内铁路、道路运输安全规程》（GB 4387）适用于工业企业厂内铁路、道路的运输，矿山和物资仓库的铁路和道路运输也可参照使用，不适用于林场、建筑工地以及铁道、交通、公安部门管辖的铁路和道路运输。

该规程主要包括：基本要求，铁路运输（包括铁路运输设施，铁路限界、线路间距及线路有关距离，信号、安全标志，道口，列车运行和调车作业的要求，液体金属、熔渣和高温货物的运输，危险货物的运输，线路维修和安全防护），道路运输（包括厂内道路，车辆，车辆装载，机动车行驶，机动车驾驶员），道口安全。

6.《深度冷冻法生产氧气及相关气体安全技术规程》

《深度冷冻法生产氧气及相关气体安全技术规程》（GB 16912）适用于新建、扩建和改建的采用深度冷冻法生产氧气及相关气体的企业，规定了工业氧气及相关气体的生产、储存、输配和使用中必须遵守的安全要求。

该规程主要包括：基本要求，生产运行和设备的一般要求，氧气生产和设备，相关气体生产和设备，氧气管道，检修维修，氧气使用，职业防护。

7.《烧结球团安全规程》

《烧结球团安全规程》（AQ 2025）适用于烧结球团厂（或车间）的设计、施工安装、验收以及生产和维修。

该规程主要包括：总则，厂区布置与厂房建筑，基本规定，原料，配料、混合，烧结，球团，电气安全与照明，起重与运输，工业卫生，附则。

8.《耐火材料生产安全规程》

《耐火材料生产安全规程》（AQ 2023）适用于耐火材料厂（或车间）的设计、设备制造、施工安装、验收、生产及维修。

该规程主要包括：总则，厂址选择及厂区布置，基本规定，生产工艺，动力供应与管线，工业卫生，附则。

9.《焦化安全规程》

《焦化安全规程》（GB 12710）适用于各类型焦化厂新建、扩建和改造工程项目的设计、施工与验收，以及现有设施的生产、维护、检修和管理，规定了焦化厂安全生产的有关要求。

该规程主要包括：基本要求，厂址、厂区和厂房，消防设施，电气设施，化工装置，备煤炼焦，煤气净化，粗笨加工，焦油加工，焦炉煤气制甲醇，油品、酸、碱装卸与运输，检修，工业卫生。

第二章　安全管理基础

第一节　安全管理概述

安全管理是指对安全生产工作进行的管理和控制，是针对在生产过程中的安全问题，运用有效的资源，发挥人们的智慧，通过人们的努力，进行有关决策、计划、组织和控制等活动，实现生产过程中人与机器设备、物料环境的和谐，达到安全生产的目标。生产经营单位必须遵守安全生产法和其他有关安全生产的法律法规，加强安全生产管理，建立健全全员安全生产责任制和安全生产规章制度，加大对安全生产资金、物资、技术、人员的投入保障力度，改善安全生产条件，加强安全生产标准化、信息化建设，构建安全风险分级管控和隐患排查治理双重预防机制，健全风险防范化解机制，提高安全生产水平，确保安全生产。

一、安全管理的目的、任务及主要内容

1. 安全管理的目的

安全生产工作的根本目的是保护广大职工的安全与健康，防止伤亡事故和职业危害，保护国家和集体财产不受损失。为了实现这一目的，需要进行三方面的工作，即安全管理、安全技术、职业卫生，其中安全管理起着决定性的作用。各类生产经营单位应提高事故防范的科学水平，预先发现、消除或控制生产过程中的各种危险，防止发生事故、职业病和环境灾害，避免各种损失，最大限度地发挥安全技术措施的作用，提高安全投入效益，推动企业生产活动的正常进行。

2. 安全管理的任务

安全管理的主要任务是在贯彻执行国家安全生产法律法规、方针政策的前提下，分析、研究、评价企业生产过程中各种不安全因素，从组织、技术、管理、培训等方面采取措施，消除或控制危险源，预防事故发生或最大限度控制事故的影响范围及程度，实现最优化安全状态，为企业生产的顺利进行和经营目标的实现提供保障。

3. 安全管理的主要内容

根据安全管理的目的和对象，安全管理的主要内容包括以下三个方面：

（1）安全管理的基础工作。建立纵向专业管理、横向各职能部门管理与职工监督相结合的安全管理体制；建立以企业安全生产责任制为核心的规章制度体系、安全生产标准体系、安全技术措施体系、安全宣传与安全教育和培训体系、应急救援体系和安全信息管理系统；制定安全生产发展目标、发展规划和年度计划；建立危险源辨识、评估和管控责任体系；建立事故隐患排查、治理、督办、验收、销号闭环管理的责任体系等。

（2）生产中的动态安全管理。这类安全管理是指企业生产环境和生产工艺过程中的安全保障，主要包括：生产过程中人员不安全行为的发现与控制，设备安全性能的检测、检验和维修管理，物质流的安全管理，环境安全化的保障措施，安全风险的辨识、评估与管控，重大危险源的监测监控，生产工艺过程安全性的动态评价和控制，事故隐患的排查与治理，定期、不定期的安全检查等。

（3）安全信息化工作。这方面的工作是指通过对本企业内安全信息的搜集、整理、分析、反馈，使安全信息运转速度提高，安全信息的作用得到充分发挥，以提高安全管理的信息化水平，推动安全生产自动化、科学化、动态化。

4. 安全管理的意义和作用

（1）搞好安全管理是防止伤亡事故和职业危害的根本对策。造成伤亡事故的原因主要包括人的不安全行为和物的不安全状态、环境的不安全条件和安全管理的缺陷。管理上的原因是最深层的本质原因，安全管理缺陷是事故发生的根源。发生事故以后，人们往往把事故的原因简单地归咎为“违章”。殊不知，造成“违章”有更多更深层次的原因。不找出这些原因，并采取措施加以消除，就难免再次发生类似的事故。要从根本上防止事故，必须从加强安全管理做起，不断改进安全管理技术，提高安全管理水平。

（2）搞好安全管理是贯彻落实“安全第一、预防为主、综合治理”方针的基本保证。“安全第一，预防为主、综合治理”是我国安全生产工作的指导方针，是长期安全生产工作中实践经验和教训的科学总结。为了贯彻这一方针，一方面需要各级管理人员具有高度的安全责任感和自觉性，千方百计制定各种防止事故和职业危害的对策；另一方面需要广大从业人员提高安全意识，自觉贯彻执行各项安全生产的规章制度，不断增强自我防护能力。所有这些都有赖于良好的安全管理工作。

（3）搞好安全管理是实现企业安全生产的根本保证。必须通过增加安全投入，采取行之有效的安全技术措施，提高设备的安全性能，创造本质安全化作业条件和作业环境等工作来提高企业事故防治水平。同时，安全技术措施的选择需要科学的安全决策，必须建立在及时发现不安全因素，准确评价系统危险性的基础之上；安全技术措施的有效实施需要有效的安全管理措施作为保证；安全技术资金作用的充分发挥需要合理的安全经济分析。因此，没有科学、有效的安全管理就不能实现安全生产，加强安全管理是安全生产的基础工作，搞好安全管理是实现企业安全生产的根本保证。

（4）安全技术和职业卫生措施都有赖于有效的安全管理，才能发挥应有的作用。安全技术是指各生产领域有关安全的专门技术，职业卫生是指对尘毒、噪声、辐射等各方面物理化学危害因素的预防和治理。安全技术和职业卫生措施对于从根本上改善劳动条件，实现安全生产有着巨大作用。然而这些纵向单独分科的专业技术，基本上是以物为主的，是不可能自动实现的，需要人们计划、组织、督促、检查，进行有效的安全管理活动才能发挥它们应有的作用。因此，单独某一方面的安全卫生技术，其安全保障作用是有限的。当代生产水平的高度发展，要求综合应用各方面的安全技术，才能取得整体的安全，而这种横向综合的功能也只有依靠有效的安全管理才能得以实现。

（5）搞好安全管理，有助于改进企业管理，全面推进企业各方面工作的进步，促进经济效益的提高。搞好企业的安全管理需要对企业各方面进行综合治理，包括人员素质的提高，作业环境的整治和改善，设备与设施的检查、维修、改造和更新，劳动组织的科学化，以及作业方法的改善等。为了实施这些方面的对策，势必对企业各方面工作提出越来越高的要求，从而推动企业管理的改善和全面工作的进步。企业管理的改善和全面工作的进步反过来又为改进安全管理创造了条件，促使安全管理水平不断得到提高。企业安全生产状况的好坏反映出企业管理水平的好坏，企业管理得好，安全状况得到改善，能促进劳动生产率的提高。反之，安全管理混乱，事故、伤亡不断，不但会影响职工的安全与健康，使职工无法安心工作，挫伤职工的生产积极性，导致生产效率的降低，而且还会带来经济上的巨大损失，严重影响企业的社会形象、市场竞争力和稳定发展，从而制约企业经济效益的提高和持续稳定发展。

二、安全管理相关基本概念

安全管理是企业管理的重要组成部分，是管理者对企业安全工作进行计划、组织、指挥、协调和控制的一系列活动，以保护职工在生产过程中的安全与健康，保证企业生产的顺利进行，促进企业持续、高效、稳定、安全发展。

1. 安全管理基本原理

（1）系统原理。系统原理是人们在从事管理工作时，运用系统的观点、理论和方法对管理活动进行充分的分析，以达到管理的优化目标，即从系统论的角度来认识和处理管理中出现的问题。

把管理的对象看成是一个有机的“人、机、物、环”统一系统，对问题的各个方面和各种关系进行全面和系统的综合分析和研究，并采取相应对策。系统原理体现在全企业、全部门、全过程、全员的安全管理中。

（2）人本原理。在管理活动中必须把人的因素放在首位，体现以人为本的指导思想。管理要以人为主体，以调动人的积极性为根本，这就是人本原理。

一切管理活动均要以调动人的积极性、主动性和创造性为根本，使全体人员能够明确整体目标、各自的职责、工作的意义和相互的关系，从而在和谐的气氛中积极、主动和创造性地完成各自的工作任务。

（3）整分合原理。企业是一个高效率的有序系统，具有明显的层次性。现代高效率的管理必须在整体规划下明确分工，在分工基础上进行有效的组合，这就是整分合原理。安全管理要构成有序的管理体系，各层次要各司其职，下一层次要服从上一层次的管理，下一层次不能解决的问题，由上一层次来协调解决，各层次间要协调配合，综合平衡地发展。

（4）反馈原理。反馈原理就是由控制系统把信息输送出去，又把其作用结果返送回来，并对信息再输出产生影响，从而起到控制的作用，达到调整未来行动的目的。面对不断变化的客观实际，系统的管理是否有效，关键在于是否有灵敏、准确而有力的反馈。

（5）能级原理。能级原理就是在企业管理系统中，根据管理功能的不同把管理系统分成不同级别，把相应的管理内容和管理者都分配到相应的级别中去，各占其位、各司其职。管理能级的层次分为经营层、管理层、执行层和操作层，各管理层次有不同的责任、权力、利益。各级能级必须动态地对应，做到人尽其才、各尽所能。

（6）封闭原理。任何一个管理系统必须构成一个连续的封闭回路，才能有效地进行管理活动，这就是封闭原理。它要求管理机构中，不仅要有指挥中心、执行机构，还应有监督机构和反馈机构。这些机构应相互独立、相互制约、权责明确，形成一个闭环回路。管理过程中，执行、监督、反馈、奖惩必须配套实施，缺一不可。

（7）弹性原理。管理是在系统内和外部环境条件都千变万化的形势下进行的，管理工作中的方法、手段、措施等必须保持充分的伸缩性，以保证管理有很强的适应性和灵活性，从而有效地实现动态管理，这就是弹性原理。安全管理面临的是错综复杂的环境和条件，尤其是事故致因是很难完全预测和掌握的。因此，安全管理必须尽可能保持好的弹性，以达到应急性的需要。

（8）动力原理。管理动力有物质动力、精神动力、信息动力三种基本类型。这三种动力要综合、灵活运用，在不同的时间、地点、条件下，要掌握好各种动力的比重、刺激量和刺激频度，并应正确地认识和处理个体动力与集体动力的关系。

2. 安全管理基本方法

（1）安全检查法。安全检查是指企业根据生产特点，对生产过程中的安全生产状况进行经常性、定期性、监督性的管理活动，也是促使企业在整个生产活动的过程中，贯彻方针政策、执行法规、按章作业、依制度办事，实施安全管理的一种实用管理技术方法。

从业人员在作业前，要对作业现场的安全情况进行安全检查，进行安全风险的辨识与安全确认，发现不安全因素要立即汇报，做到不安全不生产。

（2）安全目标管理法。安全目标管理是安全管理的集中要求和目的所在，是指将企业一定时期的安全工作任务转化为明确的安全工作目标，并将目标分解到本系统的各个部门和个人，各个部门和个人严格、自觉地按照所定目标进行工作的一种管理方法。它也是实施全系统、全方位、全过程和全员性安全管理，提高系统功能，达到降低事故发生率、实现安全目标值、保障安全生产的重要策略，是企业安全管理中应用较为广泛的一种方法。

（3）系统工程管理法。安全系统工程是以现代系统安全管理的基础理论和主要方法来指导企业的安全生产，可以改变传统的安全管理现状，实现系统安全化，达到最佳的安全生产效益。安全生产系统工程研究的内容多、范围广，主要包括：

1）研究事故致因。事故发生的原因是多方面的，归纳起来有四个方面，即人的不安全行为、物（机）的不安全状态、环境不安全条件和管理上的缺陷。

2）制定事故预防对策。制定事故预防的三大对策，即工程技术对策（本质安全化措施）、管理法制对策（强化安全措施）和教育培训对策（人治安全化措施）。

3）教育和培训对策。按规定要求对职工进行安全教育和培训，提高其安全意识和技能，使职工按章作业，杜绝不安全行为。

（4）系统安全预测法。预测是运用各种知识和科学手段，分析研究历史资料，对安全生产发展的趋势或结果进行事先的推测和估计。系统安全预测的方法种类繁多，常用的大致可分为以下三类：

1）安全生产专业技术方面，如机电、运输故障预测预报等；

2）安全管理技术方面，如回顾历史法、过程转移法、检查隐患法、观察预兆法、趋势外推法、控制图法、管理评定法等；

3）人的安全行为方面，如人体生物节律法、行为抽样法、心理归类法、行动分类法、年龄统计法等。

（5）系统安全评价法。系统安全评价包括危险性确认和危险性评价两个方面。安全评价的根本问题是确定安全与危险的界限，分析危险因素的危险性，采取降低危险性的措施。评价前要先确定系统的危险性，再根据危险的影响范围和公认的安全指标，对危险性进行具体评价，并采取措施消除或降低系统的危险性，将其控制在允许的范围之内。评价中的允许范围是指社会允许标准，它取决于国家政治、经济和技术等因素。通常可以认为评价既是一种“传感器”，又是一种“检测器”，前者可以感受传递企业安全生产方面的数量和质量的信息；后者可以检查安全生产方面的数量和质量是否符合国家（或上级）规定的标准和要求。

3. 安全管理基本原则

（1）“安全第一、预防为主、综合治理”的原则。“安全第一、预防为主、综合治理”是我国安全生产方针，安全管理必须贯彻执行国家的安全生产方针，真正把安全放在第一位。

（2）“三并重”原则。“管理、装备、培训”三并重原则是安全生产长期实践经验的总结；“管理”体现了对生产进行的组织、计划、指挥、协调和控制；“装备”是人们向自然斗争的武器，先进的技术装备不但有很高的效率，同时可以创造良好的作业环境，避免事故的发生；“培训”是提高职工素质的主要手段，只有高素质的职工才能使用高技术的装备和进行高水平的管理，才能确保安全生产。

（3）“安全生产，人人有责”的原则。企业生产依靠全体职工，各个部门都要结合自己的业务实现安全生产目标；安全生产贯穿于企业生产建设的全过程，安全生产必须实行全员、全系统、全过程、全天候安全管理，调动职工的积极性，使安全管理建立在广泛的群众基础上，职工在自身的责任范围内，树立法制观念，自觉地执行安全制度，严格劳动纪律，遵守工艺规范和操作规程，自我发现、防范、控制不安全因素，不伤害别人，不伤害自己，不被别人伤害，就能在最大范围内防止和控制各类事故，实现安全生产。

（4）“3E”原则。“3E”是工程技术、教育和培训、强制管理措施的英文简称，是防止事故的三大措施支柱。工程技术措施是提高工艺过程、机械设备的本质安全性，即当人出现操作失误，设备本身的安全防护系统能自动调节和处理，以保护设备和人身的安全，所以它是预防事故的基本措施。强制管理措施是要求人们按照一定的秩序从事工作，并为采取工程技术措施提供依据和方案，同时还要对安全防护设施加强维护保养，保证其性能正常，否则，工程技术措施不能发挥有效作用。教育和培训措施是提高人们安全素质，掌握安全技术知识、操作技能和安全管理方法的手段。没有安全教育和培训就谈不上采取工程技术措施和强制管理措施。所以说，工程技术、教育培训、强制管理三个方面措施是相辅相成的，必须同时进行、缺一不可。

（5）“四不放过”原则。“四不放过”原则就是指发生事故后，要做到事故原因未查清不放过，责任人员未处理不放过，有关人员未受到教育不放过，整改措施未落实不放过。这是我国事故管理的基本经验和基本原则，其出发点是预防事故，与“安全第一、预防为主、综合治理”的安全生产方针是一致的。

（6）“安全发展”的原则。《中共中央　国务院关于推进安全生产领域改革发展的意见》中提出，要坚持安全发展，坚守发展决不能以牺牲安全为代价这条不可逾越的红线。要始终贯彻以人民为中心的发展思想，始终把人的生命安全放在首位，正确处理安全与发展的关系，大力实施安全发展战略，为经济社会发展提供强有力的安全保障。

4. 安全管理基本要素

（1）安全文化。安全文化是人类在生产活动中，为保护身心安全与健康所创造的有关物质财富和精神财富的总和，是安全生产的灵魂。建设安全文化，可以提高全民的安全素质，最终达到保障从业人员的生命安全的目的。围绕安全生产建设安全文化，其重点就是要加强安全宣传教育，普及安全常识，强化职工的安全意识和自我保护意识。

（2）安全法制。安全法制是安全生产的利器。要保证安全生产工作的顺利进行，必须坚持“依法治安”，用法律法规来规范从业人员的行为，使安全生产工作有法可依、有章可循，建立安全生产法制秩序。

（3）安全责任。安全责任是安全生产的核心，必须落实层级安全责任。牢固树立安全责任意识，要以全面落实安全生产责任制为核心，坚持事前预防、事中监督、事后处理，多管齐下，使各个环节、各个阶段、各个岗位的安全责任都能得到有效落实。

（4）安全科技。安全科技是安全生产的动力。发展安全生产必须依靠先进的科学技术，创新安全科技将劳动者从繁重的体力、脑力劳动中解放出来，从风险大、危害大的作业环境和生产岗位上解放出来。应用先进的安全装置、防护设施、预测报警技术都是解放生产力、保护生产力、发展生产力的最重要途径，安全科学技术是安全生产的先导，是科学生产的延伸，是安全生产的强力技术支持和巨大的动力源泉。

（5）安全投入。安全投入是安全生产的保障，也是安全生产的物质及非物质保障，是保护生产力、提高生产力的重要表现形式。必须保证安全生产的硬件、软件的改造与更新，安全生产环境改善的投入，有投入才会有更高的回报。有计划的安全投入一方面要见其实效，但不可忽视安全投入的滞后效应、公益效应和厚积薄发的巨大潜力。

5. 危险预知与风险管控

根据《国务院安委会办公室关于实施遏制重特大事故工作指南构建双重预防机制的

意见》（安委办〔2016〕11号）要求，企业要组织专家和全体从业人员，采取安全绩效奖惩等有效措施，全方位、全过程辨识生产工艺、设备设施、作业环境、人员行为和管理体系等方面存在的安全风险，做到系统、全面、无遗漏，并持续更新完善。

6. 安全管理标准化

（1）安全生产标准化管理的内涵。安全生产标准化简称安全标准化，是指通过建立安全生产责任制，制定安全管理制度和操作规程，排查治理隐患和监控重大危险源，建立预防机制，规范生产行为，使各生产环节符合有关安全生产法律法规和标准规范的要求，人、机、物、环境处于良好的生产状态，并持续改进，不断加强企业安全生产规范化建设。

安全生产标准化要求生产经营单位分析生产安全风险，建立预防机制，健全科学的安全生产责任制、安全管理制度和操作规程，各生产环节和相关岗位的安全工作符合法律法规、标准规程的要求达到和保持一定的标准，并持续改进、完善和提高，使企业的人、机、环境始终处在最好的安全状态下运行，进而保证和促进企业在安全的前提下健康快速发展。

根据《企业安全生产标准化基本规范》（GB/T 33000），安全标准化的建设步骤和等级评定的内容如下：

（2）安全标准化的建设步骤。安全标准化的创建过程包括准备、策划、实施与运行、监督与评价、改进与提高。

1）准备阶段应开展全员安全标准化知识培训，并对企业安全生产现状进行评估；

2）策划阶段应根据初始评估的结果和标准的相关要求，确定企业安全标准化系统的方案，明确建设原则与步骤、内容与要求、阶段目标、进度计划、经费预算、责任部门、责任人员等；

3）实施与运行阶段应根据策划结果，建立安全标准化系统，并为系统有效运行提供必要的资源；

4）监督与评价阶段应对安全标准化的实施情况进行定期监督与评价，发现问题、找出差距、提出完善措施；

5）改进与提高阶段应根据监督与评价的结果，改进安全标准化系统，不断提高安全标准化水平和安全绩效。

（3）安全标准化的等级评定。企业应满足相关安全标准化评定办法规定的条件，方可参加安全标准化等级评定。

安全标准化等级采取分类和分系统（有多个独立生产系统时）评定。标准化审评得分，将安全标准化划分为三个等级，其中一级最高，见表2-1。

表2-1 安全标准化等级

评审等级	得分
一级	≥90
二级	≥75
三级	≥60

企业可根据安全生产法律法规和其他要求申请安全标准化等级评定。

企业因出现工亡事故或其他不符合情况而被取消安全标准化等级时，应立即对安全标准化系统进行评价，查明不符合的原因，提出并实施相应的改进措施。

取消安全标准化等级的企业，满足安全标准化评分办法规定的条件后，可重新申请安全标准化等级评定。

第二节 安全管理制度和劳动纪律

安全管理制度和劳动纪律是指用人单位制定的组织劳动过程和进行劳动管理的规章制度的总和，也称为内部劳动规则，是企业内部的“法律”。用人单位制定规章制度和劳动纪律，要严格执行法律法规的规定，保障劳动者的劳动权利，督促劳动者履行劳动义务。制定规章制度应当体现权利与义务一致、奖励与惩罚结合的原则，不得违反法律法规的规定。

《安全生产法》规定，生产经营单位必须遵守该法和其他有关安全生产的法律法规，加强安全管理，建立健全全员安全生产责任制和安全生产规章制度，加大对安全生产资金、物资、技术、人员的投入保障力度，改善安全生产条件，加强安全生产标准化、信息化建设，构建安全风险分级管控和隐患排查治理双重预防机制，健全风险防范化解机制，提高安全生产水平，确保安全生产。

一、安全管理制度

1. 安全生产责任制

《中共中央　国务院关于推进安全生产领域改革发展的意见》规定，企业实行全员安全生产责任制。

《安全生产法》规定，生产经营单位的全员安全生产责任制应当明确各岗位的责任人员、责任范围和考核标准等内容。生产经营单位应当建立相应的机制，加强对全员安全生产责任制落实情况的监督考核，保证全员安全生产责任制的落实。

企业要制定各岗位安全生产责任制，明确责任范围，岗位有固定工作场所的，应在适当位置对其进行长期公示。依据全年安全生产责任落实情况进行全员考核，制定落实考核方案，并将考核结果纳入岗位绩效管理。

（1）安全生产责任制的含义。安全生产责任制是明确各级负责人员、各职能部门及其工作人员和各岗位生产人员在安全生产方面应做的事情和应负责任的一种制度，是企业安全生产制度体系的核心制度，是企业岗位责任制的一个组成部分，是企业各项管理制度中最基本的一项安全制度。

（2）建立安全生产责任制的意义。建立安全生产责任制，一是可以增强生产经营单位各级负责人员、各职能部门及其工作人员和各岗位生产人员对安全生产的责任感；二是可以明确生产经营单位中各级负责人员、各职能部门及其工作人员和各岗位生产人员在安全生产中应履行的职责和应承担的责任，以充分调动各级人员和各部门在安全生产方面的积极性和主观能动性，确保安全生产；三是能够促进“安全第一、预防为主，综合治理”方针得以落实。

2. 事故隐患排查治理制度

事故隐患是指生产经营单位违反安全生产法律、法规、规章、标准、规程和安全生产规章制度的规定，或因其他因素在生产经营活动中可导致事故发生的人的不安全行为、物的危险状态和管理上的缺陷。

事故隐患排查治理制度应保证及时发现和消除企业在通风、机电、运输和其他生产过程中存在的事故隐患，明确各科室、班组、岗位人员的职责，并对事故隐患的排查、登记、治理、督办、验收、销号、分析总结、检查考核工作作出规定。

3. 安全目标管理制度

安全目标管理是指企业将一定时期的安全工作任务转化为安全工作目标，制定安全目标体系，并层层分解到本企业的各个部门和个人，各个部门和个人按照所制定的目标，制定相应的对策和措施。安全目标管理制度应依据上级下达的安全指标，结合实际制定年度或阶段安全生产目标来制定，并将指标逐渐分解，明确责任、保证措施、考核和奖惩办法。

建立安全生产目标管理制度对安全目标和任务及措施的制定、责任分解、考核等工作具有十分重要的意义。

4. 安全检查制度

安全检查是指对生产过程及安全管理中可能存在的隐患、有害与危险因素、缺陷等进行查证。

安全检查制度能够更好地督促企业职工自觉地贯彻执行国家有关安全生产的方针、政策、法律、法规，安全生产责任制和各项安全管理制度以及规章制度与操作规程的执行情况，及时发现和查明企业在生产过程中存在的各种危险和隐患，并加以有效地防范和整改，坚决杜绝“三违”（即违章指挥、违章操作、违反劳动纪律）行为，确保安全生产。

5. 安全教育和培训制度

企业应建立安全教育和培训制度，以保证职工掌握本职工作应具备的法律法规知识、必要的安全知识、专业技术知识和岗位操作技能；明确企业职工安全教育和培训的周期、内容、方式、标准和考核办法；明确相关部门安全教育和培训的职责和考核办法；明确企业年度安全教育和培训计划，确定任务，保证安全教育和培训的条件，落实费用。

6. 安全生产考评奖惩制度

安全生产考评奖惩制度是搞好企业安全生产工作不可缺少的重要安全管理制度。它既兼顾了职工在安全方面的责任、权利和义务，又运用经济、行政、安全制约和激励机制等手段，体现了奖优罚劣、奖罚对应的公正性、严肃性，同时还具有一定的规范性和可操作性。

二、劳动纪律

《中华人民共和国劳动法》规定，劳动者享有平等就业和选择职业的权利、取得劳动报酬的权利、休息休假的权利、获得劳动安全卫生保护的权利、接受职业技能培训的权利、享受社会保险和福利的权利、提请劳动争议处理的权利以及法律规定的其他劳动权利。劳动者应当完成劳动任务，提高职业技能，执行劳动安全卫生规程，遵守劳动纪律和职业道德。

企业要加强安全管理制度建设，依照有关法律法规和规章标准，修订和完善现行企业安全管理制度和操作规程，进一步加强和规范建设工程、设备检修、外来劳务人员教育培训、特种设备等方面的管理工作，坚决杜绝并及时纠正违章作业、违章指挥、违反劳动纪律等行为，确保企业生产、检修、操作有章可依、措施到位。

第三节 风险管理

一、重大危险源辨识

危险源辨识是指运用系统工程的方法辨识、消除或控制系统中存在的危险源，以实现系统安全，其基本内容包括系统危险源辨识、危险性评价、危险源控制等。

1. 危险源与重大危险源的定义

危险源是导致事故发生的根源，是具有可能意外释放能量和（或）危险有害物质的生产装置、设施或场所。

重大危险源是指长期或临时地生产、加工、搬运、使用或储存危险物质，且危险物的数量等于或超过临界量的单元。此处的单元是指一套生产装置、设施或场所；危险物是指能导致火灾、爆炸或中毒、触电等危险的一种或若干物质的混合物；临界量是指国家法律、法规、标准规定的一种或一类特定危险物质的数量。

2. 重大危险源的分类

重大危险源一般按所处的场所或设备、设施进行分类，工业生产作业过程的危险源分为下列五类：

（1）易燃易爆和有毒有害物质危险源；

（2）锅炉及压力容器设施类危险源；

（3）电气设施类危险源；

（4）高温作业区危险源；

（5）辐射危害类危险源。

3. 危险源辨识方法

危险源辨识方法主要分为对照法和系统安全分析法。

（1）对照法。对照法是通过与有关的标准、规范、规程或经验进行对照来辨识危险源。有关的标准、规范、规程以及常用的安全检查表，都是在大量实践经验的基础上编制而成的。因此，对照法是一种基于经验的方法，适用于有以往经验可供借鉴的情况。

（2）系统安全分析法。系统安全分析法主要是通过从安全角度进行的系统分析，揭示系统中可能导致系统故障或事故的各种因素及其相互关联来辨识系统中的危险源。系统安全分析法经常被用来辨识可能带来严重事故后果的危险源，也可以用于辨识没有事故经验的系统的危险源。

二、安全生产事故隐患排查治理

安全生产事故隐患排查治理的目的，是为了落实生产经营单位的安全生产主体责任，预防和减少生产安全事故，保障人民群众生命健康和财产安全。

《安全生产事故隐患排查治理暂行规定》自 2008 年 2 月 1 日起施行，其主要规定如下：

（1）本规定所称安全生产事故隐患（以下简称事故隐患），是指生产经营单位违反安全生产法律、法规、规章、标准、规程和安全管理制度的规定，或者因其他因素在生产经营活动中存在可能导致事故发生的物的危险状态、人的不安全行为和管理上的缺陷。

（2）事故隐患分为一般事故隐患和重大事故隐患。一般事故隐患，是指危害和整改难度较小，发现后能够立即整改排除的隐患。重大事故隐患，是指危害和整改难度较大，应当全部或者局部停产停业，并经过一定时间整改治理方能排除的隐患，或者因外部因素影响致使生产经营单位自身难以排除的隐患。

（3）任何单位和个人发现事故隐患，均有权向安全监管监察部门和有关部门报告。

（4）生产经营单位应当依照法律、法规、规章、标准和规程的要求从事生产经营活动。严禁非法从事生产经营活动。

（5）生产经营单位是事故隐患排查、治理和防控的责任主体。

生产经营单位应当建立健全事故隐患排查治理和建档监控等制度，逐级建立并落实从主要负责人到每个从业人员的隐患排查治理和监控责任制。

（6）生产经营单位应当保证事故隐患排查治理所需的资金，建立资金使用专项制度。

（7）生产经营单位应当定期组织安全管理人员、工程技术人员和其他相关人员排查本单位的事故隐患。对排查出的事故隐患，应当按照事故隐患的等级进行登记，建立事故隐患信息档案，并按照职责分工实施监控治理。

（8）生产经营单位应当建立事故隐患报告和举报奖励制度，鼓励、发动职工发现和排除事故隐患，鼓励社会公众举报。对发现、排除和举报事故隐患的有功人员，应当给予物质奖励和表彰。

（9）生产经营单位将生产经营项目、场所、设备发包、出租的，应当与承包、承租单位签订安全管理协议，并在协议中明确各方对事故隐患排查、治理和防控的管理职责。生产经营单位对承包、承租单位的事故隐患排查治理负有统一协调和监督管理的职责。

（10）安全监管监察部门和有关部门的监督检查人员依法履行事故隐患监督检查职责时，生产经营单位应当积极配合，不得拒绝和阻挠。

（11）生产经营单位应当每季、每年对本单位事故隐患排查治理情况进行统计分析，并分别于下一季度15日前和下一年1月31日前向安全监管监察部门和有关部门报送书面统计分析表。统计分析表应当由生产经营单位主要负责人签字。

对于重大事故隐患，生产经营单位除依照规定报送外，应当及时向安全监管监察部门和有关部门报告。重大事故隐患报告内容应当包括：

1）隐患的现状及其产生原因；

2）隐患的危害程度和整改难易程度分析；

3）隐患的治理方案。

（12）对于一般事故隐患，由生产经营单位（车间、分厂、区队等）负责人或者有关人员立即组织整改。

对于重大事故隐患，由生产经营单位主要负责人组织制定并实施事故隐患治理方案。重大事故隐患治理方案应当包括以下内容：

1）治理的目标和任务；

2）采取的方法和措施；

3）经费和物资的落实；

4）负责治理的机构和人员；

5）治理的时限和要求；

6）安全措施和应急预案。

（13）生产经营单位在事故隐患治理过程中，应当采取相应的安全防范措施，防止事故发生。事故隐患排除前或者排除过程中无法保证安全的，应当从危险区域内撤出作业人员，并疏散可能危及的其他人员，设置警戒标识，暂时停产停业或者停止使用；对暂时难以停产或者停止使用的相关生产储存装置、设施、设备，应当加强维护和保养，防止事故发生。

（14）生产经营单位应当加强对自然灾害的预防。对于因自然灾害可能导致事故灾难的隐患，应当按照有关法律、法规、标准和本规定的要求排查治理，采取可靠的预防措施，制定应急预案。在接到有关自然灾害预报时，应当及时向下属单位发出预警通知；发生自然灾害可能危及生产经营单位和人员安全的情况时，应当采取撤离人员、停止作业、加强监测等安全措施，并及时向当地人民政府及其有关部门报告。

（15）地方人民政府或其安全监管监察部门及有关部门挂牌督办并责令全部或者局部停产停业治理的重大事故隐患，治理工作结束后，有条件的生产经营单位应当组织本单位的技术人员和专家对重大事故隐患的治理情况进行评估；其他生产经营单位应当委托具备相应资质的安全评价机构对重大事故隐患的治理情况进行评估。

经治理后符合安全生产条件的，生产经营单位应当向安全监管监察部门和有关部门提出恢复生产的书面申请，经安全监管监察部门和有关部门审查同意后，方可恢复生产经营。申请报告应当包括治理方案的内容、项目和安全评价机构出具的评价报告等。

（16）生产经营单位及其主要负责人未履行事故隐患排查治理职责，导致发生生产安全事故的，依法给予行政处罚。

（17）生产经营单位违反本规定，有下列行为之一的，由安全监管监察部门给予警告，并处三万元以下的罚款：

1）未建立安全生产事故隐患排查治理等各项制度的；

2）未按规定上报事故隐患排查治理统计分析表的；

3）未制定事故隐患治理方案的；

4）重大事故隐患不报或者未及时报告的；

5）未对事故隐患进行排查治理擅自生产经营的；

6）整改不合格或者未经安全监管监察部门审查同意擅自恢复生产经营的。

三、安全检查

1. 安全检查的类型

安全检查是企业安全管理的重要内容之一，是消除隐患、防止事故发生、改善劳动条件的重要手段，通常分为六种类型：

（1）定期安全检查。定期安全检查一般是通过有计划、有组织、有目的的形式来实现的。检查周期根据各单位实际情况确定，如次/年、次/季、次/月等。定期检查覆盖面广且有深度，能及时发现并解决问题。

（2）经常性（日常）安全检查。经常性安全检查采取对个别项目进行日常的巡视方式来实现。在施工（生产）过程中进行经常性的预防检查，能及时发现隐患及时消除，保证施工（生产）正常进行。

（3）季节性及节假日前后安全检查。由各级生产单位根据季节变化，按事故发生的规律对易发的潜在危险，突出重点进行季节检查，如冬季防冻保温、防火、防煤气中毒，夏季防暑降温、防汛、防雷电等检查。由于节假日前后的职工注意力在过节上，容易发生事故，因而应在节假日前后进行有针对性的安全检查。

（4）专业（项）安全检查。专业（项）安全检查是对某个专业（项）问题或在施工（生产）中存在的普遍性安全问题进行的单项定性或定量检查。如对危险性较大的在用设备、设施，作业场所环境条件的管理性或监督性定量检测检验都属于专业（项）安全检查。专业（项）安全检查具有较强的针对性和专业要求，用于检查检验难度较大的项目，通过检查发现潜在问题，研究整改方案，及时消除隐患，进行技术改造。

（5）综合性安全检查。综合性安全检查一般是由主管部门对下属各企业或生产单位进行的全面综合性检查，必要时可组织进行系统的安全性评价。

（6）职工代表不定期的安全巡查。由企业或车间工会负责组织有专业技术特长的职工代表进行安全生产巡视和检查。重点查国家安全生产方针、法律法规的贯彻执行情况；查单位领导干部安全生产责任制的执行情况；查工人安全生产权利的保障情况；查事故原因、隐患整改情况。此类检查可进一步强化各级领导安全生产责任制的落实，促进职工安全生产合法权利的维护。

2. 安全检查的内容

安全检查的内容包括软件系统检查和硬件系统检查。软件系统检查主要查思想、查意识、查制度、查管理、查事故处理、查隐患、查整改等，硬件系统检查主要是查生产设备、查辅助设施、查安全设施、查作业环境等。

安全检查一般包括以下项目：

（1）连续生产的单位重点检查交接班制度执行情况。

（2）危险施工现场应确保配备安全监护人员，并认真履行职责，保留完整的安全监护记录。所使用的设备、设施、工具、用具、仪表、仪器、容器等都应由专人保管，设立安全检查责任牌，并按时进行检查。

（3）所有设备、设施、工具、用具必须完好齐全；防护、保险、信号、仪表、报警等安全装置完好齐全，准确有效；所有场地的油气水管线、闸门无跑、冒、滴、漏现象；消防设施、器材、工具按要求配备，保管完好，定期进行检验维修；实行挂牌责任制。

（4）应设置安全标志的地方，按标准设置且保证标志完好清晰；电气、电路安装正确、完好；应使用防爆电器的地方，按要求使用；应装防静电装置的地方，正确安装。

（5）生产场地平整、清洁，无危险建筑及设施；生产的成品、半成品，所用的材料、原料，使用的用具、工具堆放、摆放符合安全要求；日常生产中不需使用的易燃易爆及危险物品，如需要临时使用，应按有关安全规定使用并配备相关防护措施；光线、照明要符合国家标准，应装置安全防护设施的地方都要按标准进行安装。

（6）禁烟火的生产场所，要做到无火源及烟蒂、火柴棒；动火作业按要求办理动火手续，并制定严格的防护措施；生产场所日常生产中不需使用的电炉、煤（汽、柴）油炉和液化气炉，如需临时使用，要经过批准且要有相关安全规定，并按规定执行。

法律法规规定强制性检查的项目有：锅炉、压力容器、压力管道、高压医用氧舱、起重机、电梯、自动扶梯、施工升降机、简易升降机、防爆电器、厂内机动车辆、客运索道、游艺机及游乐设施等；作业场所的粉尘、噪声、振动、辐射、高温低温、有毒物质的浓度等。

3. 安全检查的方法

（1）常规检查法。常规检查是最常见的一种检查方法，通常由安全管理人员作为检查工作的主体，到作业现场通过感官或一定的简单工具、仪表等，对作业人员的行为、作业场所的环境条件、生产设备设施等进行定性检查。安全检查人员通过这一手段，可以及时发现现场存在的安全隐患并采取措施予以消除，纠正施工人员的不安全行为。

常规检查完全依靠安全检查人员的经验和能力，检查的结果直接受安全检查人员个人素质的影响，因此对安全检查人员个人素质的要求较高。

（2）仪器检查法。机器、设备内部的缺陷及作业环境条件的真实信息或定量数据，只能通过仪器检查法进行定量化的检验与测量，才能发现安全隐患，从而为后续整改提供信息。因此，必要时需要实施仪器检查，被检查的对象不同，检查所用的仪器和手段也不同。

（3）安全检查表法。为使检查工作更加规范，将个人的行为对检查结果的影响减少到最小，常采用预先编制的安全检查表进行检查。

为了系统地发现工厂、车间、工序或机器、设备、装置以及各种操作管理和组织措施中的不安全因素，事先把检查对象加以剖析，把大系统分割成小的系统，查出不安全因素所在，然后确定检查项目，以提问的方式将检查项目按系统或子系统顺序编制成表，以便进行检查和避免漏检，这种表就是安全检查表。

安全检查表是进行安全检查，发现和查明各种危险和隐患，监督各项安全规章制度的实施，及时发现事故隐患并制止违章行为的一个有力工具。企业在实施安全检查工作时，可以根据国家和行业安全检查标准，并结合本单位的实际情况编制具体的、操作性强的安全检查表。

4. 安全检查表

（1）安全检查表的基本作用包括以下几点：

1）用于对系统进行安全检查和评价；

2）可以对职工进行安全教育与提示；

3）用于事故分析和调查；

4）为系统设计人员提出清楚明确的安全要求；

5）为系统运行提供安全操作指南；

6）为工程设计和验收提供安全审查的可靠依据。

（2）安全检查表的分类。根据检查和分析的目的与对象的不同，安全检查表可分为以下几种类型：

1）设计审查、施工验收用安全检查表。这类安全检查表是从安全的角度，对某项工程设计、工程验收进行安全分析评价的一种表格，其主要内容包括厂址选择、平面布置、工艺流程的安全性、安全装置与设施、危险品运输与储存、建筑物与构筑物、运输道路、消防设施等。它可供设计人员和工程验收人员设计和验收时参考，也是“三同时”设计审查、施工验收的依据。

2）厂（矿、公司）级用安全检查表。这类安全检查表是全厂（矿、公司）进行安全检查、安全分析与评价时采用的检查表，其主要内容包括厂（矿、公司）内各个产品的工艺和装置的安全性、要害部位、主要安全装置与设施、危险物品的储存与使用、有毒有害物质的治理、作业环境、消防通道及设施、操作管理及规章制度的落实、应急措施等。

3）车间用安全检查表。这类安全检查表是在车间内进行安全检查、安全分析与评价时用的一种检查表，其主要内容包括车间的设备布置、工艺安全、安全通道、进出口、通风、照明、噪声与振动、应急措施、消防设施与措施、操作管理、岗位责任制实施等。

4）生产工序或岗位的安全检查表。这类检查表是供某一工序或某一岗位进行日常安全检查、工人自查、互查或进行安全教育的一种检查表，主要集中在防止误操作引起的事故方面，其主要内容包括工序或岗位的设备、环境、操作人员等方面的不安全因素。

5）专门（项）安全检查表。这类安全检查表是对重点设备、设施、要害部位、特殊工种、专业操作人员进行安全检查时采用的一种检查表，如锅炉、压力容器、起重机、车辆、配变电装置、炸药库、爆破作业人员和电工、司机等，其内容包括设备或装置的不安全因素或隐患的检查，人的不安全行为和管理问题的检查，不安全环境条件的检查。

6）事故分析预测用安全检查表。这种检查表是借鉴同类事故的经验教训，根据有关规程、标准等编制，在分析事故时对照检查，找出事故原因。在预测事故时，按检查项目逐条加以控制，以防止事故发生，如《触电死亡事故分析检查表》《高空坠落死亡事故预测检查表》等。

(3) 安全检查表的编制依据。安全检查表应包括所有可能导致事故发生的不安全因素，其编制依据包括以下内容：

1）有关标准、规程、规范及规定；

2）国内外事故案例及本单位在安全管理及生产中的有关经验；

3）通过系统分析确定的危险部位；

4）新知识、新成果、新方法、新技术、新法规和新标准。

(4) 安全检查表的基本内容。安全检查表根据检查的内容和要求一般应包括下列内容：

1）序号。根据要求统一编号。

2）项目名称。如子系统、车间、工段、设备等。

3）检查内容。在修辞上可用直接陈述句，也可用疑问句。

4）检查结果。即问题回答栏，可以根据检查内容回答是（√）或否（×），也可以为打分的形式。

5）备注栏。可注明建议改进措施或情况反馈等事项。

6）检查时间和检查者。

为了使检查表进一步具体化，还可根据实际情况和需要增添栏目，如将各检查项目的标准或参考标准列出，或对各个项目的重要程度作出标记等。

5. 安全检查的程序

(1) 安全检查准备

1）确定检查的对象、目的、任务；

2）查阅、掌握有关法规、标准、规程的要求；

3）了解检查对象的工艺流程、生产情况以及可能出现危险、危害的情况；

4）制订检查计划，安排检查内容、方法、步骤；

5）编写安全检查表或检查提纲；

6）准备必要的检测工具、仪器、表格或记录本；

7）挑选和训练检查人员并进行必要的分工等。

（2）安全检查实施

1）访谈。通过与有关人员谈话来查安全意识、查规章制度执行情况等。

2）查阅文件和记录。检查设计文件、作业规程、安全措施、责任制度、操作规程等是否齐全、有效，查阅相应记录，判断上述文件是否被执行。

3）现场观察。对作业现场的生产设备、安全防护设施、作业环境、人员操作等进行观察，寻找不安全因素、事故隐患、事故征兆等。

（3）通过分析作出判断。掌握情况之后，要进行分析、判断和验证。可凭经验、技能进行分析，作出判断，必要时需对所作判断进行验证，以保证得出正确结论。

（4）及时作出决定并进行处理。作出判断后，应针对存在的问题作出采取措施的决定，即提出隐患整改意见和要求，包括要求进行信息的反馈。

（5）整改落实。存在隐患的单位必须按照检查组（人员）提出的隐患整改意见和要求落实整改，检查组（人员）对整改落实情况进行复查，获得整改效果的信息。

6. 人的不安全行为的检查

《企业职工伤亡事故分类》（GB 6441）中规定的不安全行为有 13 大类。

（1）未经许可，开动、关停、移动机器；开动、关停机器时未给信号，开关未锁紧；忘记关闭设备；忽视警告标志、警告信号；操作错误按钮、阀门、扳手、把柄等；奔跑作业，供料或送料速度过快；机械超速运转；违章驾驶机动车；酒后作业；客货混载；冲压机作业时，手伸进冲压模；工件紧固不牢；用压缩空气吹铁屑。

（2）安全装置被拆除、堵塞，造成安全装置失效。

（3）临时使用不牢固的设施或无安全装置的设备等。

（4）用手代替手动工具，用手清除切屑，不用夹具固定，用手拿工件进行机加工。

（5）成品、半成品、材料、工具、切屑和生产用品等存放不当。

（6）冒险进入危险场所。

（7）攀、坐在不安全位置。

（8）在起吊物下作业、停留。

（9）机器运转时从事加油、修理、检查、调整、焊接、清扫等工作。

（10）分散注意力行为。

（11）在必须使用劳动防护用品的作业或场合中，未按规定使用。

（12）在有旋转零部件的设备旁作业穿肥大服装；操纵带有旋转零部件的设备时戴手套。

（13）对易燃易爆等危险物品处理错误。

四、"三违"及其管控

安全是生命之本，违章是事故之源。在实际生产活动中，由于安全意识不到位，习惯性违章作业导致的事故占绝大多数。在生产系统中，"人"是安全生产各要素的根本，只有加强对冶金从业人员的安全教育和培训，使其了解安全生产的重要性，掌握必要的安全生产知识和安全生产技能，才能自觉做到不伤害自己、不伤害别人、不被别人伤害，从根本上预防事故，化解风险。

1."三违"的含义

"三违"是指违章指挥、违章作业、违反劳动纪律。

（1）违章指挥。违章指挥是指企业生产过程中，有关管理人员不遵守国家有关安全生产规定的要求及企业的安全生产规章制度，命令、指挥、默许、纵容从业人员违章作业或冒险作业的行为。

虽然依据《安全生产法》规定从业人员有权拒绝违章指挥，但是领导权力给从业人员的心理压力是不可能完全消除的。因此，违章指挥行为往往会引导、促使从业人员的违章作业行为，使"三违"具有连锁性，即领导的违章指挥和从业人员违章作业、违反劳动纪律行为会同时发生。从这个意义上讲，领导者的违章指挥行为的危害性往往要大于从业人员的违章作业行为。

（2）违章作业。违章作业是指在企业生产工作活动中，违反国家有关安全生产法律、法规、规定要求，违反上级和企业有关安全管理规定、制度，违反企业安全规程、安全技术操作规程、作业规程及安全技术措施的行为。

违章作业是人为制造事故的行为，是造成生产事故的主要原因之一，如带电检修电气设备、不按规定检查安全隐患继续作业等。

违章作业虽然只是发生在个别从业人员和直接操作的班组长身上，但对其他从业人员心理影响有极大作用。尤其班组长是企业生产组织中的核心人物，是作业现场的指挥者、主要管理者，其行为给从业人员以无声的指令。个别班组长的违章作业，会带动和影响本班组部分从业人员效仿其违章作业行为。因此，在制止违章作业方面班组长起着重要的作用，为了杜绝违章作业，应对班组长提出严格要求，使他们成为维护安全生产的典范。

（3）违反劳动纪律。违反劳动纪律是指从业人员不遵守企业制定的规范和约束劳动者劳动及相关行为的规定要求，违反相关制度行为。

违反劳动纪律的现象在任何单位都时有发生，企业虽然制定了严格的劳动纪律，并有严格的惩罚制度，但违反劳动纪律的现象还是时常发生，如工作时睡觉、迟到、早退、脱岗等。

劳动纪律是企业对职工在生产劳动中的不规范行为的约束，它对企业安全生产有着极其重要的作用。许多企业职工人数众多、分工细密，如果缺乏铁的劳动纪律，将影响正常生产，甚至导致事故发生。

2. 常见的“三违”行为及其危害

生产安全事故与“三违”有着直接联系，据统计，80%~90%的生产安全事故均是由“三违”造成的。在企业职工队伍中的有些人，由于综合素质较差、安全意识不强、法制观念淡薄，“三违”现象时有出现、屡禁不绝，严重地威胁了企业正常生产和从业人员的生命安全，甚至造成事故。因此，对“三违”的现象和行为，决不能宽容和忽视，只有坚决与“三违”行为做斗争，才能确保企业的安全生产。

3. 对“三违”的管控

“三违”综合防控工作是一项复杂的系统工程，至少应包括“三违”评判标准的确定、工作人员的日常教育和培训、施工措施的制定与执行、工作行为的检查与纠正、“三违”人员的说服与帮教、“三违”标准的内容修改与完善等众多工作内容和环节，只有将这些内容和环节有机地整合在一起，才能使“三违”综合防控工作取得实效。为此，企业应该构建“群防群控、群反群帮、奖惩并重、心智培训、完善提高”的“三违”综合防控方式。

第四节 工伤保险知识

工伤保险是国家通过立法手段强制实施的，对因工作遭受人身伤害（包括事故伤残、职业病以及因这两种情况造成死亡）的职工或其近亲属提供补偿的一种社会保险制度。

一、工伤保险的基本原则

1. 强制实施原则

强制实施原则是指由国家通过立法手段强制工伤保险制度的实行，对于不按法律规定参加工伤保险的用人单位，对于不按法定的项目、标准和方式支付待遇，不按规定的标准和时间缴纳保险费的行为，要依法追究法律责任。

2. 无责任赔偿原则

无责任赔偿原则又称无过失补偿原则，无论工伤事故的责任是否在于职工一方，只要不是职工本人故意行为所致，就应该按照规定对其进行伤害补偿。

3. 职工个人不缴费原则

用人单位应当按时缴纳工伤保险费，职工个人不缴纳工伤保险费。

4. 工伤补偿、工伤预防与工伤康复相结合原则

现代工伤保险已不仅仅限于对工伤职工给予经济补偿，而把工伤补偿、工伤预防与工伤康复紧密地联系起来，更好地发挥其在维护社会安定、保护和促进生产力发展方面的积极作用。

二、工伤认定

1. 应当认定为工伤的情形

根据《工伤保险条例》的规定，职工有下列情形之一的，应当认定为工伤：

（1）在工作时间和工作场所内，因工作原因受到事故伤害的；

（2）工作时间前后在工作场所内，从事与工作有关的预备性或者收尾性工作受到事故伤害的；

（3）在工作时间和工作场所内，因履行工作职责受到暴力等意外伤害的；

（4）患职业病的；

（5）因工外出期间，由于工作原因受到伤害或者发生事故下落不明的；

（6）在上下班途中，受到非本人主要责任的交通事故或者城市轨道交通、客运轮渡、火车事故伤害的；

（7）法律、行政法规规定应当认定为工伤的其他情形。

2. 视同工伤的情形

根据《工伤保险条例》的规定，职工有下列情形之一的，视同工伤：

（1）在工作时间和工作岗位，突发疾病死亡或者在48小时之内经抢救无效死亡的；

（2）在抢险救灾等维护国家利益、公共利益活动中受到伤害的；

（3）职工原在军队服役，因战、因公负伤致残，已取得革命伤残军人证，到用人单位后旧伤复发的。

职工有第（1）项、第（2）项情形的，按照本条例的有关规定享受工伤保险待遇；职工有第（3）项情形的，按照本条例的有关规定享受除一次性伤残补助金以外的工伤保险待遇。

3. 不得认定为工伤的情形

根据《工伤保险条例》的规定，职工符合本条例认定工伤、视同工伤情形的规定，但是有下列情形之一的，不得认定为工伤或者视同工伤：

（1）故意犯罪的；

（2）醉酒或者吸毒的；

（3）自残或者自杀的。

三、工伤认定申请

《工伤保险条例》规定，职工发生事故伤害或者按照《职业病防治法》规定被诊断、鉴定为职业病，所在单位应当自事故伤害发生之日或者被诊断、鉴定为职业病之日起30日内，向统筹地区社会保险行政部门提出工伤认定申请。遇有特殊情况，经报社会保险行政部门同意，申请时限可以适当延长。

用人单位未按规定提出工伤认定申请的，工伤职工或者其近亲属、工会组织在事故伤害发生之日或者被诊断、鉴定为职业病之日起1年内，可以直接向用人单位所在地统筹地区社会保险行政部门提出工伤认定申请。

提出工伤认定申请应当提交的材料有工伤认定申请表、与用人单位存在劳动关系（包括事实劳动关系）的证明材料、医疗诊断证明或者职业病诊断证明书（或者职业病诊断鉴定书），工伤认定申请表应当包括事故发生的时间、地点、原因以及职工伤害程度等基本情况。

四、劳动能力鉴定

劳动能力鉴定是指劳动功能障碍程度和生活自理障碍程度的等级鉴定。

职工发生工伤，经治疗伤情相对稳定后存在残疾、影响劳动能力的，应当进行劳动能力鉴定。

劳动功能障碍分为十个伤残等级，最重的为一级，最轻的为十级。

生活自理障碍分为三个等级：生活完全不能自理、生活大部分不能自理和生活部分不能自理。

五、工伤保险待遇

职工因工作遭受事故伤害或者患职业病需要暂停工作接受工伤医疗的，在停工留薪期内，原工资福利待遇不变，由所在单位按月支付。

1. 工伤职工待遇

工伤职工进行劳动能力鉴定后，享受下列待遇：

（1）职工因工致残被鉴定为一至四级伤残的，保留劳动关系，退出工作岗位，享受一次性伤残补助金（按伤残等级）、伤残津贴等待遇。工伤职工达到退休年龄并办理退休手续后，停发伤残津贴，按照国家有关规定享受基本养老保险待遇。基本养老保险待遇低于伤残津贴的，由工伤保险基金补足差额。

（2）职工因工致残被鉴定为五级、六级伤残的，享受一次性伤残补助金、保留与用人单位的劳动关系，由用人单位安排适当工作，难以安排工作的，由用人单位按月发给伤残津贴等待遇。经工伤职工本人提出，该职工可以与用人单位解除或者终止劳动关系，享受一次性工伤医疗补助金和一次性伤残就业补助金。

（3）职工因工致残被鉴定为七至十级伤残的，享受一次性伤残补助金，劳动、聘用合同期满终止，或者职工本人提出解除劳动、聘用合同的，享受一次性工伤医疗补助金和一次性伤残就业补助金。

2. 工亡职工待遇

职工因工死亡，其近亲属按下列规定领取丧葬补助金、供养亲属抚恤金和一次性工亡补助金：

（1）丧葬补助金为 6 个月的统筹地区上年度职工月平均工资。

（2）供养亲属抚恤金按照职工本人工资的一定比例发给由因工死亡职工生前提供主要生活来源、无劳动能力的亲属。标准为：配偶每月 40%，其他亲属每人每月 30%，孤寡老人或者孤儿每人每月在上述标准的基础上增加 10%。核定的各供养亲属的抚恤金之和不应高于因工死亡职工生前的工资。供养亲属的具体范围由国务院社会保险行政部门规定。

（3）一次性工亡补助金标准为上一年度全国城镇居民人均可支配收入的 20 倍。伤残职工在停工留薪期内因工伤导致死亡的，其近亲属享受上述待遇。一级至四级伤残职工在停工留薪期满后死亡的，其近亲属可以享受上述规定的待遇。

第五节　安全标志及其使用

一、安全色

安全色是表达安全信息的颜色，表示禁止、警告、指令、提示等含义，应用安全色使人们能够对威胁安全和健康的物体和环境尽快地作出反应，以减少事故的发生。安全色用途广泛，如用于安全标志牌、交通标志牌、防护栏杆及机器上不准乱动的部位等。

安全色的应用必须是以表示安全为目的并且有规定的颜色范围。安全色有红、蓝、黄、绿四种，其含义和用途分别如下：

（1）红色表示禁止、停止、消防和危险的意思，禁止、停止和有危险的器件设备或环境应涂以红色的标记；

（2）黄色表示注意、警告的意思，需警告人们注意的器件、设备或环境应涂以黄色标记；

（3）蓝色表示指令、必须遵守的规定；

（4）绿色表示通行、安全和提供信息的意思，可以通行或安全情况应涂以绿色标记。

二、安全标志术语和定义

（1）安全标志：用以表达特定安全信息的标志，由图形符号、安全色、几何形状（边框）或文字构成。

（2）安全色：传递安全信息含义的颜色，包括红、蓝、黄、绿四种颜色。

（3）禁止标志：禁止人们不安全行为的图形标志。

（4）警告标志：提醒人们对周围环境引起注意，以避免可能发生的危险的图形标志。

（5）指令标志：强制人们必须做出某种动作或采用防范措施的图形标志。

（6）提示标志：向人们提供某种信息（如标明安全设施或场所等）的图形标志。

（7）说明标志：向人们提供特定提示信息（标明安全分类或防护措施等）的标记，由几何图形边框和文字构成。

（8）环境信息标志：所提供的信息涉及较大区域的图形标志，标志种类代号：H。

（9）局部信息标志：所提供的信息只涉及某地点，甚至某个设备或部件的图形标志，标志种类代号为J。

三、常用安全标志

1. 禁止标志

禁止标志的基本形式是带斜杠的圆边框，如图 2-1 所示。禁止标志的颜色为白底、红圈、红斜杠、黑图形符号。

禁止吸烟　　禁止放置易燃物　　禁止启动

图 2-1　禁止标志

2. 警告标志

警告标志的基本形式是正三角形边框，如图 2-2 所示。警告标志的颜色为黄底、黑边、黑图形符号。

注意安全　　当心爆炸　　当心中毒

图 2-2　警告标志

3. 指令标志

指令标志的基本形式是圆形边框，如图 2-3 所示。指令标志的颜色为蓝底、白图形符号。

必须戴遮光护目镜　　必须戴防尘口罩　　必须戴安全帽

图 2-3　指令标志

4. 提示标志

提示标志的基本形式是正方形边框，如图 2-4 所示。提示标志的颜色为绿底、白图案、白字（也可用黑字）。

紧急出口　　可动火区　　应急电话

图 2-4　提示标志

四、安全标志的使用

《安全标志及使用导则》（GB 2894）等规定了安全色、基本安全图形和符号，以及安全标志的使用与管理规定，详细请参阅国家标准有关内容。各行业领域根据《安全标志及使用导则》的原则，还制定了有本行业领域特色的安全标志（图形或符号）。

1. 设置高度

标志牌设置的高度，应尽量与人眼的视线高度相一致。悬挂式和柱式的环境信息标志牌的下缘距地面的高度不宜小于 2 m；局部信息标志的设置高度应视具体情况确定。

2. 安全标志牌的使用要求

（1）标志牌应设在与安全有关的醒目地方，并使大家看见后，有足够的时间来注意它所表示的内容。环境信息标志宜设在有关场所的入口处和醒目处；局部信息标志应设在所涉及的相应危险地点或设备（部件）附近的醒目处。

（2）标志牌不应设在门、窗、架等可移动的物体上，以免标志牌随母体物体相应移动，影响认读。标志牌前不得放置妨碍认读的障碍物。

（3）标志牌的平面与视线夹角应接近 90°，观察者位于最大观察距离时，最小夹角不低于 75°。

（4）标志牌应设置在明亮的环境中。

（5）多个标志牌在一起设置时，应按警告、禁止、指令、提示类型的顺序，先左后右、先上后下地排列。

（6）标志牌的固定方式分附着式、悬挂式和柱式三种。悬挂式和附着式的固定应稳固不倾斜，柱式的标志牌和支架应牢固地连接在一起。

（7）安全标志牌至少每半年检查一次，如发现有破损、变形、褪色等不符合要求时应及时修整或更换。在修整或更换激光安全标志时应有临时的标志替换，以避免发生意外的伤害。

第六节　金属冶炼企业通用安全管理规定

一、金属冶炼企业一般安全生产规定

《冶金企业和有色金属企业安全生产规定》自 2018 年 3 月 1 日起施行，其中与企业的安全生产保障有关的规定如下：

（1）企业应当遵守有关安全生产法律、行政法规、规章和国家标准或者行业标准的规定。

企业应当建立安全风险管控和事故隐患排查治理双重预防机制，落实从主要负责人到每一名从业人员的安全风险管控和事故隐患排查治理责任制。

（2）企业应当按照规定开展安全生产标准化建设工作，推进安全健康管理系统化、岗位操作行为规范化、设备设施本质安全化和作业环境器具定置化，并持续改进。

（3）企业应当建立健全全员安全生产责任制，主要负责人（包括法定代表人和实际控制人，下同）是本企业安全生产的第一责任人，对本企业的安全生产工作全面负责；其他负责人对分管范围内的安全生产工作负责；各职能部门负责人对职责范围内的安全生产工作负责。

（4）企业主要负责人应当每年向股东会或者职工代表大会报告本企业安全生产状况，接受股东和从业人员对安全生产工作的监督。

(5) 企业存在金属冶炼工艺，从业人员在100人以上的，应当设置安全管理机构或者配备不低于从业人员3‰的专职安全管理人员，但最低不少于3人；从业人员在100人以下的，应当设置安全管理机构或者配备专职安全管理人员。

(6) 企业主要负责人、安全管理人员应当接受安全生产教育和培训，具备与本企业生产经营活动相适应的安全生产知识和管理能力。其中，存在金属冶炼工艺的企业的主要负责人、安全管理人员自任职之日起6个月内，必须接受负有冶金有色安全生产监管职责的部门对其进行安全生产知识和管理能力考核，并考核合格。

企业应当按照国家有关规定对从业人员进行安全生产教育和培训，保证从业人员具备必要的安全生产知识，了解有关安全生产法律法规，熟悉本企业规章制度和安全技术操作规程，掌握本岗位安全操作技能，并建立培训档案，记录培训、考核等情况。未经安全生产教育培训合格的从业人员，不得上岗作业。

企业应当对新上岗从业人员进行厂（公司）、车间（职能部门）、班组三级安全生产教育和培训；对调整工作岗位、离岗半年以上重新上岗的从业人员，应当经车间（职能部门）、班组安全生产教育和培训合格后，方可上岗作业。

新工艺、新技术、新材料、新设备投入使用前，企业应当对有关操作岗位人员进行专门的安全生产教育和培训。

(7) 企业从事煤气生产、储存、输送、使用、维护检修作业的特种作业人员必须依法经专门的安全技术培训，并经考核合格，取得《中华人民共和国特种作业操作证》后，方可上岗作业。

(8) 企业新建、改建、扩建工程项目（以下统称建设项目）的安全设施和职业病防护设施应当严格执行国家有关安全生产、职业病防治法律、行政法规和国家标准或者行业标准的规定，并与主体工程同时设计、同时施工、同时投入生产和使用。安全设施和职业病防护设施的投资应当纳入建设项目概算。

(9) 金属冶炼建设项目在可行性研究阶段，建设单位应当依法进行安全评价。

建设项目在初步设计阶段，建设单位应当委托具备国家规定资质的设计单位对其安全设施进行设计，并编制安全设施设计。

建设项目竣工投入生产或者使用前，建设单位应当按照有关规定进行安全设施竣工验收。

（10）国家安全生产监督管理总局（现为应急管理部，下同）负责实施国务院审批（核准、备案）的金属冶炼建设项目的安全设施设计审查。

省、自治区、直辖市人民政府负有冶金有色安全生产监管职责的部门对本行政区域内金属冶炼建设项目实施指导和监督管理，确定并公布本行政区域内有关部门对金属冶炼建设项目安全设施设计审查的管辖权限。

（11）企业应当对本企业存在的各类危险因素进行辨识，在有较大危险因素的场所和设施、设备上，按照有关国家标准、行业标准的要求设置安全警示标识，并定期进行检查维护。

对于辨识出的重大危险源，企业应当登记建档、监测监控，定期检测、评估，制定应急预案并定期开展应急演练。

企业应当将重大危险源及有关安全措施、应急预案报有关地方人民政府负有冶金有色安全生产监管职责的部门备案。

（12）企业应当建立应急救援组织。生产规模较小的，可以不建立应急救援组织，但应当指定兼职的应急救援人员，并且可以与邻近的应急救援队伍签订应急救援协议。

企业应当配备必要的应急救援器材、设备和物资，并进行经常性维护、保养，保证正常运转。

（13）企业应当采取有效措施预防、控制和消除职业病危害，保证工作场所的职业卫生条件符合法律、行政法规和国家标准或者行业标准的规定。

企业应当定期对工作场所存在的职业病危害因素进行检测、评价，检测结果应当在本企业醒目位置进行公布。

（14）企业应当按照有关规定加强职业健康监护工作，对接触职业病危害的从业人员，应当在上岗前、在岗期间和离岗时组织职业健康检查，将检查结果书面告知从业人员，并为其建立职业健康监护档案。

（15）企业应当加强对施工、检修等重点工程和生产经营项目、场所的承包单位的安全管理，不得将有关工程、项目、场所发包给不具备安全生产条件或者相应资质的单位。企业和承包单位的承包协议应当明确约定双方的安全生产责任和义务。

企业应当对承包单位的安全生产进行统一协调、管理，对从事检修工程的承包单位检修方案中的安全措施和应急处置措施进行审核，监督承包单位落实。

企业应当对承包检修作业现场进行安全交底，并安排专人负责安全检查和协调。

(16) 企业应当从合法的劳务公司录用劳务人员，并与劳务公司签订合同，对劳务人员进行统一的安全生产教育和培训。

(17) 企业的正常生产活动与其他单位的建设施工或者检修活动同时在本企业同一作业区域内进行的，企业应当指定专职安全管理人员负责作业现场的安全检查工作，对有关作业活动进行统一协调、管理。

(18) 企业应当建立健全设备设施安全管理制度，加强设备设施的检查、维护、保养和检修，确保设备设施安全运行。

对重要岗位的电气、机械等设备，企业应当实行操作牌制度。

(19) 企业不得使用不符合国家标准或者行业标准的技术、工艺和设备；对现有工艺、设备进行更新或者改造的，不得降低其安全技术性能。

(20) 企业的建（构）筑物应当按照国家标准或者行业标准规定，采取防火、防爆、防雷、防震、防腐蚀、隔热等防护措施，对承受重荷载、荷载发生变化或者受高温熔融金属喷溅、酸碱腐蚀等危害的建（构）筑物，应当定期对建（构）筑物结构进行安全检查。

(21) 企业对起重设备进行改造并增加荷载的，应当同时对承重厂房结构进行荷载核定，并对承重结构采取必要的加固措施，确保承重结构具有足够的承重能力。

(22) 企业的操作室、会议室、活动室、休息室、更衣室等场所不得设置在高温熔融金属吊运的影响范围内。进行高温熔融金属吊运时，吊罐（包）与大型槽体、高压设备、高压管路、压力容器的安全距离应当符合有关国家标准或者行业标准的规定，并采取有效的防护措施。

(23) 企业在进行高温熔融金属冶炼、保温、运输、吊运过程中，应当采取防止泄漏、喷溅、爆炸伤人的安全措施，其影响区域不得有非生产性积水。

高温熔融金属运输专用路线应当避开煤气、氧气、氢气、天然气、水管等管道及电缆；确需通过的，运输车辆与管道、电缆之间应当保持足够的安全距离，并采取有效的隔热措施。

严禁运输高温熔融金属的车辆在管道或者电缆下方，以及有易燃易爆物质的区域停留。

（24）企业对电炉、电解车间应当采取防雨措施和有效的排水设施，防止雨水进入槽下地坪，确保电炉、电解槽下没有积水。

企业对电炉、铸造熔炼炉、保温炉、倾翻炉、铸机、流液槽、熔盐电解槽等设备，应当设置熔融金属紧急排放和储存的设施，并在设备周围设置拦挡围堰，防止熔融金属外流。

（25）吊运高温熔融金属的起重机，应当满足《起重机械安全技术监察规程——桥式起重机》（TSG Q0002）和《起重机械定期检验规则》（TSG Q7015）的要求。

企业应当定期对吊运、盛装熔融金属的吊具、罐体（本体、耳轴）进行安全检查和探伤检测。

（26）生产、储存、使用煤气的企业应当建立煤气防护站（组），配备必要的煤气防护人员、煤气检测报警装置及防护设施，并且每年至少组织一次煤气事故应急演练。

（27）生产、储存、使用煤气的企业应当严格执行《工业企业煤气安全规程》（GB 6222），在可能发生煤气泄漏、聚集的场所，设置固定式煤气检测报警仪和安全警示标识。

进入煤气区域作业的人员，应当携带便携式一氧化碳检测报警仪，配备空气呼吸器，并由企业安排专门人员进行安全管理。

煤气柜区域应当设有隔离围栏，安装在线监控设备，并由企业安排专门人员值守。煤气柜区域严禁烟火。

（28）企业对涉及煤气、氧气、氢气等易燃易爆危险化学品生产、输送、使用、储存的设施以及油库、电缆隧道（沟）等重点防火部位，应当按照有关规定采取有效、可靠的防火、防爆和防泄漏措施。

企业对具有爆炸危险环境的场所，应当按照《爆炸性环境　第1部分：设备　通用要求》（GB 3836.1）及《爆炸危险环境电力装置设计规范》（GB 50058）设置自动检测报警和防灭火装置。

（29）企业对反应槽、罐、池、釜和储液罐、酸洗槽应当采取防腐蚀措施，设置事故池，进行经常性安全检查、维护、保养，并定期检测，保证正常运转。

企业实施浸出、萃取作业时，应当采取防火防爆、防冒槽喷溅和防中毒等安全措施。

（30）企业从事产生酸雾危害的电解作业时，应当采取防止酸雾扩散及槽体、厂房防腐措施。电解车间应当保持厂房通风良好，防止电解产生的氢气聚集。

（31）企业在使用酸、碱的作业场所，应当采取防止人员灼伤的措施，并设置安全喷淋或者洗涤设施。

采用剧毒物品的电镀、钝化等作业，企业应当在电镀槽的下方设置事故池，并加强对剧毒物品的安全管理。

（32）企业对生产过程中存在二氧化硫、氯气、砷化氢、氟化氢等有毒有害气体的工作场所，应当采取防止人员中毒的措施。

企业对存在铅、镉、铬、砷、汞等重金属蒸气、粉尘的作业场所，应当采取预防重金属中毒的措施。

（33）企业应当建立有限空间、动火、高处作业、能源介质停送等较大危险作业和检修、维修作业审批制度，实施工作票（作业票）和操作票管理，严格履行内部审批手续，并安排专门人员进行现场安全管理，确保作业安全。

（34）企业在生产装置复产前，应当组织安全检查，进行安全条件确认。

二、金属冶炼企业隐患排查治理的主要内容

（1）新建、改建、扩建项目的设计单位是否有设计资质，项目是否履行立项申请、审查、审批和严格执行建设项目安全设施“三同时”制度，是否存在私自变更设计、擅自改变工艺布局和增减设备的情况；

（2）建设项目的生产工艺，设备选型，水、油、汽等系统配置是否进行了安全风险辨识，是否落实了控制重大危险源的工程技术方案和措施；

（3）冶炼、铸造等生产环节冷却水是否及时排放，起重和吊运铁水、钢水、铜水、铝水等液态金属专用设备的设计单位资质、选型配套、制造企业资质、安装、运行和安全管理是否达到安全规程要求；

（4）冶炼、铸造生产过程中，熔融金属和高温物质与水、油、汽等物质的隔离防爆措施是否落实到位，设备设施有缺陷的是否整改消除；

（5）高炉风口平台、炉身、炉顶等区域煤气泄漏、冷却壁损坏、炉皮开裂、炉顶设备装料系统、制粉喷煤系统及热风炉等重大危险部位和区域是否处于受控安全状态；

（6）转炉、精炼炉、均热炉的炉体冷却、倾翻、烟气回收等工艺环节是否处于受控安全状态，是否严格执行煤气生产、储存、输送、使用环节防止泄漏、中毒窒息、爆炸

的安全管理制度，煤气柜、管线监控和防护设施的配置和运行是否符合相关安全规程要求；

（7）冶炼过程中涉及氧气、氢气、二氧化硫、氮气、氯气、氨气等气体的生产、储存、输送、使用，预防泄漏、中毒、窒息、爆炸等防范制度的执行情况，各种监控和防护设施的配置和运行是否符合相关安全规程的要求；

（8）冶金生产过程中涉及高温、高压、强碱、强酸使用环节，预防爆炸、烧烫伤、中毒、外泄等防范制度的执行情况，各种监控和防护设施的配置和运行是否符合相关安全规程的要求；

（9）作业现场设置防范各类机械伤害事故安全防护设施、安全警示标识、监控报警、联锁和自动保护装置的情况是否符合相关安全规程的要求。

第三章　烧结、球团、焦化及常用气体使用安全技能

冶金工业是国家基础工业之一，是国民经济赖以发展的重要基础。我国是冶金工业大国，钢铁产品总量世界排名第一，且绝大多数品种的产量也是世界第一。

金属冶炼生产工艺包括烧结、球团、焦化、炼铁、炼钢、铝冶炼、重金属冶炼、金属压力加工等，生产过程中涉及检修作业、有限空间作业、动火作业、吊装作业、抽堵盲板作业、高处作业、动土作业、断路作业等危险作业，容易引发中毒窒息、火灾、爆炸、灼烫、高处坠落、触电、起重伤害、机械伤害等事故，以及尘肺病、噪声聋、职业性肿瘤等职业病。因此，从业人员必须了解生产作业岗位的危险有害因素，熟悉本质安全要求，掌握安全操作技能，提升事故应急处置能力，有效防范和遏制各类生产事故的发生。

第一节　烧结、球团安全技能

烧结、球团是冶金工业生产工艺的重要组成部分，也是粉矿造块的两种方法，粉矿造块就是将高品位粉矿通过烧结法或球团焙烧法制成适合高炉冶炼的块矿的工艺过程。

本节学习重点：了解烧结、球团危险有害因素，熟悉本质安全要求，掌握安全操作技能，提升事故应急处置能力。

一、烧结、球团工艺概况

1. 烧结工艺概况

烧结是利用烧结机将添加一定数量燃料的粉状物料（如粉矿、精矿、熔剂及综合利用料）进行高温加热，在不完全熔化的条件下烧结成烧结矿，为炼铁高炉提供冶炼的原料。现代烧结生产大体上可分为原料准备（储料）和烧结两部分。

烧结生产大多采用带式烧结机抽风烧结工艺流程连续作业方式。带式烧结机抽风烧结生产主要设备有原料准备设备（如翻车机、堆取料机、破碎机、带式输送机等）、配料混合设备（如配料秤、圆盘给料机、圆筒混合机等）、烧结设备（如烧结机、单辊破碎机、主抽风机等）、烧结矿成品处理设备（如环冷机、振动筛等）及环境保护设备（如布袋除尘器、电除尘器等）。

2. 球团工艺概况

球团是将准备好的原料（细磨精矿或其他细磨粉状物料、添加剂或黏结剂等），按一定的比例经过配料、混匀，在造球机上经滚动而制成一定尺寸的生球，然后采用干燥和焙烧或其他方法使其发生一系列的物理化学变化而硬化团结，形成球团矿。带式焙烧机工艺生产中，球团焙烧由带式焙烧机单台设备完成，链篦机—回转窑工艺生产中，球团焙烧由链篦机、回转窑、环冷机三台设备完成。

二、烧结、球团通用安全技能

烧结、球团生产过程中，容易引发机械伤害、起重伤害、高处坠落、火灾、触电、爆炸、中毒窒息等事故，生产环境中，容易产生粉尘、噪声等职业病危害因素。

1. 通用安全技能

（1）车间主要危险源或危险场所，应设有醒目的安全标志。安全色和安全标志应分别符合《安全色》（GB 2893）和《安全标志及其使用导则》（GB 2894）的规定。

（2）直梯、斜梯、防护栏杆和平台应分别符合《固定式钢梯及平台安全要求》（GB 4053.1~3）的有关规定；梯子踏板、平台底板、盖板及栏杆等完好、可靠；人员通过或上下时应扶稳踩牢。

(3) 通道、走梯的出入口，不应位于起重设备运行频繁的地段或靠近铁道，否则应设置安全防护装置。

(4) 水封槽和水沟上应设安全设施。

(5) 装置、设备裸露的运转部分，应设有防护罩、防护栏杆或防护挡板。

(6) 吊装孔应设置防护盖板或栏杆，并应设警示标识。

(7) 行车及布料小车等在轨道上行走的设备，两端应设有缓冲器和清轨器，轨道两端应设置电气限位器和机械安全挡。

(8) 厂房内、转运站、带式输送机通廊，均应设有洒水清扫或冲洗地面等设施。排水沟、池应设有盖板，砂泵坑四周应设置安全栏杆。

(9) 应建立操作牌、工作票制度以及停送电和安全操作确认制度。

(10) 应建立严格的设备使用、维护保养和检修制度。

(11) 设备检修或技术改造，应制定相应的安全技术措施。多单位、多工种在同一现场施工时，应建立现场指挥机构，协调作业。

(12) 进入设备内部进行检修作业时，设备人孔外部要有专人监护，作业后要对人员、工具等进行清点，确认无误后方可撤离。

(13) 进入有限空间作业时要保持充足的通风，并采取降温措施；有限空间照明用电电压应小于或等于 24 V，在潮湿容器或狭小空间用电电压应小于或等于 12 V；应佩戴便携式氧气检测报警器，内部有煤气的要佩戴便携式一氧化碳检测报警器并提前检测一氧化碳浓度。

(14) 人员进入料仓捅料时，应系安全带，在作业平面铺设垫板，并应有专人监护，不应单独作业。应尽可能采取机械疏通。

(15) 在有粉尘、潮湿或有腐蚀性气体的环境下工作的仪表，应选用密闭式或防护型的，并安装在仪表柜（箱）内。

(16) 仪表系统的接地（包括保护接地、工作接地、屏蔽接地以及保安仪表接地等）应符合国家有关规定。

(17) 配电室、电缆室（电缆垂直通道)，应设有烟雾火灾自动报警器、监控装置及灭火装置，火灾报警系统宜与强制通风系统联锁；应采取防火墙、防火门间隔；油库、液压站等区域应设置专门的防火设施。

2. 动力设施安全技能

（1）厂内煤气使用应遵守《工业企业煤气安全规程》（GB 6222）相关规定。

（2）厂内各种气体管道应架空敷设；易挥发介质的管道及绝缘电缆，不应架设在热力管道之上。

（3）各燃气管道在厂入口处，应设总管切断阀；燃气管道不应与电缆同沟敷设，并应进行强度试验及气密性试验。

（4）应有蒸汽或氮气吹扫燃气的设施，各吹扫管道上，应设防止气体串通的装置或采取防止串通的措施。

（5）厂内使用表压超过 0.1 MPa 的油、水煤气、蒸汽、空气和其他气体的设备和管道系统，应安装压力表、安全阀等安全装置，并应采用不同颜色的标识，来表示各种阀门的开闭状态。

（6）管道的涂色和标识，应符合《工业管道的基本识别色、识别符号和安全标识》（GB 7231）的规定。

（7）使用煤气，应根据生产工艺和安全要求制定高、低压煤气报警限值标准。

（8）煤气管道应设有大于煤气最大压力的水封和闸阀；蒸汽、氮气闸阀前应设放散阀，防止煤气反窜。

（9）煤气设备的检修和动火、煤气点火和停火煤气事故处理和新工程投产验收，应执行《工业企业煤气安全规程》（GB 6222）的相关规定。

（10）厂内供水应有应急供水设施。

（11）水冷系统应按规定要求经试压合格，方可使用；水冷系统应设流量和水压监控装置，使用水压不应低于 0.1 MPa，出口水温应低于 50 ℃。

（12）最低气温在-5 ℃以下的场所，对间断供水的部件应采取保温措施。

3. 电气安全技能

（1）应执行国家有关电气安全的规定，并参照《电业安全工作规程（发电厂和变电所电气部分）》（DL 408）的规定执行。

（2）产生大量蒸汽、腐蚀性气体、粉尘等的场所，应采用封闭式电气设备；有爆炸危险的气体或粉尘的作业场所，应采用防爆型电气设备。

(3) 电气设备（特别是手持式电动工具）的金属外壳和电线的金属保护管，应有良好的保护接零（或接地）装置。

(4) 烧结机厂房、烟囱、竖炉等，应设有避雷装置。

(5) 储存重油、煤粉等的金属罐区，应采取防静电措施。

(6) 不应带电作业。特殊情况下不能停电作业时，应按有关带电作业的安全规定执行。

(7) 厂房的自然采光和照明，应能确保作业人员作业和行走的安全。

4. 照明安全技能

(1) 使用行灯照明的场所，行灯电压一般不应超过 36 V，在潮湿的地点和金属容器内不应超过 12 V；

(2) 有腐蚀性气体、蒸气或特别潮湿的场所，应采用封闭式灯具或防水灯具；

(3) 在易受机械损伤和振动较大的场所，灯具应加保护网和采取防振措施；

(4) 有爆炸危险的气体或粉尘的工作场所，应采用防爆型灯具。

5. 起重与运输安全技能

(1) 起重机械的使用、维修和管理，应遵守《起重机械安全规程　第 1 部分：总则》(GB 6067.1)、《起重机械安全规程　第 5 部分：桥式和门式起重机》(GB 6067.5) 和《起重机　手势信号》(GB/T 5082) 的规定；

(2) 起重机械应标明起重吨位，应装设卷扬限制器、行程限制器和启动、事故、超载的信号装置；

(3) 吊物不应从人员或重要设备上空通过，运行中的吊物与障碍物之间的距离应在 0.5 m 以上；

(4) 拆装吊运备件时，不应在屋面开洞或利用桁架、横梁悬挂起重设施。不应用煤气、蒸汽、水管等管道作起重设备的支架；

(5) 厂内运输应遵守《工业企业厂内铁路、道路运输安全规程》(GB 4387) 的规定；

(6) 铁道运输车辆进入卸料作业区域和厂房时，应有灯光信号及警示标识，车速不应超过 5 km/h；

（7）带式输送机应符合《带式输送机　安全规范》（GB 14784）的规定；

（8）人员不应乘、钻和跨越带式输送机。

三、储料安全技能

储料生产工艺包括原料中和、熔剂破碎加工、燃料破碎加工、原料运输等。原料储料设备主要有翻车机、堆取料机、各类破碎机及带式输送机等。

1. 翻车机安全技能

（1）本质安全要求。翻车机区域应设置火车进出声光报警装置。

（2）安全操作技能

1）严禁无关车辆及人员进入翻车机区域，避免造成人员碰撞或车辆伤害事故。

2）翻车前，必须检查确认压车、靠车装置处于松开状态，平台上下、矿槽内及运转部位应无人和障碍物；确认信号处于正常状态。

3）翻车时，挡矿墙两侧入口禁止站人，翻车机作业时 3 m 以内范围及车皮内不得有人。

4）翻车完毕，必须切断电源开关；需进入翻车机检查或处理故障时必须先停电。

5）进行检尺、取样时，必须先联系配车员，经允许后再上车工作，上下车皮必须确认车皮处于稳固状态，站稳扶好，轮架及摇枕复位时，必须确认手在安全位置；上下车皮时手要握紧爬梯，严禁在车帮上行走，防止滑跌。

6）进行槽口清理作业时要对槽口箅子进行检查确认，人员站立位置铺设垫板，防止出现滑倒或踩空的危险。

7）捅槽时，必须戴好防护镜，严禁图省事不搭跳板直接在隔板上作业，箅板磨损严重或缺失，必须先联系相关人员进行处理，严禁冒险作业。

8）处理车皮掉道前，必须确认进车口已给红灯，在车皮未掉道一端轮下放上铁锲。

9）禁止在吊起的车皮下作业，心盘销应使用长的棍棒拨直复位。

2. 堆取料机安全技能

（1）本质安全要求

1）堆取料机应具有以下安全保护装置，并应保证其有效：

①斗轮取料机构的机械式安全保护装置，回转机构的安全联轴器；

②俯仰机构的防止悬臂超速下降的保护措施及过载保护装置；

③电缆卷筒的过张力保护装置；

④在堆取料机输送线路“逆物流”前设置的物流量过载保护装置；

⑤料斗的堵料报警装置；

⑥防止臂架与料堆相碰撞的装置；

⑦升降、回转和行走的限位装置和清轨器；

⑧停机或遇到大风天气等紧急情况时使用的夹轨装置；

⑨行走时的声光报警装置。

2）堆取料机的行走轨道两端必须设有极限开关和安全装置。

3）在回转机构、俯仰机构及行走机构运行的极限位置应设置两极终端限位开关。

（2）安全操作技能

1）堆取料机两车在同一轨道、同一方向运行时相距不应小于 5 m。

2）上下机车时，必须走安全通道，同时抓紧扶牢，严禁跨越带式输送机或从堆取料机下部通过。

3）开车前，首先松开夹轨器，确认无误后送电。

4）下班停机或长时间离开堆取料机时，要切断机上总电源开关并夹紧夹轨器。

5）堆取作业时悬臂抬升到足够距离后再启动回转。

6）进行点检作业时要严格遵守以下规定：

①点检悬臂带式输送机运行状况时，必须在大车行走静止情况下进行，避免由于悬臂晃动导致人员站立不稳造成伤害；

②点检动力电缆时，不得在电缆带电的状况下用手检查电缆是否破损；

③点检钢丝绳时，不得靠近卷扬机传动部位，以免造成卷入伤害；

④点检传动部位油位时，必须在机械静止状态下进行。

3. 破碎机安全技能

（1）设备开机前要确认机壳完好无破损及人孔门封闭严密。

（2）用风管处理破碎机堵料故障时，要戴好防护眼镜；严禁人员在破碎机下部出口捅料。

（3）清理电磁铁杂物时，必须先停带式输送机再停磁铁电源，严禁直接用手拉拽电磁铁吸附的铁器。

4. 带式输送机安全技能

（1）正常情况下开、停机应采用联动操作方式，特殊情况可手动操作，但必须严格执行下道工序运行后方可启动，上道工序停转后方可停机的制度。

（2）开车前应认真检查带式输送机所属部件是否齐全、完好，转动部分是否有障碍物卡住，电气设备接地是否良好，发现问题应及时处理。发出声响信号后方可开车。

（3）开车后要按时检查电动机、减速机、辊筒轴承运转是否正常，输送带是否跑偏、过载，发现异常情况应迅速采取措施。

（4）运行中无特殊情况，不允许重负荷停车。

（5）输送带运转时，禁止站在机架上进行铲料、打水、捅料等作业。

（6）处理输送带压料、堵料时，清理、更换托辊、辊筒、机架等时，应停机挂检修指示牌，并有专人监护。

（7）处理输送带打滑、倒转时，严禁用棍棒、扫把、破布等填塞传送轮，应及时停机处理。

（8）在进行机械、电气维修时，应断开电源以确保输送机无法启动，并挂检修指示牌。

（9）严禁人员在带式输送机上行走、躺卧或骑坐。在没有跨越梯时，人员不得跨越带式输送机。

（10）皮带机启动时若打滑，严禁用手、脚和棒棍等物帮助启动。

（11）皮带机在运转中，严禁处理故障和清理皮带上的杂物或在尾轮清料及接料等。

（12）皮带跑偏时，严禁用铁棒等物撬皮带、托辊等。

（13）进行设备检修、清扫时，确认机旁操作箱操作按钮已打到零位并挂牌，皮带机拉绳应拉到位，并和中控确认拉绳信号，必要时履行危险作业审批手续。设备检修时，应断开设备的电源，防止因误操作造成事故。

四、烧结安全技能

烧结工艺流程包括配料、混合制粒、烧结、成品整粒等工序。烧结主要设备有混合机、烧结机、环式冷却机（简称环冷机）、抽风机、成品振动筛和除尘器等。

1. 烧结通用安全技能

（1）烧结平台上不应乱堆乱放杂物和备品备件，应根据建筑物承重范围，准许存放5~10块备用台车。电梯不应运载易燃易爆物品；

（2）烧结工艺中的燃料加工系统，其除尘设施不应使用电除尘器，应使用布袋除尘器；

（3）烧结面积为50 m^2 以上的烧结机应设置中间过桥，烧结机台车旁应设观察平台；

（4）烧结机双烟道烟囱底部应设隔墙，防止窜烟。

2. 混合机安全技能

（1）对混合机托辊点巡检时应注意区域地面油污，对接油盒定期进行清理。

（2）进入筒体内部作业要确认周边环境安全状态，采取以下安全措施：

1）注意观察筒体粘料情况，将顶部不牢固的粘料先捅下来。

2）注意确认筒体内壁的湿滑、积水情况，行走时要踩稳。

3）注意确认加水装置、蒸汽预热装置的位置，防止磕碰、烫伤。

4）筒体内使用电焊、电动工具等要保证绝缘措施到位。

5）进入筒体前要戴好防尘面罩及防护眼镜，防止粉尘对身体的伤害。

6）在筒体内长时间作业时执行有限空间安全措施。

（3）清理筒体内部粘料的安全措施：

1）照明、通风设备要到位；

2）先清理浮料、松散料；

3）人员站在粘料的侧面清理，严禁人员站在顶部粘料的正下方；

4）安排人员互保，随时注意筒体上部粘料的状态，做到及时提醒；

5）清理一部分粘料后需要微动转车时，人员必须撤出，转车后要等筒体停稳后人员才可进入继续作业，同时在混合机托圈与托辊之间打木楔以防止筒体溜车。

3. 烧结机安全技能

（1）煤气区域。烧结机点火器使用焦炉煤气或高炉煤气作为点火燃料，在烧结生产或检修过程中易造成煤气泄漏。因此，煤气区域应满足相关安全要求。

1）本质安全要求：

①煤气加压站和煤气区域的岗位，应设置监测煤气泄漏的显示、报警、应急和防护装置；

②烧结机煤气总管设置煤气切断阀及眼镜阀，并应安装在进入烧结机主厂房前的露天区域；

③点火器应设置空气、煤气比例调节装置和煤气低压报警及自动切断装置；

④烧嘴的空气支管应采取防爆措施；

⑤烧结机点火器的烧嘴前面，应安装煤气紧急事故切断阀。

2）安全操作技能：

①进入煤气区域要携带便携式一氧化碳检测报警器，确认一氧化碳含量在安全状态下才允许进入作业。

②定期对煤气排水器工作情况进行检查，发现问题及时处理。

③点火器操作与检修应遵守下列规定：

a. 点火器检修之前应先切断煤气，打开放散阀；

b. 烧结机点火之前用蒸汽或氮气吹扫残余煤气，并进行煤气爆发试验；

c. 点火时附近禁止明火；

d. 清理点火器时，必须站在点火器上风向，以防煤气中毒；

e. 检查维护点火器必须两人以上配合操作，确认煤气阀门已关闭，炉内温度降至60 ℃以下时才能进入炉膛，指定一人监护并确保与外部有有效的联系信号；

f. 关火、点火、检修等煤气作业严格遵守《工业企业煤气安全规程》（GB 6222）的要求。

④煤气泄漏应急处置应遵守下列规定：

a. 发现煤气泄漏者必须第一时间向中控室报告；

b. 中控室立即将煤气、空气阀门远程关闭，并向上级报告；

c. 由专人组织该区域相关人员撤离并疏散到警戒线以外安全地带；

d. 组织人员戴好空气呼吸器，佩戴便携式一氧化碳检测报警器，备好灭火器，搜寻现场未疏散人员，并在现场设置警戒线；

e. 如有人中毒应将人员搬至安全区域救治，等待医护人员救援。

（2）圆辊区域。矿槽内的混合料内有蒸汽，混合料温度最高能到 70 ℃，在该区域作业要采取以下措施：

1）处理矿槽蓬料、卡料时要关闭蒸汽阀门，戴好防护面罩、眼镜等工具，防止烫伤或眼部伤害。

2）处理矿槽仓壁粘料时，要先在仓内灌一部分返矿，在返矿料面与粘料平齐或稍低于粘料后，人员才能进入矿槽内部清理，做到清理一部分后排出一部分，再清理再排出，直至清理完毕。每次排料前人员要从矿槽内撤出。

（3）烧结机台车区域。在台车运行及检修过程中应采取以下措施：

1）台车运行过程中严禁踩踏或接触烧结机轨道轨面；

2）尽量避免边作业边补充箅条，应采用更换台车的方式解决料面窟窿问题；

3）更换台车应采用专用吊具，并有专人指挥，更换栏板，添补炉箅条等作业，应停机、停电进行；

4）生产过程中短暂停机更换台车时，要避免直接接触台车，以防烫伤；

5）检修处理箅条或隔热件时要关闭风箱翻板阀，并确认翻板关严，解决上下交叉作业的安全隐患；

6）检修过程中转动台车前，要确保台车运转区域人员已撤离。

（4）在单辊区域处理故障及检修过程要采取以下措施：

1）接触单辊密封罩或进入密封罩内作业要采取隔热措施，避免皮肤直接接触设备造成烫伤；

2）进入密封罩内之前要确认烧结机尾星轮上的台车上没有悬料，如有悬料，必须将悬料处理掉，确保不会塌落；

3）清理内部积料时，口罩、眼镜、防尘帽等劳动防护用品要齐全，领口、袖口要系好，防止物料接触身体造成烫伤，通风、照明设备要到位，脚下要垫好隔热木板；

4）检修箅板小车或进行拉入、拉出作业时，人员应撤离卷扬钢丝绳区域，避免钢丝绳断开时造成甩伤事故。

（5）烟道区域。处理灰斗堵料或检修进入烟道作业时要采取以下措施：

1）生产中处理灰斗堵料或悬料时，严禁打开灰斗卸灰阀上侧的人孔直接捅料，可以将两层卸灰阀中间的小门打开，打开上阀，用长钎子向上逐步捅料；

2）检修、进入烟道内作业执行有限空间安全措施；

3）检修过程严禁单人进入烟道内部；

4）烟道内部检修作业要确认上方风箱翻板阀关闭，尽量避免烧结机台车添补算条作业与烟道作业同时进行。

4. 环冷机安全技能

（1）在环冷机内外环作业时，要将工作服领口、衣袖及裤脚等系紧，戴好防护眼镜，防止被吹出来的料渣烫伤；

（2）巡检观察时，严禁脚踏设备轨道；

（3）进入给料斗、卸料斗内或区域范围内的台车内部检修时，应采取有效的防烫措施；

（4）向环冷机内环吊运备件时，要采用对讲机沟通指令，人员撤离吊运区域；

（5）进入给料斗内检修作业要确认料斗上部无悬料，上下交叉作业时作业面之间要有封闭隔离措施。

5. 抽风机安全技能

（1）本质安全要求

1）主抽风机室应设有一氧化碳等有毒气体浓度的检测报警装置；

2）主抽风机室高压带电体的周围应设围栏，地面应敷设绝缘垫板。

（2）安全操作技能

1）在风机厂房作业应戴防噪耳塞及便携式一氧化碳检测报警器；

2）进入风机机壳内部检修时，必须佩戴便携式一氧化碳检测报警器和氧气检测报警器；

3）进入风机机壳及进出口风道内作业时，要先确认机壳温度降到了允许的范围内。

6. 成品振动筛安全技能

1）在成品振动筛区域作业时，要采取防高温烫伤措施；

2）检查筛面布料情况时，严禁将身体的任何部分探入密封罩内；

3）成品振动筛筛板面为斜面，筛箱内空间狭小，进入筛箱内检修作业时要采取有效的防滑措施，更换筛板、激振器等备件时要防止磕碰；

4）处理料库堵料时，可采取振打或是用长钎子捅料等方式，禁止身体探入料库内或在筛箱内料库下方直接捅料。

7. 除尘器安全技能

（1）本质安全要求。烧结机机头电除尘器和脱硫布袋除尘器应设有防火防爆装置。

（2）安全操作技能

1）运行中处理灰斗堵料时，身体不要靠近灰斗，应使用长钎子或风管捅料，并戴好防护眼镜；

2）在烧结机机头电除尘器、烧结机机尾布袋除尘器及脱硫布袋除尘器等高温除尘器区域作业时，要采取防高温烫伤措施；

3）在烧结机机头电除尘器、脱硫布袋除尘器顶部及内部作业前，要先检查确认设备本体及内部结构的腐蚀情况，在强度满足要求的前提下才允许作业；

4）除尘器箱体内作业执行有限空间安全措施；

5）电除尘器检修前，要确认停电并将高压发生器对地完全放电；

6）电除尘器正常生产中，严禁进入高压隔离柜保温箱等危险区域，严禁擅自开门；

7）进入电除尘器保温箱进行绝缘套管、瓷瓶清扫作业时，要做好现场通风和监护。

五、球团安全技能

球团工艺包括熔燃制备、预配料、干燥、辊压、配料、混合、造球、焙烧和成品分级等工序，球团主要设备有干燥窑、辊压机、立式磨煤系统、混合机、造球机、链篦机—回转窑—环冷机或带式焙烧机、成品振动筛和除尘器等。

1. 球团通用安全技能

（1）各厂房平台上不应乱堆乱放杂物和备品备件，高温作业区域周边严禁堆放易燃易爆物品。

（2）设有完整的消防水管路系统，正常生产中应保证消防水压力，确保消防供水。主要的火灾危险场所应设有与消防站直通的报警信号或电话，各厂房内灭火用的沙子、干粉灭火器应齐备。

（3）配料矿槽上部移动式漏矿车的行走区域，不应有人员行走，其安全设施应保持完整。粉料、湿料矿槽倾角不应小于65°，块矿矿槽倾角不应小于50°，采用抓斗上料的矿槽，上部应设安全设施。

（4）使用煤粉的设备检修时，只能用低压灯（36 V以下）。

2. 干燥窑安全技能

（1）干燥窑点火器使用焦炉煤气或高炉煤气作为点火燃料，在生产或检修过程中易造成煤气泄漏事故。煤气设备的检修和动火、煤气点火和停火、煤气事故处理和新工程投产验收，应执行《工业企业煤气安全规程》（GB 6222）的相关规定，煤气设备生产应执行煤气区域安全控制措施。

（2）干燥窑托轮抹油和打楔时，要使用专用工具，严禁手扶托轮。

（3）对干燥窑托轮点、巡检时应注意地面油污，对地面油污要定期进行清理。

（4）进入筒体内部作业时，要确认周边环境安全状态，采取有效安全措施：

1）注意观察筒体粘料情况，对顶部不牢固的粘料应将其先捅下来；

2）筒体内使用电焊、电动工具等要保证绝缘措施到位；

3）进入筒体前要戴好防尘面罩及防护眼镜；

4）在筒体内作业时执行有限空间安全措施；

5）确保清理筒体内部粘料的安全措施到位；

6）干燥窑温度低于60 ℃时，检修人员方可进入。

（5）干燥窑液压系统发生泄漏，严禁用手触摸或封堵。

（6）干燥窑燃气炉点火时，操作人员严禁面对炉门或补风阀，以免爆燃喷火伤人。

（7）燃气炉周边温度高，该区域应采取以下防火措施：

1）干燥窑周边禁止堆放易燃易爆物品；

2）定期检查干燥窑燃气炉周围高温区域的设备设施，防止过热发生火灾；

3）润滑系统发生泄漏应及时处理，防止油遇热着火；

4）液压站内禁止堆放易燃易爆物品，严禁吸烟和动火。

3. 辊压机安全技能

（1）辊压机正常运转时，传动部位严禁有人靠近，严禁打开辊压机检查门或外盖，严禁用手或物接触运转中的辊子；

（2）液压系统发生泄漏时，严禁用手触摸或封堵；

（3）处理辊压机堵料时应采取长钎子捅料等方式，禁止身体探入安全罩内或在辊压机下方直接捅料。

4. 立式磨煤系统安全技能

（1）立式磨煤系统燃气炉使用焦炉煤气或高炉煤气作为点火燃料，在生产或检修过程中易造成煤气泄漏事故。煤气设备的检修和动火、煤气点火和停火、煤气事故处理和新工程投产验收，应执行《工业企业煤气安全规程》（GB 6222）的相关规定，煤气设备生产应执行煤气区域安全控制措施。

（2）进入磨煤机检修时，应确定磨煤机上方是否有粘料，防止垮塌伤人。

（3）立式磨煤系统燃气炉温度低于 60 ℃时，检修人员方可进入；检查煤粉喷吹设备时，应使用铜质工具。

（4）立式磨煤系统燃气炉点火，操作人员严禁面对炉门、泄爆口或补风阀，以免爆燃喷火伤人。

（5）立式磨煤系统燃气炉周边温度高，应对该区域采取防火措施。

（6）立式磨煤机生产的煤粉易燃易爆，生产中应采取有效安全措施如下：

1）如果煤粉由于偶然原因外溢或取样带出时，要立即清扫，车间内禁止有煤或煤粉堆积。

2）立式磨煤机开机前，应检查煤粉仓、袋式收尘器易堵塞部位及输送设备内部有无煤粉及杂物；开机前应先启动排风机，将袋式收尘器及管道中可能产生的易燃易爆气体全部排出。

3）立式磨煤机生产中，磨煤机出口气体温度应保持在合适温度范围内，不能过高，注意煤粉细度及水分，减少过粉磨或过烘现象。当喂煤量过高或过低时，应严格监视各点工艺操作参数，防止磨煤机出口温度过高等现象发生。

4）立式磨煤机停机后，应把磨煤机、袋式收尘器及输送设备的煤粉全部排空；磨煤机停车后，应立即停主排风机，关闭袋式收尘器入口调节阀及风机（主排风机）入口阀门。长时间停机，原煤仓、煤粉仓要排空。

5）生产中，当袋式收尘器出口气温迅速上升时可判断为袋式收尘器内着火，应立即紧急停止立式磨煤系统，停止主排风机，关闭袋式收尘器进、出口调节阀，向袋式收尘器内喷入氮气。磨煤机内着火时，立式磨煤系统应紧急停车，严禁打开仓顶各人孔门、观察孔等进行灭火，应向仓内喷入氮气或生料粉，直到控制火情。严禁在未采取任何措施情况下轻易将燃烧的煤粉排出仓外。

6）煤粉在煤仓中存放时间不允许超过 8 h，煤仓内煤粉温度要求小于 90 ℃，应定期向煤仓内吹入氮气。

7）煤粉仓应设温度计、一氧化碳检测器、氧气含量检测器；喷煤系统中所有设备、容器、管道上的防静电接地保护装置应保持良好状态；煤粉燃烧器和煤粉输送管道之间应设有逆止阀和自动切断阀；煤粉罐及输送煤粉的管道，应有泄爆孔，泄爆孔的朝向应考虑泄瀑时不致危及人员和设备。

5. 混合机安全技能

（1）混合机运转时严禁操作人员打开筒体检查盖。

（2）混合机下料口等扬尘点应设除尘设施，并保证除尘设施正常投入使用。

（3）进入筒体内部作业要确认周边环境安全状态，采取有效安全措施：

1）注意确认筒体内壁的湿滑、积水情况，行走时要踩稳；

2）筒体内使用电焊、电动工具等要保证绝缘措施到位；

3）在筒体内长时间作业时执行有限空间安全措施；

4）人员进入混合机作业，需采取措施防止筒体溜车。

6. 造球机安全技能

（1）清溜料板粘料时，严禁触及转动部位，严禁逆球盘旋转方向铲料。

（2）清理造球盘下方积料时，应使用专用耙子，严禁进入球盘下方清料。

（3）清理球盘积料时，应保证球盘传动部位区域内无人作业，防止因盘内物料过重带动球盘，造成传动部分突然动作而伤人。

（4）更换造球机刮刀前，应先将跳板搭好、扎牢。拆卸或安装刮刀棒时，应由两人以上相互配合作业，应保证站位牢靠，同时应防止工具、刮刀棒掉落伤人。

（5）操作人员进入造球区域工作时，应戴防护耳塞，应禁止人员长期在噪声及振动区域工作。

7. 链篦机安全技能

（1）本质安全要求

1）链篦机单个烧嘴的煤气管道应装有快速切断阀，突然停电、停风，烧嘴的煤气管道与氮气管道应有可靠的程序安全联锁；

2）链篦机预热段观察孔、人孔应有封堵煤气措施。

（2）安全操作技能

1）链篦机烧嘴使用焦炉煤气或高炉煤气作为点火燃料，在生产或检修过程中易造成煤气泄漏事故。煤气设备的检修和动火、煤气点火和停火、煤气事故处理和新工程投产验收，应执行《工业企业煤气安全规程》（GB 6222）的相关规定，煤气设备生产应执行煤气区域安全控制措施。

2）链篦机正常运转时传动部位严禁有人靠近，严禁进入围栏内用手直接捡篦床上的杂物，尽量避免运行中更换篦条。

3）链篦机为高温作业区域，该区域作业应采取以下措施：

①链篦机各段温度低于 60 ℃时，检修人员方可进入，进入前先确认侧墙、顶部无坍塌迹象；

②卸灰或处理下料口堵料时，防止烫伤，禁止在脱落高温球的区域下方作业；

③处理异常情况时，严禁面对蒸汽管、高温水管、有热源的孔口，检查或处理顶部故障时，严禁踩踏耐火材料顶部；

④生产中各检查孔要关闭，防止火焰烧伤；

⑤生产中严禁篦板沾水，防止蒸汽伤人；

⑥链篦机厂房应保证通风良好，厂房内禁止堆放易燃易爆物品；

⑦定期检查链篦机周围高温区域的设备设施，防止过热发生火灾，润滑系统发生泄漏及时处理，防止油遇热着火。

4）链篦机生产中发生异常正压喷烟气时，禁止在该区域长期停留，防止吸入过量二氧化硫。

5）检修过程严禁单人进入烟道内部，进入烟道内检修或作业执行有限空间安全措施。

6）链篦机放射源使用时应严格密闭，设置有效隔离设施；放射源周围应挂警示牌，禁止人员靠近放射源。放射源按职业卫生防护要求管理。

8. 回转窑安全技能

（1）部分厂矿回转窑中央烧嘴使用焦炉煤气点火，在生产或检修过程中易造成煤气泄漏或事故。煤气设备的检修和动火、煤气点火和停火、煤气事故处理和新工程投产验收，应执行《工业企业煤气安全规程》（GB 6222）的相关规定，煤气设备生产应执行煤气区域安全控制措施。

（2）回转窑托轮抹油和打楔时，要使用专用工具，严禁手扶托轮。

（3）液压系统发生泄漏时，严禁用手触摸或封堵。

（4）在检修液压系统时，必须停泵，并确保泄放压力为零才能进行检修，以免发生事故。

（5）进入筒体内部作业要确认周边环境安全状态，采取以下安全控制措施：

1）清理回转窑结圈要按规定采取安全防护措施，操作人员应从顶部向下清理结圈，避免造成结圈坍塌；

2）筒体内使用电焊、电动工具等要保证绝缘措施到位；

3）进入筒体前要戴好防尘面罩及防护眼镜，防止粉尘对身体造成伤害；

4）在筒体内长时间作业时执行有限空间安全措施；

5）进入窑内作业，应采取防窑倒转的安全措施，并设专人监护；

6）干燥窑温度低于 60 ℃时，检修人员方可进入，进入前先确认窑衬无坍塌迹象。

（6）回转窑为高温生产区域，在该区域作业时应采取以下控制措施：

1）处理异常情况时，严禁面对蒸汽管、高温水管、有热源的孔口；

2）窑头箅子堵块严重时，应及时降低窑速，减小环冷机鼓风量，保持窑头负压，防止高温气体喷出；

3）窑头扒块、处理下料口堵料时要有专人组织，并严格执行安全措施；

4）窑头取样、观察窑况、处理窑头箅子上堆块时，应确认窑内负压，佩戴好防护面罩。

（7）回转窑生产中，重油和煤粉的使用应按以下安全要求进行：

1）油罐周围设防火围墙或铁丝网，并定期检查和维修，油泵室内采用防爆型电气设备；

2）油管内油速不应超过 4 m/s，油管应采取伴热和保护措施，吹洗油管路时，应关闭各仪表通路及油泵两端的阀门；

3）窑中温度低于 800 ℃时，不许单独喷煤，必须油煤混喷；

4）窑头需重新点火前，窑内气氛中严禁有悬浮煤粉和油雾，如有则必须先用引风机抽走；

5）油枪点不着火时，必须停油检查，防止爆燃；

6）严禁用汽油、酒精等点火和助燃。

（8）回转窑一旦出现裂缝、红窑，应立即停火。在回转窑全部冷却之前，应继续保持慢转，停炉时，应将结圈和窑皮烧掉。

9. 环冷机安全技能

球团环冷机安全控制措施基本与烧结环冷机相同，此外还需要注意以下安全要求：

（1）环冷机放料时要对周围环境进行确认，保证地面无散球，以防磕碰和摔伤；

（2）通知主控停机处理故障，进行排料时要注意防止大量物料塌落下来溅出伤人和压停皮带；

（3）操作扇形阀时，要检查液压推杆固定端是否固定牢靠，防范被掉落的推杆砸伤；

（4）如环冷机物料面高出溢流板产生溢流现象，则应尽快采取措施降低环冷机前部回转窑系统和链篦机系统的生产速度。

10. 带式焙烧机安全技能

（1）本质安全要求

1）带式焙烧机每个烧嘴的煤气管道应装有快速切断阀，突然停电、停风时，烧嘴的煤气管道与氮气管道应有可靠的安全联锁；

2）带式焙烧机各段观察孔、人孔应有封堵煤气措施。

（2）安全操作技能

1）带式焙烧机烧嘴使用焦炉煤气或高炉煤气作为点火燃料，在生产或检修过程中易造成煤气泄漏事故。煤气设备的检修和动火、煤气点火和停火、煤气事故处理和新工程投产验收，应执行《工业企业煤气安全规程》（GB 6222）的相关规定，煤气设备生产应执行煤气区域安全控制措施。

2）台车运行及检修时应注意：

①台车运行过程中严禁踩踏或接触带式焙烧机轨道轨面；

②更换台车应采用专用吊具，并有专人指挥，更换台车应停机、停电进行；

③生产过程中短暂停机更换台车时要避免直接接触台车，防止烫伤；

④检修过程中，转动台车前要确保台车运转区域人员已撤离。

3）带式焙烧机为高温作业区域，该区域作业应采取措施防止高温或火灾伤害，措施内容与链篦机部分相同。

4）带式焙烧机生产中发生异常，出现正压喷烟气的现象时，人员禁止在该区域长期停留，防止吸入过量二氧化硫。

5）检修过程严禁单人进入烟道内部，进入烟道内检修或作业执行有限空间安全措施。

6）带式焙烧机放射源使用中应严格密闭，并设置有效隔离设施；放射源周围应挂警示牌，禁止人员接近放射源。放射源按职业卫生防护要求管理。

11. 成品振动筛和除尘器安全技能

成品振动筛和除尘器安全技能详见烧结成品振动筛和除尘器的安全技能。

第二节　焦化安全技能

焦化是冶金工业生产程序的重要组成部分，主要工艺一般分为备煤、炼焦、焦炉煤气净化、焦化产品深加工等。炼焦是指把不同煤化程度的煤按一定比例混合，利用不同煤种在性质上的互补原理，经过隔绝空气加热（至 950~1 050 ℃）、干燥、热解、熔融、黏结和固化等工艺生产焦炭的过程。焦炭主要用于高炉炼铁，同时也是铸造、电石、气化及有色金属冶炼等工业的燃料或原料。炼焦过程中生成的荒煤气经过分离、净化和精制可回收到多种芳香烃和杂环化合物，是医药、染料、合成纤维、涂料和国防等工业的重要原料。净化后的焦炉煤气既是高热值的燃料，也是合成燃料、合成氨甲醇等有机合成工业的原料。

本节学习重点：了解焦化危险有害因素，熟悉本质安全要求，掌握安全操作技能，提升事故应急处置能力。

一、备煤安全技能

备煤是指把煤制备成符合炼焦用煤的过程，主要工艺包括储存、受卸、配煤、粉碎、输送、调湿等。

备煤生产过程中容易引发机械伤害、火灾与爆炸、坍塌、车辆伤害、电气伤害、高处坠落等事故。因此，必须认真采取有效措施，制定应急预案，防止事故发生。

1. 储煤安全技能

（1）炼焦煤存放时间不宜过长，以防其氧化变质，结焦性能降低，甚至发生自燃。

（2）煤堆表面应压实，减少与空气的接触面。堆煤时不应定点布料，以免造成偏析，使大块煤堆在下部形成风道。

（3）储煤过程中应定期检查煤堆温度，测量点应在离底部 1/3 堆高处。发现温度接近 50 ℃时，应尽快取用，如温度达到 65 ℃时，应立即进行冷却处理。

（4）当煤堆发生自燃着火时，如果仅是局部或表层（深度不超过 1 m）自燃，可用水喷淋灭火。

（5）当自燃部位较深时，可用钢管直接插入煤层深部，连接水源灌注，以达到降温抑制氧化自燃的目的，同时把发生自燃部位的外层扒掉，露出氧化自燃层散热冷却。也可用机械进行翻堆处理，并配合喷淋降温。

（6）扑灭煤堆着火过程中，要防止煤堆突然塌陷造成人身伤害事故。

2. 翻车机安全技能

（1）本质安全要求

1）翻车机铁路线及其周围的工业建筑布置和配挂车设备应符合《工业企业厂内铁路、道路运输安全规程》（GB 4387）和铁路部门的其他相关管理规定。

2）翻车机应设置事故开关、自动脱钩装置、翻转角度极限信号和开关、人工清扫车厢时的断电开关，并应设置制动闸。

3）卸车线上，除应具有各设备联锁保护控制外，各单机设备动作机构也应具备联锁保护功能。各设备应设故障声光报警，还应设启动声光提示。重车和空车调车机前后，应设置行程限位开关和信号装置，并应有制动闸。

（2）安全操作技能

1）翻车机自动卸车作业时，铁路线路应集中联锁控制；

2）翻车机系统启动前应进行手动单体试车，既可对液压系统进行压力补偿，又可对各限位开关、光电开关进行检测；

3）翻车时，确认车厢内、格筛上和卷扬机两侧无人后方可进行，翻车过程中应通过翻车监控画面进行及时、有效监控；

4）车辆未停到翻车机指定位置严禁翻车；

5）禁止翻卸所载材料冻结严重的车辆；

6）翻车机转到90°时，其红色信号灯熄灭前禁止清扫车底；

7）翻车机正常运行应采用中央操作台操作，确需现场机旁操作时应经领导同意并有人员在现场监护，严禁私自进行现场机旁操作；

8）禁止在翻车机转子平台行走；

9）车辆进入迁车平台未停稳妥、推车机未归原位时严禁迁车；

10）拨车机牵引重车前确认车厢内及危险区域无人后方可迁车，以防止人员碰伤或摔伤；

11）严禁在连接车厢时上下车；

12）用调车机牵引时，其轨道上应设置活动挡车器。

3. 螺旋卸煤机和链斗卸煤机安全技能

（1）本质安全要求

1）螺旋卸煤机和链斗卸煤机均应装夹轨器；

2）螺旋卸煤机的螺旋和链斗卸煤机的链斗起落机构应设提升高度极限开关。

（2）安全操作技能

1）卸车前确认车厢内无人后方可卸车，车门未打开时严禁卸车；

2）卸煤操作中要特别注意车厢里的拉筋和钢丝绳等杂物，发现绞轮缠绕时，应立即停止螺旋转动，防止人员受伤；

3）车厢内的煤卸完后，螺旋或链斗升起，发出信号，卸煤工方可进入车厢清扫车底；

4）人工卸车或清扫车底时，严禁开卸煤机经过正在工作的车厢；

5）卸完煤后螺旋卸煤机的螺旋起落机构，应提到高度极限开关处，防止列车带车时的碰撞；

6）用调车机牵引时，轨道上应设置活动挡车器；

7）严禁在调车时上下车；

8）严格执行调车对位联系制度，避免调车过程中发生螺旋或链斗剐擦、碰撞事故。

4. 斗轮堆取料机安全技能

（1）本质安全要求

1）斗轮堆取料机应设置的安全保护措施有：

①紧急停止开关；

②主电源短路、过载保护；

③手动或具有独立电源的电动夹轨装置；

④行走声光报警器；

⑤防臂架与料堆相碰撞装置；

⑥尾车上设置的打滑检测装置；

⑦风速仪和大风报警、自动夹轨装置；

⑧俯仰机构的防止悬臂超速下降的保护措施及过载保护装置；

⑨带式输送机联锁装置；

⑩回转、升降、行走的限位装置和清轨器；

⑪电缆卷筒过张力保护装置；

⑫与煤场调度通话装置以及行走轨道两端极限开关和终端挡块等。

2）斗轮堆取料机供电地沟应有保护盖板或保护网，并设排水设施。

3）斗轮堆取料机应具备的联锁保护功能主要有：

①臂架带式输送机与地面带式输送机联锁；

②斗轮堆取料机和中央控制室故障联锁，大车行走与夹轨器、锚定装置联锁；

③斗轮机构与臂架带式输送机联锁，回转机构与俯仰安全高度联锁等。

4）煤场堆取料机平行布置时，两条线上堆取料机悬臂前端回转轨迹不宜发生相交。

（2）安全操作技能

1）开车运行时，先松开夹轨器，鸣响警示铃，确认机上和周围不存在不安全因素时，才可闭合主电源，依次开动堆取料机各部分；

2）斗轮堆取料机两车在同一轨道、同一方向行走时相距不应小于 5 m；

3）除专门设置的通道以外，禁止跨越或从堆取料机下通过；

4）禁止用堆取料机悬臂吊装重物，禁止用堆取料机作牵引动力；

5）堆取料机悬臂架抬起并与轨道方向平行时，才允许堆取料机快速行走；

6）严禁利用限位开关停车，严禁用紧急停止开关作为正常停车手段；

7）使用、维修、更换零部件过程中，凡需顶升的部件在顶升后，必须用实体垫块支承，严禁用千斤顶作为支承件；

8）斗轮被塌方煤料埋没时，俯仰机构和回转机构不得动作，只能行走退出料堆后才可投入正常运转；

9）当风速大于 20 m/s 时，应停止工作并将堆取料机锚定住；

10）下班停机或长期离开堆取料机时应切断机上总电源开关，并夹紧夹轨器。

5. 门式或桥式抓斗起重机安全技能

（1）本质安全要求

1）门式或桥式抓斗起重机应设以下安全装置：

①卷扬小车作业时大车不能行走的联锁装置；

②卷扬小车机电室门开自动断电联锁或检修断电开关；

③抓斗上升极限位装置；

④双车间距限位装置和夹轨器等。

2）大型门式抓斗起重机应设风速计、扭斜极限装置和上下通话装置。

（2）安全操作技能

1）抓斗作业必须与车厢清理作业分开进行；

2）处理抓斗故障时必须在指定位置进行，不准将抓斗停放在漏斗口上处理，以免滑落造成人身伤害事故；

3）禁止推土机横跨门式起重机轨道。

6. 粉（破）碎机安全技能

（1）本质安全要求

1）粉（破）碎机应有紧急停车装置，必要时能迅速停车；

2）粉（破）碎机应有电流表、电压表和盘车自动断电联锁；

3）锤式粉碎机应有打开上盖的起重装置；

4）粉（破）碎机应设有除尘效果良好的除尘设施。

（2）安全操作技能

1）粉（破）碎机空载运转 1~2 min 且运转正常后才可投料生产，给煤要连续均匀。

2）停止给煤后，粉（破）碎机继续运转，直到把机腔内的煤料处理完毕后方可停车。

3）运转时，工作人员不应站在转子惯性力作用线内，并禁止进行加油、清理、调整、检修等作业。禁止打开其两端门和小门，禁止向粉（破）碎机内窥视。

4）为保护粉（破）碎机，送往粉（破）碎机的煤料必须经过除铁器，以清掉煤料中的铁质杂物。

5）确保厂房内粉尘含量低于国家标准限值。

7. 储煤仓（配煤槽）和煤塔安全技能

（1）本质安全要求

1）储煤仓（配煤槽）、煤塔上部的人孔、检修孔应安装金属盖板或围栏，防止发生坠落事故。

2）煤流的入口应安装箅子，受煤坑的箅格面积不得大于 0.2 m×0.3 m，翻车机下煤槽箅格面积不得大于 0.4 m×0.8 m；粉碎机后各煤槽箅缝宽度不得大于 0.2 m，以防大块煤或杂物落入。

3）储煤仓和煤塔顶层除运煤通廊外，应另设安全出口。

4）储煤仓（配煤槽）、煤塔应采取切实可行的安全防护措施，防止发生坠落、煤料坍塌伤人、煤粉爆炸事故。

（2）安全操作技能

1）禁止在箅子上行走，以防坠落。

2）采用核子秤配煤时，放射源要有专人负责管理。必须设有明确安全标志、警告牌和禁区范围。

3）检修带式输送机时，必须关闭核子秤电源并将放射源开关置于“关”的状态。

4）核子秤放射源处于“开”的状态时，严禁进入核子秤框架内的射线辐射区，严禁在放射源附近逗留。

5）储煤仓（配煤槽）、煤塔要定期清理，防止仓壁严重挂料、蓬料：

①清理中的煤仓、煤塔不准上煤，并要切断带式输送机电源；

②清理工作应安排在白天进行；

③严格遵守高空作业的相关安全规定；

④明确专人负责煤塔上下与煤车的联系工作，往煤车下煤时不准清理该煤仓，正在清理的煤仓不准下煤；

⑤安全绳要结实可靠，并由专人负责管理；

⑥清理工作应按先上后下的顺序进行，不得由下而上清理，以防挂煤突然坍塌伤人；

⑦清理时的临时照明应采用 12 V 的防爆安全灯并严禁烟火，以防粉尘爆炸。

8. 煤调湿安全技能

（1）本质安全要求

1）煤调湿应采取氮气保护措施，保证煤调湿系统的安全。

2）调湿机、细粒分离器及细粒回收装置应设泄爆装置。

3）排灰接口应采用氮气密封。

4）细粒分离器及细粒回收灰仓应设防蓬料装置。

5）除尘器的滤料应采用防静电材质，除尘系统应设防静电接地。

6）以焦炉烟道气作为热源的煤调湿厂房内，应设一氧化碳、氧含量检测和声光报警装置。

7）焦炉烟道气调湿机应设气体出口氧含量上限联锁：

①当氧含量超过 H 值（高值）时，逐渐开启调节阀充氮气；

②当氧含量超过 HH 值（高高值）时，立即开启切断阀并大流量充氮，待氧含量恢复到 H 值以内后延时关闭充氮。

8）调湿机应设除尘器灰仓料位联锁：

①当料位达到 H 值（高值）时，自动开启振动器或氮气炮；

②达到 HH 值（高高值）时，系统自动停机。

9）调湿机应设煤料出口温度上限联锁和主电机电流上限联锁。

10）蒸汽调湿机应设凝液罐液位上下限联锁：

①当凝液罐内液位低于 L 值（低值）时，关闭凝液罐液位调节阀；

②达到 H 值（高值）时，开启凝液罐液位调节阀；

③达到 HH 值（高高值）时，开启紧急排水阀，若液位仍不下降，延时后关闭蒸汽加热系统。

11）蒸汽调湿机应设闪蒸罐液位上下联锁：

①当闪蒸罐内液位低于 L 值（低值）时，关闭闪蒸罐液位调节阀；

②达到 H 值（高值）时，开启闪蒸罐液位调节阀；

③达到 HH 值（高高值）时，延时后关闭蒸汽加热系统。

（2）安全操作技能

1）进入调湿机、除尘器等设备内清料、检修时，必须严格执行有限空间作业管理制度，携带便携式氧气含量检测报警器和一氧化碳检测报警器，并设专人监护；

2）严禁私自打开除尘器仓顶盖板；

3）焦炉烟道气调湿机在暖机过程中须维持床内压力微正压（0~50 Pa），在正常生产过程中床内压力控制在-100~0 Pa；

4）干燥床排气温度不应低于 65 ℃，以防凝露；

5）调湿机结束运行时，必须清床，床上不得存留煤，以防调湿机着火；

6）清床完毕后必须充氮气降温，当干燥床温度低于 40 ℃时关闭氮气；

7）调湿机因故结束运行，床上有煤无法清床时，必须采取充氮措施，待有条件时，立即清床；

8）调湿机清床完毕，应检查排煤阀落料口的排煤皮带上是否有余煤，确认落料管内煤已排空，才可关闭排煤阀，防止余煤在下次启动排煤时着火。

（3）应急处置措施

1）调湿机内着火时的应急处置措施如下：

①中控操作人员应立即点击“控制区”中的“紧急停机”旋钮，进入调湿机系统急停状态；

②启动风室充氮和出口充氮，对干燥机及排料管进行冷却；

③迅速关闭排煤皮带出口的干燥除尘器；

④迅速关闭焦炉烟道总阀、风机进出口阀门，确保焦炉安全；

⑤待调湿机冷却至常温后，停止充氮，打开前墙装配门孔，待机内空气适宜后进入内部人工清除余火和板结的煤料。若是排煤口着火，则需先迅速关闭排煤皮带出口的干燥除尘器，之后再进入紧急停机操作。

2）总风管漏煤着火时的应急处置措施如下：

①中控操作员应立即点击“控制区”中的“紧急停机”旋钮，进入调湿机系统急停状态；

②确认调湿机系统紧急停机后，应立即启动风室充氮和出口充氮（火源可能随热烟气进入调湿机内），迅速关闭焦炉烟道总阀和风机进出口阀门；

③启动总风管漏煤螺旋输送机电机（清除火源），直至螺旋输送机排煤口温度小于热烟气温度；

④需等总风管冷却至常温且空气适宜后，方可打开人孔门，进入总管内部人工清除可能存在的余火火源，再人工清除未排出的漏煤余料。

3）除尘器着火时的应急处置措施如下：

①除尘器着火时，应立即关闭热风机与排烟风机，切断送风系统；

②向除尘器内充氮气降温，同时置换其中的氧气，严禁用水灭火；

③待温度降至常温，再人工清除除尘器内煤灰。

二、炼焦安全技能

炼焦是指配合煤在焦炉炭化室内吸收燃烧室热量，经过高温干馏形成焦炭和荒煤气的过程，生产工艺主要包括装煤、推焦、拦焦和熄焦等，生产过程均由焦炉机械完成。

炼焦生产具有高温、露天、明火、多层交叉和连续作业的特点，生产过程中容易引发火灾与爆炸、中毒与窒息、机械伤害、烧伤与烫伤、电气伤害、高处坠落等事故。因此，必须认真采取有效措施，制定应急预案，防止事故发生。

1. 焦炉机械安全技能

（1）本质安全要求

1）推焦车、拦焦车、电机车、装煤车应设行走声光警示信号，除行走外，焦炉机械的各单元操作应实现程序控制。

2）推焦车、拦焦车、电机车、装煤车应设工业电视用于监视前后行走，并要求电视监视与行走自动切换。

3）司机视线不好的地方应安装摄像头，摄像头应设在非高温的适当位置，并采取防尘、防腐措施。

4）推焦车的行走装置应与炉门启闭、推焦、平煤等装置设置联锁。

5）装煤车的行走装置应与螺旋（圆盘）给料、炉盖启闭、导套升降、集尘干管对接阀启闭及煤塔受煤等装置设置联锁。

6）拦焦车的行走装置应与炉门启闭、集尘干管对接阀启闭及导焦装置设置联锁。

7）捣固装煤推焦机的行走装置应与送煤、推焦及炉门启闭等装置联锁。

8）导烟除尘车的行走装置应与炉盖启闭、集尘干管对接阀启闭等装置设置联锁。

9）推焦车、装煤车和电机车应设压缩空气压力超限时空压机自动停转的联锁。

10）司机室内应设置风压表及压力极限声、光信号。

11）推焦车、拦焦车和电机车之间应能实现通话联系和信号联系，并应设置可靠的联锁装置。

12）采用固定煤塔式捣固装煤方式时，装煤车煤槽活动壁、前挡板、锁壁的张开和关闭应设置信号显示。

13）装煤车应设置活动接煤板升起和落下的信号显示，并应设置活动接煤板升起与装煤车行走的联锁。

14）装煤车应设置托煤板位置与装煤车行走的联锁。

15）装煤车应设置托煤板前进、后退和锁壁后退限位装置，严禁限位装置缺失或失灵的装煤车进行装煤操作；捣固机应设置捣固锤的落下和提起、安全挡的开关显示信号。

16）捣固机应设置捣固锤落下与装煤车行走的联锁装置。

17）推焦车和拦焦车宜设置自动清扫炉门、炉框及清理炉头尾焦的设施，以减轻作业人员在恶劣环境下的劳动强度，减少发生事故的可能性。

18）推焦杆应设置行程极限信号、极限开关和尾端活牙或机械挡，防止发生推焦杆掉入炭化室的事故。

19）推焦杆和平煤杆应设手动操作装置，且有手动操作时自动断电的联锁，便于事故处理和检修。

20）拦焦车的两条主要行走轨道均设在焦炉焦侧平台上时，拦焦车和焦炉炉柱上应分别设置安全挡和导轨，以防止意外情况下，把拦焦车推歪，甚至掉下焦侧平台。

21）拦焦车导焦栅的锁闭应设置信号显示。

22）电机车司机室应设置指示熄焦车车厢车门关严的信号装置，防止车门未关严便开始接焦，使红焦落到地面。

23）焦炉车辆上电磁站的人行道净宽不得小于 0.8 m，裸露导体布置于人行道上部，且离地面高度小于 2.2 m 时，其下部应有隔板，隔板离地面应不小于 1.9 m。

24）焦炉车辆电源滑触线高度不宜小于 3.5 m。低于 3.5 m 时，其下部应设防护网，防护网应接地良好。

25）推焦车、熄焦车电源滑触线在机焦侧平台下时，烟道走廊窗户应用铁丝网防护，并应设雨搭，防止红焦掉落到电源滑触线上，同时防止发生触电事故。

26）焦炉车辆电源滑触线应设有明显的安全警示标识。

27）电源滑触线的分段电源开关应设置在明显位置，便于紧急情况下的操作。

28）焦炉车辆轨道应重复接地，轨道接头应用跨条连接。

29）司机室和电气室应铺绝缘板。

30）焦炉车辆轨道端部应设牢固的安全挡和轮挡。

31）横铁可以旋转的炉门上下横铁之间应设拉杆，其他结构的炉门应确保炉门横铁与炉框门钩能自动锁住。

32）余煤单斗提升机应有上升极限位置报警信号、限位开关及切断电源的超限保护装置。

33）地坑的门开启时，提升机应自动断电。

34）单斗提升机停电时，单斗应能自动锁住。

35）提升机正面的栏杆不应低于 1.8 m，栅距不应大于 0.2 m；焦炉机侧操作台上预留的向余煤提升机的下部煤斗放煤的下煤口，应有箅缝不大于 0.2 m 的箅子。

36）湿法熄焦应符合下列要求：

①粉焦沉淀池周围应设置防护栏杆，水沟应设置盖板；

②晾焦台应设置水管；

③粉焦抓斗司机室应设在旁侧或采用遥控操作方式。

（2）安全操作技能

1）禁止私自解除安全联锁进行操作，防止误操作或违章操作造成设备事故和人身伤害事故；

2）推焦车、拦焦车和电机车在生产过程中必须严格按信号逻辑关系操作，不得擅自解除联锁，防止发生红焦落地事故；

3）在紧急状态或联锁解除状态下操作时，应在醒目位置设置声光报警；

4）煤槽活动壁和前挡板未关好时，捣固机不应进行捣固；

5）带翘尾推焦杆的翘尾角度应大于90°且小于96°；

6）焦炉车辆开车前应发出警示声响信号，行走过程中应发出声光警示信号；

7）行车过程中严禁上下车；

8）推焦车、拦焦车、装煤车和熄焦车在操作中，要分别直接观察或通过显示器观察走台、道心、车辆行走、炉号对位、推焦杆、平煤杆、取门、清门、清框、导焦栅对位、接焦对位等情况，一旦发现异常状况，应及时采取措施；

9）推焦过程中因故中断推焦时，熄焦车和拦焦车司机未经推焦指挥许可，不得把车开离接焦位置；

10）严禁在机旁操作箱上操作推焦杆、平煤杆进入炭化室推焦、平煤。严禁从推焦车跨爬到炉顶或由炉顶跨到推焦车；

11）严禁从装煤车跨到上升管平台，或从非爬梯处跨到装煤车；

12）拦焦车车身与炉柱间距较小，在行驶过程中严禁将身体的任何部位伸到车外，以免被挤伤；

13）焦炉车辆行驶到端部时应减速慢行，严禁撞安全挡；

14）机焦侧对炉门完毕，必须认真确认门闩到位、放平，有安全针（安全钩）的要插好（挂好），才能移动到下一炉操作，以防炉门掉落事故；

15）车辆用完后应停到指定位置，关闭总电源；

16）余煤单斗提升机司机要经常检查提升机钢丝绳是否有断股现象，行程极限开关是否灵敏可靠；

17）单斗升降过程中，严禁将头、手等伸入提升机构架内；

18）单斗升降过程中，机下不能有人逗留或作业；

19）炼焦机械运转过程中，禁止进行加油、清扫、检修等作业；

20）炼焦机机械、电气进行检修时，必须挂牌确认，避免误操作，发生人身伤害事故；

21）湿法熄焦不应使用未达到国家相关标准的废水熄焦。

2. 炼焦炉安全技能

（1）本质安全要求

1）焦炉上升管应设防热挡板或采取其他隔热措施，防止烫伤；桥管、集气管和吸气管上的清扫孔盖和活动盖板应用小链与相邻构件固定，防止掉下砸人。

2）焦炉炉顶、上升管平台、炉端台、炉间台等部位均应设安全护栏、爬梯、挡脚板，并符合《固定式钢梯及平台安全要求》（GB 4053.1~GB 4053.3）的规定。

3）集气管上的荒煤气放散管应设置自动点火装置，放散管的高度应高于集气管走台5 m以上，如果没有自动装置需要人工操作，其开闭应能在集气管走台上进行。

4）焦炉机侧、焦侧抵抗墙四角，操作平台上方1 m处都应设置压缩空气管接头（用于灭火、喷浆等）。

5）炉门修理站旋转架上部应有防止倾倒的锁紧装置或自动插销，下部应有防止自行旋转的销钉。

6）焦炉推焦、装煤除尘装置应符合以下规定：

①应设置阻断烟尘中高温明火颗粒的设施；

②净化装置内部不得存在死角，收集的粉尘应能及时、连续排出；

③应采取防静电积聚措施，并设置安全泄爆装置；

④推焦除尘应设置能降低烟气温度的措施，宜采用自然冷却方式进行冷却；

⑤装煤除尘烟气连接管道上应设置断电紧急切断设施，并应采取降低烟尘黏结性的措施。

（2）安全操作技能

1）焦炉炉顶表面应平整，纵、横拉条不应突出炉顶面，便于炉顶操作；

2）卷扬的升降开关应与旋转架的位置联锁，并能点动控制；

3）旋转架的上升限位开关应准确可靠；

4）焦炉区域作业时，要注意焦炉机械车辆的来往，严禁在车辆轨道上坐、卧休息，严禁将工具等物品放在轨道上；

5）禁止从炉顶、炉台向地面抛扔东西，如确实需要时，应设专人监护；

6）禁止在打开上升管盖的炭化室 5 m 以内清扫集气管、上升管；

7）清扫上升管石墨时，应将压缩空气吹入上升管内压火并站在上风侧；

8）清除装煤孔石墨时，不得打开机焦两侧炉门，不得关闭上升管盖，防止装煤孔冒火造成烧伤事故；

9）打开燃烧室测温孔盖时，应站在上风侧，并侧身、侧脸，以防被正压喷火烧伤；

10）从焦炉煤气下喷管往上观看砖煤气道时，应佩戴防护眼镜，防止灰渣掉入眼睛；

11）炉顶作业时，要特别注意打开的装煤口，不准踩踏装煤孔盖和看火孔盖；

12）装煤过程中捅煤时，钢钎插入炉口不得超过 1 200 mm；

13）打开看火孔盖测温时，禁止倒退行走；

14）煤塔漏嘴不宜采用煤气火焰保温，若采用，必须采取相应的安全措施。

3. 炼焦煤气系统安全技能

（1）本质安全要求

1）焦炉加热用的煤气设施主要布置在焦炉地下室，焦炉地下室应设置通风换气和防止泄漏有毒有害气体的设备，其两端应有安全出口；

2）焦炉地下室应设置固定式一氧化碳检测及报警装置，一旦超标报警，应立即查找泄漏点，采取相应措施；

3）焦炉地下室煤气管道末端应设自动放散装置，防止焦炉换向等原因致使瞬时管网压力过大，造成煤气旋塞等处发生煤气泄漏；

4）放散管的根部应设清扫孔，以便于清扫；

5）地下室焦炉煤气管道末端应设泄爆装置和安全网，并应引至操作走廊之外，防止管道爆炸，造成设备严重损坏和人员伤亡；

6）焦炉地下室煤气管道排水器应保持完好状态，水位保持满流，冷凝液排放旋塞不应采用铜材质；

7）焦炉的交换传动装置的使用应按照先关煤气，再交换空气、废气，最后开煤气的顺序进行，交换机应设有手动装置；

8）机焦两侧烟道走廊和地下室应设换向前 3 min 和换向过程的声响报警装置，通知操作、检修人员换向时停止工作；

9）交换开闭器调节翻板应有安全孔，以保证蓄热室封墙和交换开闭器内任何一点的吸力均不低于 5 Pa，防止形成正压或发生煤气泄漏造成中毒事故；

10）煤气调节蝶阀和烟道调节翻板应设有防止其完全关闭的装置；

11）加热煤气管道应设有低压报警系统，并在低压报警后采取停止加热的措施，防止事故发生；

12）焦炉地下室、机焦侧烟道走廊、炉间台和炉端台底层等区域属于爆炸危险区域，所有电气设备均应采用防爆型。

（2）安全操作技能

1）进入地下室时，先通风换气，以保证操作环境空气新鲜。

2）煤气加热时操作压力应控制在规定压力以下，防止煤气管道操作压力过高发生泄漏，造成煤气中毒事故。

3）焦炉中控室应配备足够的便携式一氧化碳检测报警器、空气呼吸器、急救用品和灭火器材，操作人员要熟悉其性能，并能熟练使用。

4）焦炉地下室、机焦侧烟道走廊、炉间台和炉端台底层等区域严禁堆放易燃易爆品，严禁烟火，确需动火时，必须按相关程序办理动火作业票。非工作人员不经允许，不得进入上述区域。

5）焦炉生产过程中，出现下列情况之一时，应立即停止焦炉加热：

①主管压力低于 500 Pa，压力突然降低出现负压有可能形成爆炸性混合气体而发生爆炸时；

②烟道吸力下降，无法保证蓄热室、交换开闭器等处吸力不小于 5 Pa 时；

③换向设备发生故障或煤气管道损坏，无法保证安全加热时；

④煤气鼓风机停止运转时。

6）往焦炉内送煤气时，炉内燃烧系统应具有一定的负压，必须先给火源后送煤气，严禁先送煤气后给火源。

7）送煤气后不着火，或者着火后又熄灭，应关闭煤气旋塞，查清原因，再按规定程序重新点火。

8）煤气管道停煤气后重新向管道送煤气时，必须经化验或爆发试验合格后，才可送入炉内。

9）高炉煤气因压力低停止使用后，在重新使用前，必须把充压的焦炉煤气放散掉。

10）焦炉的煤气设施停煤气检修时，必须可靠地切断煤气气源，根据不同情况采用蒸汽、氮气等吹扫置换，直至氧含量分析或爆发试验合格。

11）吹扫时应停止出炉操作，炉顶放散管周围人员要疏散到安全区域。

12）不准在烟道走廊和地下室带煤气抽、堵盲板。

4. 干熄焦安全技能

（1）本质安全要求

1）干熄焦应设置对整个生产过程进行操作、监视、控制和管理的工业控制计算机系统。控制系统应采用功能完备的控制站、人机接口、软件及其他外围设备，应具有完善的过程控制、顺序控制、联锁保护和报警功能。在中央控制室应设有提升机紧急停止、干熄焦本体紧急停止装置，紧急停止装置应采用继电器回路控制，同时应以急停按钮的形式布置于操作台的醒目位置。

2）干熄焦中控室应装设电视监视系统，主要监视位置有焦罐底闸门吊辊，提升机导向架下部，APS 对位装置处，提升机吊钩、待机位、行走平台处，装入装置、锅炉汽包水位表处以及运焦带式输送机处等。

3）提升机是把炽热的红焦焦罐提升至干熄炉炉顶的起重设备，其运行可靠性对干熄焦的安全生产至关重要。因此，提升机应达到以下要求：

①提升机应按《起重机械安全规程　第 1 部分：总则》（GB 6067.1）要求，具备自动运行所要求的完善的联锁、控制及安全保护功能；

②提升机应采用能自锁的、可自动开闭的板式吊钩；

③提升焦罐的钢丝绳中的一根或不同侧的两根钢丝绳断裂时，应确保吊具不会发生过度倾斜、焦罐不会跌落；

④提升机提升及运行机构的制动器应具备制动间隙自动补偿和自动补偿失效报警功能，提升及行走机构应采用变频调速控制；

⑤横移牵引装置、提升机和装入装置应设置限位和位置检测装置，横移牵引装置和提升机应设置速度检测装置，提升机和装入装置应设置逻辑联锁；

⑥提升机应设过荷载、偏荷载检测器，钢丝绳切断检测器等安全设施，并设置防坠落装置。

4）干熄焦装入装置应采用变频调速控制的电动缸（或电液缸），并设双重保护的行程限位开关。为应对事故停电，装入装置应设手摇装置。装入装置可移动区域应设置安全护栏，生产过程中，严禁人员进入，轨道两端应设安全挡。干熄焦主框架装入层平台及干熄焦底层平台应设置事故用水管。

5）干熄焦循环风机应与干熄焦锅炉给水泵、锅炉汽包水位、主蒸汽温度、仪表用净化压缩空气压力、强制循环泵流量、除氧水箱液位联锁。生产运行过程中应保证干熄焦循环气体系统的严密性，对出现的泄漏点应及时修复，投产前或大修后均应进行系统气密性试验。干熄焦气体循环系统的锅炉出口和二次除尘器上部应设泄爆装置，并不得在泄爆孔和循环气体放散口附近停留。应通过循环气体自动分析仪对一氧化碳、氢气、氧气和二氧化碳含量进行分析记录，一旦超出标准，要立即采取措施，使其降至规定范围之内。除尘器的布袋等滤材应采用防静电材料，并对设施进行可靠接地。

6）旋转密封阀应设置过负荷检测，并与旋转密封阀停机联锁。旋转密封阀两侧密封腔的气体压力应大于干熄炉入口循环气体压力。旋转密封阀的入口或出口应设置焦炭温度检测装置，排出装置应与干熄炉预存室低料位联锁。旋转密封阀应设置检修时与环境除尘相连通的管道和阀门（排出装置应设检修用除尘阀门），并应设负压检测装置。

7）干熄焦排出装置区域应通风良好，振动给料器和旋转密封阀周围应设置一氧化碳和氧气浓度检测、声光报警装置。干熄焦排出装置的排焦溜槽及运焦带式输送机位于地下时，排焦溜槽周围及运焦通廊地下部分应设一氧化碳和氧气浓度检测、声光报警装置。

8）干熄焦余热锅炉系统应设有水位、温度、流量及压力等参数的检测、控制、报警和安全联锁装置，对生产过程进行检测、监控，并实现安全联锁。

9）汽轮机、发电机应设有危急保护、轴向位移保护、轴瓦保护、油温保护装置及紧急停机按钮等。汽轮发电车间内应设高位油箱和本体油箱，室外地下应设事故油箱。

10）运焦带式输送机应设置排焦温度检测装置，运焦带式输送机应采用耐热输送带，耐热温度应高于排焦温度。

（2）安全操作技能

1）在提升机顶部应设风速、风向仪，当风速大于 20 m/s 时，提升机应停止作业。

2）运焦带式输送机应设置排焦温度检测装置，当温度高于上限值时进行事故喷淋，高于 250 ℃时停止排焦。

3）进入干熄炉、排出装置和循环系统内检查或作业前应关闭放射源快门，并进行系统内气体置换和气体成分检测。进入人员应携带一氧化碳、氧气浓度检测报警器和与外部联络的通信工具，并有专人监护。

4）出现下列情况之一时，应立即停止干熄炉装焦：

①通过调节仍无法控制循环气体中的可燃气体超标；

②干熄炉内料位达到上限报警值；

③排焦温度持续超限；

④炉体出现异常；

⑤环境除尘设备出现故障停止运转；

⑥循环风机因故障停机；

⑦锅炉系统因故障无法正常工作。

5. 焦炉烘炉开工安全技能

（1）本质安全要求

1）燃气管道系统应设置末端放散管、气体置换用吹扫管、冷凝液排放管、取样管、测温测压管及末端泄爆装置等。

2）低热值燃气的燃烧器应采取防火和灭火措施，高热值燃气的燃烧器应采取保证燃气完全燃烧的喷射措施。

3）采用气体燃料烘炉时，根据燃气的发热值不同选择不同管径的输送管道。

4）气体燃料烘炉火床采用黏土砖砌筑时，机焦侧火床的高度应大于 1.2 m，长度应大于 2 m，火床与炭化室墙面间应放置 10 m 厚硅酸铝纤维毡。采用带炉门烘炉时，炉门衬砖与火床间应留 30 mm 间隙。

（2）安全操作技能

1）所有参加烘炉开工的人员都要认真学习烘炉开工方案，穿戴好劳动防护用品。

2）无论采用固体、液体、气体燃料烘炉，都存在着火灾与爆炸的危险性，必须配备足够的消防用具，如灭火器、砂子、黄泥、蒸汽接头等。

3）焦炉炉顶、机焦侧平台以及焦炉车辆上的人员严禁随意往下抛扔工具、砖块、杂物等。

4）烘炉时清出的灰渣要运到指定地点及时熄灭并运走，不得堆放在钢柱附近。

5）煤气区域作业要严格执行煤气作业安全规程。烘炉点火前，应做煤气爆发试验，合格后才能往炉内送煤气点火。

6）点火前应先将火把点燃，放在煤气出口前方，然后再打开煤气阀门，严禁先送煤气后点火。

7）当煤气管道压力低于 500 Pa 时，应关小烘炉小灶的支管旋塞。如果煤气压力继续下降，要停止加热。

8）预热油时温度不能过高，一般不超过 90 ℃，要严防沸腾现象发生。储油槽应接地良好，储油槽的油位不能太高。

9）在燃油设备和管线上进行明火作业时，要严格执行动火规定，采取蒸汽吹扫、冷水冲洗、通风处理或用防火物覆盖等安全措施，动火时必须有专人监护。

10）在燃烧室或蓄热室封墙刷浆时，应使用安全梯子进行操作，禁止踏在烘炉小灶或废气开闭器上。

11）拔测温管时要戴好石棉手套，防止烫伤。

12）发现烘炉小灶火焰外喷时，要及时查找原因，必要时停止加热。

13）拆除封墙和内部火床时，由于场地狭窄，要特别注意防止人员掉至炉台下。

14）拆除封墙所用工具不准碰到推焦车和拦焦车的电源滑触线上。

15）在连通集气管、吸气管及启动风机时，应停止拆除封墙和内部火床作业。

16）焦炉送煤气后在立火道内应立即燃烧，如果不燃烧要立即停止送煤气，查找原因，及时处理。

17）总烟道吸力达到 200 Pa 以上时炭化室小灶才准点火。

18）炭化室小灶煤气熄灭时不准立即点火。

19）采用气体燃料烘炉时，机焦侧主管中燃气的最大流速不应超过 10 m/s，总管中燃气流速不应超过 12 m/s，进入机焦侧燃烧器支管中的燃气流速不应超过 10 m/s。

三、焦炉煤气净化安全技能

焦炉煤气净化是指冷却、输送、脱除焦炉煤气中的焦油、氨、苯、硫化氢等，回收净煤气、焦油、粗苯（轻苯）、硫铵或无水氨、硫黄或硫酸、熔融硫及副盐（硫氰酸盐、硫代硫酸盐）的过程，工艺流程可分为正压工艺流程、半负压工艺流程和全负压工艺流程。

焦炉煤气净化车间承担着焦炉煤气的输送、净化和化工产品回收等任务，生产过程中涉及大量易燃易爆、有毒有害物质，生产环境多处于火灾爆炸危险区域，容易引发火灾与爆炸、中毒、灼烫与酸碱灼伤、机械伤害、触电、高处坠落等事故。因此，必须认真采取有效措施，制定应急预案，防止事故发生。

1. 焦炉煤气净化区域通用安全技能

（1）煤气净化车间应布置在焦炉的机侧或一端，其建（构）筑物最外边缘距焦炉炉体边缘不应小于 40 m。当采用捣固炼焦工艺时，煤气净化车间布置在焦侧时，其建（构）筑物最外边缘距焦炉熄焦车外侧轨道边缘不应小于 45 m（当焦侧同时布置有干熄焦装置时，该距离为距干熄炉外壁边缘的距离）。煤气净化区内不应布置与煤气净化装置无关的设施及建筑物，要注意消除焦炉生产过程中的激发能源对煤气净化区域的影响。

（2）储槽、塔器及其他设备的外壳应有设备编号、名称及规格等醒目标识。阀门应有开、关旋转方向和开、关程度的指示，旋塞应有明显的开、关方向标识。盲板和其垫圈的手柄应有明显区别，方便职工操作。

（3）建（构）筑物内设备的放散管应引出建（构）筑物，而且应不危及人员安全；室外设备的放散管应高出本设备 2 m 以上，而且应高出相邻有人操作的最高设备操作平台 2 m 以上。设备经常放散的有害气体、蒸汽宜按种类分别集中，引入煤气系统或经净化处理后再放散，以降低操作环境异味，适应环保要求，防止放散管放散出的有毒有害气体威胁职工的身体健康和人身安全。

（4）生产、储存和装卸甲类液体、可燃气体的设备和管线应设可靠的接地装置，直径小于 20 m 的储槽应至少两处接地，大于 20 m 时应至少四处接地，管线应至少两端接地。仅用于防静电的接地，其电阻一般不大于 100 Ω，兼作防雷时应遵守《建筑物防雷设计规范》（GB 50057）的相关规定，与其他用途的接地极共用时应取其中数值最小者。汽车罐车、铁路罐车和装卸栈台、铁路钢轨应设专用接地，进出苯类储罐的管道法兰应作静电跨接。用泵输送苯等烃类液体应按《防止静电事故通用导则》（GB 12158）的规定限制管道流速，当管道内明显存在水等不相容的第二物相时，其流速应限制在 1 m/s 以内。甲、乙类液体储槽的注入管应有消除静电的措施，储罐的进料管应从罐体的下部接入，如果从上部接入，应延伸到距罐底 200 mm 处。应消除静电、雷电等激发能源。

（5）塔器、容器的对外连接管线应设置可靠的隔断装置，禁止用管道上的调节配件代替隔断阀门，禁止以关阀门代替堵盲板，以免造成有毒有害或可燃介质串漏引发中毒、火灾爆炸事故。停产不用的塔器、容器、管线等应清扫干净，并应打开放散管，隔断对外连接；报废不用的，清扫干净后应立即拆除。

（6）对输送易凝、可燃液体的管道及阀门均应采取保温措施，不应使用明火烘烤。检修操作温度应不低于物料自燃点的密闭设备，不得在停止生产后立即打开大盖或人孔盖。用蒸汽清扫可能积存有硫化物的塔器后，必须冷却到常温方可开启；打开塔底人孔之前，必须关闭塔顶油气管和放散管。

（7）禁止用轻油、洗油、苯类等易挥发的可燃液体或有毒液体擦洗设备、工具、衣物及地面。在易燃易爆场所禁止使用易产生火花的工具，作业人员禁止穿着化纤服装。严禁在蒸汽管道或暖气管上搭烤衣物，放置易燃易爆品，以免发生火灾。

（8）甲、乙类生产场所的设备及管线的保温均应采用不燃或难燃保温材料，并应防止可燃物渗入绝热层。净化煤气的各种洗涤塔下应设有液位报警或自动调节装置，或采用液封。塔器的窥镜、液面计的玻璃应能耐高温，并应严密。可燃液体的储罐应设液位计和高位报警装置，必要时可设自动联锁切断进液装置。酸、碱和甲、乙、丙类液体高位储槽应设满流管或液位控制装置。

（9）甲、乙、丙类液体及可燃气体管线不应穿越变电站、配电室、仪表室、办公室、休息室及与该管线无关的储槽区或生产厂房，并且不宜地下敷设，如果采用管沟敷设时，在管沟进出装置和厂房处应采取隔断措施，管沟内不应积聚可燃气体或蒸汽，以消除介质泄漏带来的安全隐患。

（10）输送酸、碱、酚和易燃液体时，应选用密封性能可靠的泵，其管道的法兰应加保护罩，法兰位置应尽量避开经常有人操作的位置。在酸、碱泵及介质易外泄的生产设施附近要防止酸、碱灼伤，应设置洗手盆、淋洗器、洗眼器，以备急用。

（11）易燃易爆气体和甲、乙、丙类液体的设备、管道动火时，必须先办理动火工作票，动火前应与其他设备、管道可靠隔断，且易燃易爆气体的清除、置换必须达到合格标准（体积百分浓度）：爆炸下限大于4%的易燃易爆气体，含量小于0.5%；爆炸下限小于或等于4%的，其含量小于0.2%。

（12）在含有有毒物质的设备、管道或容器内检修时，应可靠地切断物料进出口，有毒物质浓度应小于允许值，同时含氧量应在19.5%~23%（体积百分浓度）范围内。监护人不应少于2人，应备好防毒面具和防护用品，并且检修人员应熟悉防毒面具的性能和使用方法。设备内照明电压应小于或等于36 V，在潮湿、狭小容器内作业应小于等于12 V。

(13) 对易燃易爆、有毒物质的设备动火或进入内部作业时，安全分析取样时间不应早于工作前30 min，工作中应每2 h重新分析一次，工作中断30 min以上也应重新分析。

2. 冷凝鼓风安全技能

(1) 本质安全要求

1) 冷凝鼓风工段应有两路电源和两路水源，采用两台以上蒸汽涡轮鼓风机时，应采用双母管供汽，以提高风机的动力保障能力。

2) 鼓风机仪表室应有以下参数的显示：煤气吸力、压力，鼓风机的转速、轴向位移和轴承温度，鼓风机油箱油位和液压泵出口油压，电机的电压、电流和轴承温度，蒸汽涡轮的蒸汽压力和温度，集气管压力，初冷器前后煤气温度和煤气含氧量；同时还应配备测振仪和听声棒。

3) 鼓风机室应设置一氧化碳浓度检测报警装置，便于及时发现煤气泄漏。

4) 鼓风机应有直通室外的走梯，底层出口不应少于两个，便于紧急情况下逃生。

5) 为保证鼓风机的安全，每台鼓风机应设置单独控制箱，并应设以下报警、联锁停车装置：

①鼓风机的开停车与液压泵的联锁；

②鼓风机液压泵与副液压泵自动切换联锁；

③鼓风机润滑油箱油位、油温、油压报警及油压联锁停车装置；

④轴瓦温度、电机定子温度超限报警和联锁停车装置；

⑤鼓风机过负荷、轴位移超限、两台同时运转的鼓风机故障停车的报警、联锁停车装置；

⑥采用液力偶合器调速时，液力偶合器进出口管应设油温、油压、油管阻力等报警和联锁停车装置；

⑦焦炉集气管煤气压力上、下限报警信号。

6) 蒸汽涡轮鼓风机应设置自动危急遮断器；蒸汽入口应有过滤器；紧靠入口的阀门前应安装蒸汽放散管，并有疏水器和放散阀；蒸汽调节阀应设旁通管；蒸汽冷凝冷却器出入口阀门不应关闭。

7）鼓风机煤气吸入管底部与水封满流口中心高度差不应小于 2.5 m，水封高度不应小于鼓风机的最大吸力（以 mmH_2O 计）加 500 mm。鼓风机煤气出口管道排冷凝液管的水封高度应超过鼓风机计算压力（以 mmH_2O 计）加 500（室外）~1 000 mm（室内）。鼓风机、电捕焦油器等冷凝液下排管的扫汽管应设两道阀门，同时须保证鼓风机前后冷凝液排放顺畅、安全。

8）为保持绝缘瓷瓶清洁，并防止绝缘装置内产生凝结水，使绝缘装置发生爬电（短路）现象，绝缘性能遭到破坏，甚至导致绝缘瓷瓶炸裂，电捕焦油器电瓷瓶周围宜用氮气保护。绝缘箱保温应采用自动控制，绝缘箱温度应设自动报警，并与电捕焦油器联锁。未采用氮气保护的绝缘箱温度低于 100 ℃时报警，低于 90 ℃时自动断电；采用氮气保护的绝缘箱温度低于 80 ℃时报警，低于 70 ℃时自动断电。

（2）安全操作技能

1）鼓风机应采取有效的防喘振措施，在启动、停机、倒机操作及运行过程中，不应处于喘振区。为减少空气吸入量，清扫鼓风机前的煤气管道时，同一时间内只准打开一个塞堵。

2）鼓风机出现以下情况应紧急停机：

①风机本体有明显的金属撞击声或强烈震动；

②吸力突然增大，无法调节；

③轴瓦处冒烟；

④电机着火，机前煤气管道着火；

⑤轴瓦温度以 1 ℃/min~2 ℃/min 的速度增高达 65 ℃，无法处理；

⑥油系统管道破裂，无法处理；

⑦辅油泵油压过低，油箱油位快速下降。

3）鼓风机前煤气系统设备、管道着火时，应立即停机，通蒸汽（或氮气）灭火。鼓风机后煤气系统设备、管道着火时严禁停机，应立即降低机后压力，通蒸汽（或氮气）灭火。

4）电捕焦油器采用高压供电方式，电晕极附近常发生电晕现象（火花放电），为防止发生爆炸事故，电捕焦油器应设连续式自动氧含量分析仪，并与电捕焦油器电源联锁，煤气含氧量超过 1%时能报警，超过 2%时能自动断电。电捕焦油器位于鼓风机后时，应设泄爆装置。当电捕焦油器遇到下列情况之一时，应立即断电，自动断电装置失灵时，应立即手动断电：

①煤气含氧量大于 2%；

②绝缘箱温度低于 70 ℃（无氮气保护为 90 ℃）；

③煤气系统发生事故时。

5）停电捕焦油器检修时，必须先断电，并接地放电，防止电捕焦油器内残余高压静电击伤。电捕焦油器因故敞开人孔或清理焦油渣时，应及时采取用水冷却降温等安全措施，以防止器内积存的硫化亚铁氧化自燃。

6）初冷器冷凝液出口与水封槽液面高度差不应小于 2 m，水封高度不应小于鼓风机的最大吸力（以 mmH_2O 计）加 500 mm，以保证排液顺畅、安全。

3. 煤气脱氨安全技能

硫铵生产中硫酸、硫铵母液均具有极强的腐蚀性，要防止其喷溅或跑、冒、滴、漏。

（1）本质安全要求

1）为防止硫酸高置槽溢流，应在高置槽上设液位的高位报警、联锁装置及满流管，满流管的满流能力应大于进料能力，槽下方应设防漏围堰。

2）进入吡啶设备的管道应设高度不低于 1 m 的液封装置。吡啶的生产、计量及储存装置应密闭，其放散管应导入鼓风机前的吸气管道，以确保吡啶装置处于负压状态，放散管应设置吹扫蒸汽管。

（2）安全操作技能

1）半直接法制硫铵时使用的硫铵饱和器的母液满流槽的液封高度应大于鼓风机的全压。

2）间接法硫铵生产中，送酸气前应检查确认饱和器酸气出口阀门处于开启状态。满流槽、回流槽、稠化槽等产生尾气的装置应盖严，防止酸气外逸引起中毒。

3）开工前要先保证饱和器及其满流槽附属水封槽液位达到满流状态，除酸器排液管、饱和器满流管、硫酸高置槽满流管应保持畅通。

4）检修饱和器时，应在饱和器进、出口煤气管道及其他有可能泄漏煤气处堵盲板，堵好盲板之前不应抽出器内母液。

5）浓硫酸输送应采用泵送或自流方式，不应使用压缩气体输送。不应使用蒸汽吹扫浓硫酸设备及管道。用浓硫酸配硫铵母液时，应缓慢调节流量，防止集中放热造成母液飞溅。

6）从满流槽捞酸焦油时，操作人员不应站在满流槽上，非操作人员不应靠近满流槽和酸焦油槽。

7）吡啶装桶处应设有通风装置和围堰，其地面应坡向集水坑。吡啶产品的保管、运输和装卸应防止阳光直射和局部加热，并应防止冲击和倾倒。

8）亚铁氰化钾吸收塔尾气通过冷凝器和气液分离器后应导入鼓风机前负压管道。吸收塔需要开盖或长期停塔时，应采用降温或隔绝空气等措施，以防止塔内硫化亚铁自燃。

4. 煤气脱硫脱氰安全技能

（1）本质安全要求

1）干法脱硫的脱硫箱宜采用高架式，设煤气安全泄压装置。装卸脱硫剂应采用机械设备。

2）采用改良 ADA 法脱硫工艺时，应设溶液事故槽，其容积应大于脱硫塔和再生塔的溶液体积之和，进再生塔的压缩空气管和溶液管均应高于再生塔液面，溶液管上应设防虹吸管或采取其他防虹吸措施；脱硫塔和再生塔间的溶液管应设 U 形管，其液面高度应大于鼓风机全压（以 mmH_2O 计）加 500 mm；熔硫釜排放硫膏时，周围严禁烟火。

3）采用 TH 法脱硫时，吸收塔底部必须设有溶液满流管；进氧化塔的空气管液封应高于氧化塔的液面，防止溶液进入空气压缩机；进入氧化塔的溶液管液封应高于氧化塔的液面，并应设防虹吸管。

4）采用克劳斯法生产硫黄（含氨分解）及湿接触法生产硫酸工艺时，克劳斯炉、氨分解炉应设煤气、空气低压报警和自动停机联锁保护；应设温度和压力报警和联锁装置；应设硫化氢和二氧化硫比例控制和联锁装置；应设紧急断料装置（三阀组）和紧急送入惰性气体的装置。

（2）安全操作技能

1）废脱硫剂应在当天运到安全场所妥善处理。停用的脱硫箱拔去安全防爆塞后，当天不得打开脱硫剂排出孔。未经严格清洗和测定，严禁在脱硫箱内动火。

2）采用真空碳酸盐法脱硫时，脱硫塔底部液位不应超过入口煤气管道最低处；解吸塔负压不应超过上限值，防止设备出现“吸瘪”现象；正常生产过程中，不宜打开真空泵后设备和管道的放散管，确需开关放散管时，应站在上风侧操作，防止中毒。

3）HPF 法、PDS 法、ZL 法脱硫应遵守以下规定：应设溶液事故槽，其容积应大于脱硫塔和再生塔的溶液体积之和；进再生塔的压缩空气管应高于再生塔液面；再生塔与脱硫塔间的溶液管应使用 U 形管，其液面高度应大于鼓风机全压（以 mmH_2O 计）加 500 mm；生产过程中应控制压缩空气流量及压力，防止再生塔溢塔，泡沫槽溢流；添加催化剂应缓慢进行，防止溅出伤人；采用熔硫釜生产熔融硫时，周围严禁明火；采用压滤机生产硫膏时，压滤机的滤板不应随意拆卸，防止压滤机伸长杆伸长量超过最大值而伤人。

4）采用 AS 法脱硫时，脱酸蒸氨泵房应配备固定式或手持式有毒气体检测器；脱酸塔液相正常循环时，若其顶部温度大于 40 ℃，不宜打开放散管，确需打开时，应站在上风侧，以防中毒；脱酸塔不应形成负压。

5）采用克劳斯法生产硫黄（含氨分解）及湿接触法生产硫酸工艺时，点火前应检查确认无泄漏，系统吹扫检查合格后方可点火；若点火失败，应再次吹扫并确认合格后方可再次点火；严禁炉内床层温度超过 1 300 ℃；为防止镍催化剂的挥发和催化剂小球黏接，在 800 ℃以下时，严禁向炉内通入蒸汽；为防止催化剂小球粉化，必须调节并保持克劳斯系统尾气为还原气氛。停产时，应用加热气体吹扫，防止设备急剧冷却；硫封、硫槽等液硫设施周围严禁烟火，切片机、硫管检修时，应确认管内无液硫，放空夹套管内蒸汽；焚烧炉突然灭火时，应立即打开酸气去荒煤气管道阀门，关闭入焚烧炉阀门，不应排放未经焚烧的气体；进入棒式过滤器作业时，应采取可靠的安全措施，防止中毒和灼伤；吹扫过滤棒时，送气应由小到大，身体应避开过滤棒外漏部位，防止烫伤。

5. 煤气脱苯安全技能

（1）本质安全要求

1）粗苯储槽应密封，并装设呼吸阀和阻火器或采用其他排气控制措施，人孔盖和脚踏孔应有防冲击火花的措施。粗苯储槽阻火器、呼吸阀、人孔、放散管等金属附件应保持等电位连接。

2）管式炉加热煤气管道应设煤气低压报警和快速切断装置。

（2）安全操作技能

1）管式炉点火前必须确保炉内无爆炸性气体。出现下列情况之一时，应立即停止煤气供应：

①煤气主管压力降到 500 Pa 以下，或主管压力剧烈波动，危及安全加热；

②炉内火焰突然熄灭；

③烟囱筒吸力下降，不能保证安全加热；

④炉管漏油。

2）管式炉点火时，应双人配合作业，先用蒸汽吹扫，然后遵循“先送富油后点火，先点引火后送煤气”的原则进行作业。

3）管式炉的操作要保证工艺参数符合规程要求。若富油脱水效果不好，有水分进入管式炉并迅速汽化，易发生爆炸，造成管道爆裂；若富油流量过低或富油泵故障，富油在管式炉内停留时间过长，会使炉管结焦，甚至烧穿，发生泄漏着火事故。

四、粗（轻）苯加氢及煤焦油加工安全技能

粗（轻）苯加氢是把粗（轻）苯中的硫化物加氢脱硫生成碳氢化合物和硫化氢，氮化物加氢脱氮生成碳氢化合物和氨，氧化物加氢脱氧生成碳氢化合物和水，不饱和烃化合物通过加氢或脱氢生成饱和烃，直链烷烃和环烷烃等饱和烃加氢裂解转化为低分子的饱和烃。

煤焦油加工前的预处理主要包括均质化、脱水和脱盐等工序。煤焦油蒸馏通常由加热、蒸发、分馏及冷凝冷却等化工单元组成，有常压蒸馏、常-减压蒸馏和减压蒸馏 3 类工艺流程。

苯加氢和煤焦油加工生产装置处于带压（或负压）、高温状态下运行，所涉及的主要介质有苯类、氢气、二硫化碳、煤气、焦油、萘酚等易燃易爆危险化学品，同时罐区（原料罐区、成品罐区）物料的储存量大，火灾爆炸的危险性高，一旦发生事故将造成严重的后果。易燃易爆物质只有与空气混合成适当比例，并遇到激发能源时才会发生火灾爆炸事故，因此，防止这些条件的形成应作为防火防爆的基本措施。必须认真采取有效防范措施，制定应急预案，防止事故发生。

1. 粗（轻）苯加氢安全技能

（1）本质安全要求

1）工艺安全控制的主要措施包括温度及压力的报警和联锁、气油的比例控制和联锁、氢气紧急切断、循环氢压缩机停机报警和联锁、氢气检测报警装置和泄爆装置等。

2）苯加氢区域一般会构成重大危险源，不宜布置在焦化厂的中心地带，所属建（构）筑物最外边缘与焦炉炉体之间的净距不应小于 50 m，以消除炼焦生产过程中的明火对苯加氢装置的影响。宜设高度不低于 2.2 m 的围墙，其出入口不应少于两个，且应按要求配备安全保卫人员。

3）苯加氢区域不应布置化验室、维修间和生活室等辅助建筑，入口处应设人体静电导除装置。

4）封闭式厂房应通风良好，设备和储槽上的放散管应引出室外，并设阻火器。

5）苯类储槽和设备上的放散管应集中设洗涤吸收处理装置、惰性气体封槽装置或其他排气控制设施。

6）苯类储槽宜采用内浮顶槽，采用固定顶槽时，若其槽体表面未采用隔热涂料，则应设防日晒的固定式冷却水喷淋系统或其他降温措施。固定顶罐应设阻火器和呼吸阀。

7）莱托尔反应器的主要高温法兰应设消防蒸汽喷射环，器壁应涂变色漆，以便发现局部过热。

8）氢气管道应设取样口、吹扫口，在管口处应设阻火器，湿氢管道最低点应设排水装置。

9）各系统均应设含氧量小于 0.5% 的氮气或惰性气体吹扫设施，经氮气或惰性气体保压气密性试验合格且含氧量小于 0.5% 方可开工。

10）应设置紧急停车系统，加氢反应釜内温度或压力超标时自动停止加氢，进入紧急停车状态。

11）加氢装置应设置急冷系统，在反应器“飞温”的情况下利用冷氢对系统进行冷却。

12）萃取塔、蒸馏塔应设置塔顶高压力报警、安全联锁装置。

13）主要设备及高温高压重要部位应设固定式可燃气体检测器。

14）二硫化碳泵与其电气开关的距离应大于 15 m。

15）装置内火炬的设置应满足下列要求：

①火炬的高度应使火焰的辐射热不影响人身与设备安全；

②火炬顶部应设长明灯或其他可靠的点火设施；

③火炬筒 30 m 以内严禁可燃气体放空；

④液体、低热值可燃气体、空气、惰性气体、酸性气体及其他腐蚀性气体不应排入火炬系统；

⑤可燃气体放空管道在接入火炬前，应设置气液分离和阻火设备，严禁可燃气体夹带可燃液体进入火炬；

⑥可燃气体放空管内的凝结液应密闭回收，不应随意排放。

（2）安全操作技能

1）粗（轻）苯加氢工艺属于国家首批公布的重点监管的危险化工工艺，应重点监控的工艺参数有加氢反应器的温度和压力、循环气体流量、氢气压缩机运行参数等；

2）禁止穿带钉鞋或携带火种者以及未采取有效防火措施的机动车辆进入苯加氢区域；

3）对氢气设备、管道、阀门等连接点进行漏气检查时，应使用中性肥皂水或便携式可燃气体报警仪，严禁使用明火进行漏气检查；

4）氢气管道、阀门及水封发生冻结时，应使用热水或蒸汽解冻，且应戴面罩操作，严禁使用明火烘烤或使用锤子等工具敲击；

5）加氢装置停运后，应用盲板或其他有效措施隔断与其运行设备的联系，并用氮气或惰性气体置换清扫，保持正压；

6）主要设备及高温高压重要部位取样时应装好静电消除器，加热炉和改质炉烟道废气取样应使用防爆真空泵；

7）制氢还原态催化剂不应接触空气和氧气，停工时应处于氮封状态。

2. 煤焦油加工安全技能

（1）本质安全要求

1）煤焦油加工车间宜布置在厂区全年最小频率风向的上风侧，沥青生产装置宜布置在焦油蒸馏生产装置的端部，并位于厂区的边缘。

2）蒸馏釜旁的地板和平台应用耐热材料制作，并应坡向燃烧室对面；蒸馏釜的排沥青管应与燃烧室背向布置。

3）管式炉二段泵出口应设压力表和压力极限报警信号装置。

4）焦油蒸馏应设事故放空槽，并经常保持空槽状态。

5）洗涤厂房、泵房和冷凝室的地板、墙裙以及蒸馏厂房地板，宜砌瓷砖或采取其他防腐措施。

6）对于沥青系统的蒸汽管道，应在其进入系统的阀门前设疏水器。

7）沥青高置槽下应设防止沥青流失的围堰，高置槽有水时，禁止放入高温沥青。

8）由于沥青烟气和粉尘会对人体健康带来严重影响，因此，凡可能散发沥青烟气的地点，均应设烟气捕集净化装置，净化装置不能正常运行时，应停止沥青生产。不宜采用人工包装沥青，特殊情况下需要人工包装时，应采取个人防护措施。

9）为防止萘的粉尘污染，萘的结晶片包装及输送宜采用机械化作业，包装车间宜设除尘设施。

10）为防止萘粉尘爆炸，萘转鼓结晶机传动系统、螺旋给料器的传动皮带和皮带翻斗提升机，均应采取防静电积累的措施。若使用皮带传动，应采用导电的橡胶皮带。萘转鼓结晶机的刮刀应采用不产生火花的材料制作。

11）萘蒸馏塔应设液面指示器和安全保护装置。

12）热油泵室的地面和墙裙应铺瓷砖，泵四周应砌围堰，堰内应经常保持一定的水层，以防止热油泵泄漏。

13）苊汽化器、氧化器和薄壁冷凝冷却器应设防爆膜。苊汽化器出口温度不应超过设计规定，并应按技术要求缓慢升温，薄壁冷凝冷却器出口应设尾气净化装置。

14）热风炉和熔盐炉应设有温度计、防爆孔和温度、压力高报警联锁停炉装置。

15）粗酚、轻吡啶、重吡啶的蒸馏釜应设有安全阀、压力表（或真空表）和温度计。

16）酚、吡啶产品装桶处应设抽风装置，吡啶产品装桶时，不应超过桶容积的90%。

（2）安全操作技能

1）不得采用直接在大气中冷却液态沥青的工艺。中温沥青冷却到200 ℃以下，改质沥青冷却到230 ℃以下方可放入水池。

2）开工前，工业萘的初、精馏塔及有关管道，应用蒸汽进行置换，并预热到100 ℃左右，以防止萘凝结，堵塞管道和设备。

3）输送液体萘的管道应有蒸汽夹套或蒸汽伴随管保温装置，应采用氮气或蒸汽吹扫，不应用压缩空气输送萘或吹扫萘管道。

4）分解酚盐时，加酸不应过快，若分解器内温度达90 ℃，应立即停止加酸。轻吡啶的装釜作业应在常温下进行。

5）蒽的结晶及输送宜实行机械化作业，并加以密闭。粗蒽生产中严禁敞开溶解釜人孔加热，蒸发器运行时严禁打开预热人孔盖。蒽醌生产中，热风温度不应超过395 ℃，汇合温度不应超过热风温度。

第三节　煤气使用安全技能

煤气是高炉炼铁、焦炉炼焦、转炉炼钢的副产品，又是冶金炉窑加热的主体燃料，还是冶金工业生产的主要能源之一。

本节重点掌握煤气事故的预防与抢救，提升应急处置能力。

一、煤气事故的预防

1. 煤气中毒事故的预防

（1）加强煤气安全管理。应对煤气作业人员进行生产操作及安全技术培训考核，合格后方准上岗工作。制定严格的岗位责任制，并确保实施。

（2）提高系统的自动化程度，加强生产设施的密闭性管理，防止一氧化碳对人体的健康与安全产生影响；加强对生产环境的一氧化碳浓度进行监测，若超标应能及时报警。

（3）采取措施，降低作业过程中的中毒风险，如设备或管道检修时，首先要把设备或管道内煤气吹扫干净（煤气设施内部气体置换是否达到预定要求，应按预定目的，根据含氧量和一氧化碳分析或爆发试验确定）；新建或大修的煤气设备及管道要进行强度或气密性试验；在煤气区域工作，须两人以上，并要携带便携式一氧化碳检测报警器。一旦发生煤气泄漏，要站在上风侧监视，严禁任何无关人员进入危险区域，同时立即通知有关单位处理。

（4）采取有效的个体防护，建立煤气中毒事故的应急救援体制，配备必要的防护器具和急救器材，如一氧化碳检测报警器、空气呼吸器等，平时要经常检查，确保器具有效。佩戴时，也须认真检查，尤其注意不应在煤气危险区域摘掉口罩、鼻卡或面具。进入高浓度一氧化碳环境中工作时，一定要戴好防护面具，控制时间，并有足够的监护和抢救措施。

2. 煤气爆炸事故的预防

（1）应对煤气危险区域进行辨识、判断、分级，并采取相应预防措施，防止爆炸性混合气体的产生；

（2）对容易泄漏煤气的场所，应防止产生激发能源，并设置自动报警装置，同时应定期调校自动报警装置，以免误报警或失效；

（3）各类设备及电气照明应依据爆炸场所等级，采用相应的防爆类型；

（4）从设计及生产过程中考虑抑爆、隔爆、泄爆等安全措施，如设置泄爆装置，相关的建筑物应有符合规定的泄爆面积等。

3. 煤气着火事故的预防

（1）防止煤气泄漏，保证煤气设施的严密性，发现泄漏应及时处理。经常检查阀心、法兰、膨胀器、焊缝口、计量导管、接头排水器、煤气柜以及活塞间、风机轴头、蝶阀轴头等易泄漏部位。

（2）煤气设施要有良好的接地装置，对接地线要定期检查测试。

（3）严格执行煤气设施和煤气区域动火作业的管理制度，动火时应事先办理动火工作票，应有防火措施，并经安全管理部门检查确认，按规定的要求、时间、地点动火。

（4）带煤气作业应在降低压力的状况下进行，并应使用符合规定的工具。

（5）工作场所规定的范围内应禁止火源，不应堆放易燃易爆物品；带煤气作业地点附近的裸露高温管道，应作绝热处理。

二、煤气事故的抢救

1. 煤气中毒事故的抢救

进入煤气中毒事故的现场抢救时，救护人员首先应做好自身的防护。

（1）将中毒者迅速及时地救出煤气危险区域，抬到空气新鲜的地方，解除一切阻碍呼吸的衣物，并注意保暖。抢救场所应保持清静、通风，并指派专人维持秩序。

（2）抢救煤气中毒者时，应根据其中毒轻重程度采取相应的处理措施：中毒轻微者，如出现头痛、恶心、呕吐等症状，可直接送往附近医院急救；中度中毒者，如出现意识模糊，口吐白沫等症状，应立即进行现场输氧，等其恢复知觉、呼吸正常后，再送附近医院治疗，如有高压氧舱可进舱治疗；重度中毒者，如出现心跳、呼吸停止等症状时，应立即施行心肺复苏急救，直至医务人员到来。

（3）在抢救中毒人员的同时，应对事故现场进行控制，严禁火源和其他无关人员进入，保持现场空气流通，室内应打开门窗通风，将有害气体排出与稀释，难以进行自然通风的场所，应采用人工强制通风。

（4）严格检查事故现场，找出泄漏点进行修复。

2. 煤气爆炸事故的抢救

煤气设备一旦发生爆炸，不仅损坏设备本身还有可能造成人员伤亡，而且可能发生煤气中毒、着火事故或者产生二次爆炸。发生爆炸事故后应首先对伤员进行抢救，救护人员进入有残余煤气区域时应戴防护面具。抢救组织者应采取有效措施防止事故扩大：

（1）对已经爆炸的煤气设施，应立即切断其煤气来源，迅速把煤气处理干净，防止二次爆炸；

（2）对出事地点应加强警戒，以防发生煤气中毒事故；

（3）爆炸地点 40 m 以内禁止火源，以防发生煤气着火事故；

（4）迅速查明爆炸原因，在查明原因之前不准送煤气。

3. 煤气着火事故的抢救

煤气设施着火时，处理正确能迅速灭火，若处理错误，则可能造成爆炸事故。灭火时，应设法降低煤气压力或局部停止使用煤气，往着火的设施内通入大量的蒸汽或惰性气体，保护周围设施不被烧红或烧坏。

（1）由于设施不严密而轻微泄漏引起的着火，可用湿泥、湿麻袋等堵住着火处，待火熄灭后再按有关规定补好泄漏处。

（2）煤气管道着火，管道直径在 100 mm 以下的可直接切断煤气灭火；管道直径大于 100 mm 的应逐渐降低煤气压力，但煤气压力不应低于 100 Pa，不应突然关闭煤气阀门，以防回火爆炸。煤气压力下降后引起的管道着火，可用黄泥、湿麻袋、石棉布等堵灭、捂灭，也可用蒸汽或灭火器扑灭。在通风不良的场所，煤气压力降低以前不要灭火，否则，灭火后煤气仍大量泄漏，会形成爆炸性气体，遇烧红的设施或火花，可能引起爆炸。

(3) 煤气设施内沉积物（如萘、焦油、硫化铁等）着火时，可将设施的人孔、放散管等一切与大气相通的附属孔关闭，使其隔绝空气自然灭火，同时应通入蒸汽或氮气。但灭火后不要立即停送蒸汽或氮气，以防设施内沉积物自燃引起爆炸。

(4) 若煤气设施已烧红，不应用水骤然冷却，以防煤气设施急剧收缩造成变形断裂而泄漏出煤气。

(5) 煤气隔断装置、压力表、蒸汽或氮气管接头，应有专人控制操作。

(6) 火警解除后恢复通气前，应仔细检查确认管道设施完好，并进行置换操作后才允许通气。

应该注意的是，如果扑灭了火焰，煤气不经过燃烧直接外泄，则危险区域的作业人员可能会发生中毒事故，处理不当还可能发生爆炸事故。所以处理煤气燃烧事故，应由事故单位、消防救援队和煤气防护站共同组成临时指挥机构统一指挥；应设立警戒范围，灭火人员要做好自我防护措施；对已被烧伤的人员，不可盲目处理创面，应由医务人员处理，并及时送医院诊治。

第四节　金属冶炼常用气体安全技能

金属冶炼常用气体主要有氧气、氮气、煤气、氢气、氩气等。本节重点介绍氧气、氮气、氢气、氩气生产过程及气瓶充装安全技能。

一、氧气、氮气和氩气生产安全技能

氧气、氮气和氩气生产的主要设备有空气除尘过滤器、压缩机、空气冷却塔、水冷却塔、分子筛纯化器、精馏塔、膨胀机、换热器、低温液体泵等。

(1) 氮水预冷系统故障的预防措施。在操作时导气应缓慢进行，可以预防喷水及填料环破碎现象。要提高水质，减少水中污垢。

（2）空冷塔出口带水故障的预防措施

1）空冷塔启动时，应先导气，待压力达到设定值时再启水泵；停车时，应先停水泵再停气降压。空冷塔启动后应及早将各联锁投用，使其能够及时发现问题。

2）进空冷塔的水量要严格控制在设计范围之内，不要随意加大进水量，防止因为空冷塔变负荷能力不足造成带水故障。

3）系统导气加负荷开关阀门时要缓慢进行，不可因开关阀门引起压力波动使空冷塔出口带水。

4）注意观察空冷塔出口压力和塔内水位变化，如超过设定值而自动阀未能及时调节或保护联锁未动作，应及时调节或作紧急停车处理。

5）经常检查分子筛下部管道的最低处排放导淋阀门，使分子筛析出的水能够经常排放。

（3）分子筛纯化系统常见故障的预防措施

1）保证压缩机密封气压力及流量，防止由于压力流量低而使润滑油进入气缸。

2）在分子筛进行切换使用时，阀门不能开关过快；系统导气时，不应有系统压力降低波动过大的现象，否则会引起气流速度过大冲击分子筛，使分子筛粉化。分子筛在正常生产中应保证加热、冷吹的时间，保证气量的稳定，避免泄漏。

（4）精馏塔故障的预防措施

1）正常操作时，应避免进行大幅度的调整引起气流冲击，在系统加温解冻时要加温彻底；

2）注意分子筛纯化器的工作状况，保持主冷工况正常，经常排放液氧，避免主冷内碳氢化合物积聚而引发爆炸。

（5）涡轮式压缩机喘振故障的预防措施。为了防止喘振发生，离心式压缩机都设有防喘振的自动放散阀，一旦出口压力过高，压缩机接近喘振区或发生喘振时，该阀应自动打开。如未自动打开，应及时手动打开。要经常检查和保养自动放散阀，使之灵活有效。

（6）低温液体泵常见的故障及预防措施

1）离心式液体泵的气堵和气蚀现象：降低泵的安装高度，以提高泵的进口压力；加强液氧管路的保冷，以防液氧因吸收热量造成温度升高而汽化；不应让液氧泵在空转状态下运转时间过长。如发生气蚀现象，应立即进行排气，直至停泵处理，以确保液氧泵安全。

2）液氧泵、液氮泵最常见的故障是密封处泄漏；对于机械密封的结构，提高密封面的研磨质量、泵轴及波纹管的装配质量是关键；减少泄漏点，做好裸露部分的保温工作。

二、重点区域、重点环节安全技能

1. 氮气、氩气区域安全技能

（1）有氮气存在的设备、容器，人员出入口处应设置清晰醒目的安全标识。

（2）氮气放散或泄漏易导致该区域出现氮气窒息事故。要防止氮气浓度的局部增大，发现区域内氧含量降低时，必须清楚标记、发出警示并强制通风。

（3）当检修人员进入原盛装液氮和气氮的有限空间工作前，必须用新鲜空气置换并检测合格后人员才能进入。在容器内停留期间，应连续强制通风并随时检测容器内氧含量，在容器外必须有专人监护。应由两名以上工作人员组成小组，轮流进行作业。检修时，应有人监护，对氮气阀门设专人看管。必要时应佩戴空气呼吸器。

（4）使用氮气的实验室、化验室等应保持良好的通风，配备具有声光报警功能的氧含量报警器，具备强制通风措施并在入口处设置醒目的安全标识。

2. 低温容器、低温液体安全技能

（1）低温容器属于压力容器，要按照国家相关规定进行压力容器检验，防止发生泄漏等事故。低温容器材质应选择耐低温材料，如不锈钢、铝镁合金、铜及其合金，运行时还要防止低温容器的热应力破坏。在管路连接上，需要设置温度补偿器，否则会发生设备脆性断裂。

（2）低温液体储槽应设有液位计、温度计、压力表及高液位报警设施，还应设有超压及真空泄放装置，防止由于液体迅速汽化而造成的超压。低温液体储槽的充满率不得大于90%，严禁过量充装；液体储存系统设置的中、高压液体泵与汽化器间应设安全保护联锁装置；低温液体储槽的压力表、安全阀要定期校验；安全阀冻结时应及时解冻，储槽带压储存时要有专人监视，严禁超压运行；低温液体储槽有液体时，禁止动火检修，必须排尽液体后，加温至常温才能进行检修作业。

(3) 在操作、检修盛有低温液体的管道、阀门或容器时，不要直接接触低温物体，应正确使用防护用品，防止液体灌入冻坏机体和皮肤。

(4) 操作人员应经专业培训，考试合格才能上岗。上岗作业不得穿化纤服装等能产生静电的服装，鞋子不得带铁钉。

3. 低温液体储运安全技能

(1) 液化气体只能装入专用的容器中，用规定的颜色标明容器用途并做标记；

(2) 安全装置、安全附件应灵敏可靠；

(3) 禁止随意排、倒低温液体，排放时要有隔离措施，禁止行人、车辆通行，液氧排放区域严禁明火。

4. 检修氮水预冷系统安全技能

氮水预冷系统的检修，最需注意的是防止氮气窒息事故发生。检修时，通常使用氮气对装置进行加温，而加温的氮气常会通过污氮三通阀窜入冷却塔内，造成塔内氮气浓度过高。因此，在对装置进行加温前，要把空冷塔、水冷塔用盲板与装置隔离开。同时还要分析、检测空冷塔、水冷塔内的氧含量，当氧含量在合格区间时才允许检修人员进入；若在氧含量低于19.5%的区域内工作，则必须戴好隔离式面具，并有专人监护。

5. 低温液体汽化器安全技能

(1) 设置汽化器低温液体出口的低温控制联锁装置。将气体出口温度控制在5~30 ℃，当出口温度低于0 ℃时，自动切断液体泵，中止液体进入汽化器。不带液体泵的汽化器应在出口温度低于0 ℃时发出声光报警。

(2) 设置水温控制联锁装置，控制水温在40~60 ℃，当水温低于30 ℃时，自动切断液体泵，中止液体进入汽化器。

(3) 设置气体出口压力控制联锁装置。将压力控制在设定值内，当出口气体压力高于设定值时，应发出声光报警；压力继续升高则应自动切断液体泵，中止液体进入汽化器。

(4) 应在液体泵两头设有截止阀的部位装设安全阀和放空阀，以确保不因误操作而引发事故。

(5) 汽化器配套的压力表、安全阀应定期校验。

（6）用水浴加热的汽化器，使用前必须先将水槽的水充满，并加热到 40~60 ℃后才能供入液体。在停汽化器前，应先切断输液阀，热后再切断加热电源。汽化过程中应时刻注意水位，及时补充水量。

（7）工作过程中流量的改变，会影响汽化后气体的温度，所以要及时调整水温。

（8）若水温降至 30 ℃以下，应检查电热管是否损坏，必要时应减少输出流量，确保汽化后的温度。充装汽化器的管道发现结冰或结霜时应停止充装。

6. 珠光砂作业安全技能

（1）作业人员应经过专业培训，熟练掌握并严格执行操作规程和发生事故时的应急处置、安全撤离措施；

（2）作业人员应戴好披风帽、口罩或防毒面具，穿好工作服、防护鞋等劳动防护用品；

（3）对装卸珠光砂的场地应采取隔离措施，设明显警示标识，无关人员不得入内；

（4）搭设好脚手架，从冷箱人孔自下而上装填珠光砂，并在冷箱顶部人孔及装料位置安装安全铁栅防止人员跌入或整袋珠光砂掉落；

（5）拆卸大方形人孔盖板，应先卸掉盖板下部螺栓，松开上部螺栓后，将盖板底部缓慢移开，视珠光砂流出量的大小决定盖板移开的角度；

（6）冷箱内应保有 0.02 MPa 压力并有人监护，发现压力下降或塔内有明显珠光砂喷出现象，应停止装填珠光砂，查明原因、消除隐患后再装填；

（7）冷箱内的珠光砂长期处于低温状态，在扒珠光砂时应采取防冻措施；

（8）有条件的企业应尽可能采用机械输送自动装卸珠光砂。

7. 氧气管道安全技能

（1）氧气管道宜架空敷设。氧气管道宜沿生产氧气或使用氧气的建筑物构件敷设。

（2）氧气管道不应穿过生活区、办公室，不宜穿过不使用氧气的房间，若必须穿过时，则该房间内应采取防止氧气泄漏等措施。

（3）出氧气厂（站、车间）边界阀门后，氧气干管送往系统支管阀门后，进车间阀门后，调节阀组前，以及调节阀前、后的氧气管道应设阻火铜管段。

（4）架空氧气管道、管架与熔融金属地点和明火地点等之间的最小净距不应小于

10 m。明火及油污不应靠近氧气管道及阀门。

（5）氧气管道必须通过高温区域时，应在该管段增设隔热设施，管壁温度不应超过 70 ℃。

（6）氧气管道与乙炔、氢气管道共架敷设时应设在乙炔、氢气管道的下方或支架两侧；与油质、有可能泄漏腐蚀性介质的管道共架敷设时，应设在该类管道的上方或支架两侧。

（7）氧气管道与可燃气体管道共架平行敷设时，阀门应相互错开一定距离。

（8）氧气管道不应与可燃气体管道（不含乙炔）、油质管道、腐蚀性介质管道、电缆线同沟敷设，且氧气管道地沟不应与该类管线地沟相通。

（9）氧气（包括液氧）设备、管道、阀门上的法兰连接和螺纹连接处，应采用金属导线跨接，其跨接电阻应小于 0.03 Ω。架空氧气管道应在管道分岔处、与电力架空电缆的交叉处及进出装置或设施等处，应设置防雷、防静电接地措施；无分岔的管道每隔 800~1 000 m 也要设置防雷、防静电接地措施。

（10）氧气管道的连接应采用焊接，但与设备、阀门连接处可采用法兰或螺纹连接。螺纹连接处，应采用聚四氟乙烯薄膜作为填料，不应使用麻、棉丝或其他含油脂的材料。

（11）氧气管道的阀门应选用专门的氧气阀门。工作压力大于 0.1 MPa 的氧气管道，不应采用闸阀；公称压力大于或等于 1.0 MPa 且公称直径大于或等于 150 mm 的手动氧气阀门，宜选用带旁通的阀门。

（12）经常操作的公称压力大于或等于 1.0 MPa 且公称直径大于或等于 150 mm 的氧气阀门，宜采用气动遥控阀门。

（13）氧气管道的弯头、三通不应与阀门出口直接连接。调节阀组、干管阀门、供一个系统的支管阀门、车间入口阀门，其出口侧的管道宜有长度不小于 5 倍管道公称直径且不小于 1.5 m 的直管段。

（14）供切焊用的氧气支管与切焊工具或设备用软管连接时，供氧阀门及切断阀应设在用不燃烧体材料制作的保护箱内。

（15）当氧气调节阀组设置独立阀门室或防护墙时，手动阀门的阀杆宜伸出防护墙外操作。若不单独设置阀门室或防护墙时，氧气调节阀前后 8 倍调节阀公称直径的范围内，应采用铜合金（含铝铜合金除外）或镍基合金材质管道。

（16）氧气调节阀前应设置可定期清洗的过滤器。氧气过滤器壳体应用不锈钢或铜及铜合金，过滤器内件应用铜及铜合金。滤网除满足过滤功能外，还应有足够的强度以防滤网碎裂。滤网宜优先选用镍铜合金材质，其次为铜合金（含铝铜合金除外）材质，网孔尺寸宜为 0.16~0.25 mm（60~80 目）。

8. 其他重点区域、重点环节安全技能

（1）为防止触电事故发生，应选择合格的电气设备设施，规范安装，保证安全距离并应可靠接地，安装过压、过载、防触电、漏电保护设施，设明显警示标识，采取防雨、防潮保护措施。

（2）氧气压缩机、液氧泵、冷箱内设备、氧气及液氧储罐、氧气管道和阀门、与氧接触的仪表、工机具、检修氧气设备人员的防护用品等，不应被油脂污染。

（3）应定期化验空分装置液氧中的乙炔、碳氢化合物和油脂等有害杂质的含量：大、中型制氧机液氧中乙炔含量（体积百分比，下同）不应超过 10×10^{-7}，小型制氧机液氧中乙炔含量不应超过 1×10^{-6}，超过时应排放；大、中型制氧机液氧中碳氢化合物总含量不应超过 1×10^{-4}，超过时应排放。大型空分降膜式主冷应对氧化亚氮进行监控。

（4）当低温液体储罐出现外筒体大面积结霜时，应立即停用，并排液加温至常温，可靠切断储罐与外部连接的管道，进行查漏。

（5）作业区域应采取防高空坠落措施并设明显警示标识。

（6）工作现场应设置氧气浓度报警器和强制通风设施。

（7）为避免被液空、液氧、液氮、液氩等低温液体冻伤，相关设备及管道应设置保温层，现场作业人员应配备防冻伤劳动防护用品，采取可靠防护措施，现场应设明显警示标识。

（8）现场作业人员要佩戴好防噪声耳塞或耳罩等防护用品。

三、氢气生产安全技能

氢气生产的主要设备有：制氢转化炉、PSA 吸附塔、废热锅炉、电解槽、氢气收集室、气体分离室、氢气储罐、活塞式天然气压缩机、加氢脱硫反应器、氢气压缩机。

1. 氢气生产常见故障预防措施

（1）在室内的生产设备上方要安装氢气监测报警器，设置强制通风；

（2）加强电解槽小室电压的测量，防止极板被击穿；

（3）与生产无关的人员严禁进入生产区域，入口设置人体静电导除装置并按规定使用；

（4）定期对设备进行维护和检修，加强气体分析；

（5）操作区域内配置专用工具且由专人监管；

（6）缓慢操作放空阀，禁止高压向低压端倒流气。

2. 氢气着火爆炸防控措施

（1）氢气站内严禁烟火，制氢间内不准放置易燃易爆或油类物品，周围应设置明显的“严禁烟火”警示标识。不准穿带钉鞋和化纤或其他产生静电的衣、帽等进入生产、使用氢气的现场。氢气站内严禁使用非防爆通信设备，严禁使用明火和电热散热器取暖。

（2）氢气站、供氢站应按有关规定划分为第一类或第二类防雷建筑，其防雷设施应防直击雷、防雷电感应和防雷电波侵入。氢气站、供氢站内的设备、管道、构架、电缆金属外皮、钢屋架和突出屋面的放空管、风管等应接到防雷电感应接地装置上，管道法兰、阀门等连接处应采用金属线跨接。

（3）氢气站内所有电器必须符合《爆炸危险环境电力装置设计规范》（GB 50058）的有关规定，并应有良好的绝缘保护。

（4）每天应至少测量一次电解槽的极间电压并应符合有关规定。电解槽运行时，严禁用导体材料制作的工具直接接触电解槽或其他电气设备，周围地面应铺设绝缘胶板。

（5）制氢设备、管道、容器上的安全水封及阻火器等安全装置，应完好、灵敏、可靠，并应定期检查。氢气洗涤器出口以及湿式氢气储罐出口和进口等均应设置水封。

（6）应采用灵敏、可靠的自动控制系统，保持氢氧分离器及洗涤器的压力平衡，最大压差不应超过规定值。

（7）制氢系统开车前，必须用氮气置换系统内的空气，并经化验合格，认真检查电极的接线是否正确，对地电阻应大于 1 MΩ。

（8）对重要运行参数的监控，宜设置报警、停车联锁保护装置。操作人员应执行巡回检查制度，发现异常情况应及时处理。

（9）宜设置氧中氢含量和氢中氧含量在线检测装置。当未设置在线检测装置时，应每小时分析一次氢气、氧气纯度，保证氢气纯度和氧气纯度均不低于 99.5%。当氢气纯度小于 98%时应采取措施，处理不好，应立即停止运行，排除故障后方可重新投入运行。

（10）氢气管道宜架空敷设，应在管道低点处设排水装置，在管道最高点处应设放散管，并在管口处设阻火器。

（11）严禁氢气管道穿过不使用氢气的房间。氢气管道安装后，应进行压力试验、气密性试验和泄漏量试验，试验介质和试验压力应符合《氢气站设计规范》（GB 50177）的有关规定。

（12）新安装和停产检修后再投入生产的氢气管道吹扫处理后，方可投入使用。送氢气前应先用纯氮气吹扫管道、容器内的空气，再用氢气置换氮气后，方可投入正常生产运行。

（13）氢气管道及储罐的接地应良好，法兰连接应设导体跨接，其跨接电阻不大于 0.03 Ω。

（14）使用氢气时，严禁与空气、氧气等气体混合，否则会形成爆炸性气体。

（15）氢气所用的仪表及阀门等零部件的密封必须良好，并定期检查，发现漏点应及时处理。

（16）室内氢气易泄漏和积聚处，应设置浓度报警装置。

（17）氢气系统应设氮气置换吹扫接头，使用时用软管与氮气管道连接，用毕拆除。

（18）接触氢气的阀门不应采用铜及其合金材料。

3. 锅炉爆炸防控措施

（1）防超压措施。合理设置、定期调校、正确维护安全阀、压力表、水位表。

（2）合理设置、监视、维修、冲洗水位表，防止缺水，防止结垢和异物、油脂进入锅筒。

（3）防腐蚀措施。水质指标应符合国家有关技术法规、标准，加强维修保养。

（4）防槽裂措施。防止骤冷骤热，减少交变应力，检查易起槽部位，及时修理。

（5）防水击措施。注意汽水系统的疏水，保持水位稳定，确保无水位异常情况。

（6）加强设计审查、制造监检和修理、改造的审批工作，消除事故隐患。

4. 天然气燃烧和爆炸防控措施

（1）在天然气设备设施上抽堵盲板、动火作业，必须办理审批手续；

（2）进行天然气设备设施的检修作业前必须进行检测，合格后方可作业；

（3）对新建、改建、扩建或大修后的天然气设备在投产前必须进行气密性试验，合格后方可投产；

（4）定期对天然气场所进行天然气含量检测，发现超标及时处理。

5. 硫化氢爆炸及中毒防控措施

（1）进行涉及硫化氢的作业时，需佩戴防毒面具，有专人监护；

（2）需要进入设备、容器进行检修作业时，需经过吹扫、置换、卡盲板、采样分析合格后方可进行作业；

（3）涉及硫化氢的作业场所应安装固定式硫化氢检测报警器；

（4）对有硫化氢泄漏的地方要加强通风，防止硫化氢积聚。

四、气瓶充装安全技能

气瓶充装过程中，易发生火灾爆炸、中毒窒息等事故，应做好以下措施：

（1）气瓶充装的整体工艺布置应符合《气瓶充装站安全技术条件》（GB 27550）的规定。

（2）不同介质充装时所用的设备、管道和阀件的材料应与充装介质特性不相容。

（3）特种设备管理和作业人员应当持有特种设备作业人员证。

（4）操作人员应穿戴好相应劳动防护用品。

（5）充装站内要有足够的供电和照明设施。电源应便于操作人员开停设备，并应设置紧急停车按钮。电源应采用防爆设计，严禁裸露和乱拉临时电源线。

（6）设备间、充装间、空实气瓶库要有气体泄漏和含氧量检测的报警装置并确保灵敏可靠。充装介质的密度小于空气时，充装站排气泄压设施应设在建筑物顶部；充装介质的密度大于或等于空气时，充装站的排气泄压设施应设立在建筑物靠近地面的位置上。通风装置应与报警系统联锁，每 2 h 启动一次，防止惰性气体积聚导致浓度超标，最终造成窒息事故发生，也要防止易燃易爆气体浓度升高达到爆炸极限。

（7）检修氮气、氩气设备、容器、管道时，需先用空气置换，缺氧危险场所在作业时必须关闭氮气、氩气及窒息气体的阀门或加装盲板，严禁封闭作业。作业时要控制、检测空气中的氧含量，并应有专人看护。

（8）液氮、液氩及窒息性气体作业场所不可设置在低凹处，应保证通风良好，在不易通风的场所作业时应使用空气呼吸器，严禁使用过滤式面罩、口罩等，并应配备抢救器具、隔离式呼吸保护器具等。

（9）充装站应设置符合安全技术要求的通风遮阳设施，建筑物、设备、管道、汇流排等要有良好的防雷和静电接地设施并定期检测，充装可燃气体的设备及电器应符合相应防爆等级的要求。

（10）液氧是强氧化剂，氧及液氧储罐场所应远离油、脂、沥青、煤油、油漆、木材及各种可燃物；液氧储罐场所应有足够的水源用于灭火、去污；液氧储罐场所槽车出入通道应宽敞并有足够照明。

（11）禁止携带手机和一切可能产生明火、火花的器具进入充装易燃易爆气体的工作现场。

（12）气瓶充装前、中、后要逐只进行检查，液化气体还要逐只进行复称，严禁超装，发现超装要立即将多余介质导出。

（13）充装过程中发现气瓶或充装连接管路有泄漏时，严禁带压紧固，应先关闭汇流排阀门，再关闭气瓶阀门，充装完毕待压力卸净后再检查处理。充装汇流排加压并已开始向气瓶充装后，严禁加入新的空瓶进行充装，避免造成绝热压缩。

（14）充装冷冻液化气体过程中，操作人员应远离放空口，避免造成冻伤。

（15）液化气体的充装量不得大于气瓶的公称容积与充装系数的乘积，充装完毕后气瓶内不得满液。充装计量衡器每次充装前要用砝码进行校正，衡器应设置气瓶超装时报警和自动切断气源的联锁装置。

（16）所有充装用的设备的转动部位都严禁在启动过程中进行擦拭，且应保证防护完好，避免伤人和杂物卷入。

第四章　金属冶炼安全技能

金属冶炼是指从矿石或其他原料中提取金属或金属化合物，并用各种加工方法制成具有一定性能的金属材料的过程和工艺。

金属冶炼包括黑色金属冶炼和有色金属冶炼：黑色金属冶炼又称钢铁冶炼，包括铁、钢及铁合金（如锰铁、铬铁）的生产；有色金属冶炼是指各种有色金属（如铝、铜、铅、锌等）的生产。

金属冶炼生产方法有火法冶金、湿法冶金和电冶金三种。其中，火法冶金是指矿石（或精矿）经预备处理、熔炼和精炼等，在高温下发生一系列物理化学变化，使其中的金属和杂质分开，获得较纯金属的过程；湿法冶金是指在低温下（一般低于 100 ℃），用溶剂处理矿石或精矿，使所要提取的金属溶解于溶液中，而其他杂质不溶解，通过液固分离等制得含金属的净化液，然后再从净化液中将金属提取和分离出来的过程；电冶金是利用电能提取和精炼金属的方法，根据利用电能效应的不同又分为电热冶金和电化冶金。金属冶炼生产过程涉及检修作业、有限空间作业、动火作业、吊装作业、抽堵盲板作业、高处作业、动土作业、断路作业等危险作业，容易引发中毒窒息、火灾、爆炸、灼烫、高处坠落、触电、起重伤害、机械伤害等事故，还容易引发尘肺病、噪声聋、职业性肿瘤等职业病。因此，金属冶炼从业人员必须了解作业环境中的危险有害因素，熟悉本质安全要求，掌握安全操作技能，提升事故应急处置能力，有效防范和遏制各类生产安全事故的发生。

第一节　炼铁安全技能

炼铁是指从铁矿石中将铁还原出来，并熔化成生铁的过程，生产设备包括高炉本体、供装料系统、富氧鼓（送）风系统、荒煤气系统、煤粉（燃料）喷吹系统、渣铁处理系统、辅助系统等。高炉炼铁是现代炼铁的主要方法，生产过程中容易引发爆炸、煤气中毒、灼烫烧伤、高空坠物等事故。因此，必须认真采取有效措施，制定应急预案，防止事故发生。

本节重点：了解炼铁生产过程中的危险有害因素，熟悉本质安全要求，掌握安全操作技能，提升事故应急处置能力。

一、高炉本体系统安全技能

1. 炉基出现不均匀沉降时的防控措施

（1）当不均匀沉降现象出现、炉基混凝土炉壳开裂导致煤气泄漏时，首先要对炉基区域进行警戒警示，禁止非作业人员进入；

（2）应急处置人员必须按进入煤气区域抢险救护的防护要求佩戴好个人防护用品和检测仪器，尽快组织休风、采取清缝二次浇灌和炉壳焊补加固等补救性控制措施；

（3）高炉恢复生产后，当补救性措施不生效，出现炉基、炉壳再次开裂并有加大迹象，同时出现炉料偏行、炉况失控的现象时，应立即休风停炉，进一步诊断并采取补救措施或者拆除重建。

2. 炉基耐热基墩大幅上涨顶破煤气密封板导致大范围煤气中毒事故的防控措施

出现炉基耐热基墩大幅上涨顶破煤气密封板导致大范围煤气中毒事故时，应紧急休风停炉，撤离煤气区域人员。

3. 炉基区域煤气渗漏造成煤气中毒事故的防控措施

（1）本质安全要求。应按规定在通往炉基的通道设立煤气危害的警示标识，禁止无关人员进入该区域。

（2）安全操作技能

1）落实炉壳和冷却装置（炉底水冷管、炉缸冷却壁）套管的点检制度，发现渗漏点可先用明火烧掉渗漏的煤气，然后利用休风机会安排对渗漏点进行焊补；

2）铁口泄漏的煤气应采用常明火烧掉，尽可能杜绝炉基煤气渗漏和铁口下窜煤气；

3）进入炉基作业的人员必须按照煤气区域作业的个体防护要求佩戴防护用品和检测

仪器，并禁止单独作业；

4）编制炼铁工序煤气泄漏（中毒、火灾、爆炸）事故应急救援预案；

5）当发生煤气中毒事故时，应马上将人员撤离煤气区域，安置在空气清新且通风的场地，利用高炉主控室救助装置现场急救，同时通知调度室和厂区卫生所到现场救护；

6）现场救护人员进入煤气区域必须佩戴好空气呼吸器，确保自身安全，防止事故扩大、升级；

7）出现多人中毒时，应启动煤气泄漏（中毒）事故应急救援预案。

4. 炉底水冷管冷却强度不够，炉基温度升高导致炉底烧穿爆炸事故的防控措施

（1）落实炉底水冷管点检和维护制度，做好点检和清洗维护记录，发现水压、进出口水温差变化时，要及时向高炉主控室报告；

（2）加强炉基温度连续自动检测系统的检查、维护，保证炉内监控画面监测显示值准确无误；

（3）加强炉基周边维护，保持清洁、干燥和良好的照明，定期对炉基排水槽进行清理，保持畅通无积水；

（4）密切关注炉基是否出现裂缝、冒气、冒火等情况，并做好记录，发现问题要及时报告，并及时休风安排处理；

（5）编制炉底水温差及热流强度控制处理处置方案；

（6）出现炉底温度监测值超出设计值（确认不是检测系统失真）时，值班工长应经常检查炉底各测点变化，并每班记录各测点的温度值；

（7）值班看水工应根据高炉需要及时测量炉底水温差，并做好记录；

（8）炉长每周必须检查炉缸、炉底一次，重点关注炉基冒火、基础裂缝、炉皮温度等，并做好记录；

（9）当发现渣铁量显著减少，同时炉基冒火和基础裂缝发展时，应及时查明原因，并果断采取措施处理；

（10）编制炉缸、炉底烧穿事故的专项应急预案。

5. 冶炼中液态渣铁遇水产生爆炸事故的防控措施

（1）加强缺陷风口、直吹管的监视检查，尽快安排休风更换，避免或减少风口、直吹管烧穿事故。按照规范要求，将风口平台建成内高外低的坡面平台，并砌筑耐火砖，将炉身炉壳和风口、直吹管的喷淋水引流外排。小型高炉的排水箱箱体应升高或移位，这样即便发生风口、直吹管烧穿事故，也不会导致爆炸。

（2）看水工应提高对风口套破损征兆的判断能力，强化风口套破损的处置技能，根据实际情况适量减水，力求做到不凝铁、不烧穿、不向炉内大量进水。这样不仅避免了破损风口处大量进水引起的爆炸事故，也避免或减少了金属软管爆炸和风口烧穿的可能性。

（3）加强炉缸、炉底冷却系统和自动测温设备设施的检查、维护，保持其完好状态。出现炉底温度升高，看水工和炉内操作人员必须按炉底、炉缸烧穿事故预防与处理的处置方案进行操作控制，尽量避免炉底、炉缸烧穿事故的发生。高炉炉基排水槽应定期维护清理，使其始终保持畅通无积水，定期对炉基周边环境清扫、维护以保持干燥。

（4）实行点检定修制。对风口套、渣口、直吹管按规定定期更换，通过控制风口套、渣口磨损、烧穿等设备事故，来避免液态渣铁落地导致风口平台的爆炸事故。

（5）制定风口套破损征兆的判断与处理操作规程，指导看水岗位人员实际操作，防止出现风口烧穿时冷却水大量进入炉内引起局部爆炸和闭水量不适宜而导致金属软管爆炸的事故。

（6）落实对高炉冷却设备和冷却管网系统的检查和清洗制度，对冷却系统定期清洗，保持系统各区段的水压、水量始终满足设计要求，以完好的冷却设备和适宜的冷却强度来实现炉衬、炉壳的完好，从而有效预防炉缸、炉底烧穿引起爆炸事故的发生。

6. 煤气中毒事故的防控措施

（1）本质安全要求。按照《工业企业煤气安全规程》（GB 6222）的要求，在高炉平台（特别是作业人员集中的平台）设置固定式一氧化碳检测器，并应在中控室集中显示。同时，在主要通道口设置当前一氧化碳检测值公告栏；高炉中控室应备有应急用的空气呼吸器；有高炉煤气危险区域作业的登记和监护管理制度；高炉应编制有煤气中毒事故应急预案，以备在发生事故时启动响应；炼铁厂区应设置医疗卫生站以备应急救援。

（2）安全操作技能

1）查水人员煤气中毒的控制。一是要配备长管式呼吸器，解决佩戴后查水作业间距受限问题；二是在查水平台安装轴流式风机，通过强制性通风来降低一氧化碳浓度和改善炉身作业环境；三是安全管理人员现场监护，发现险情果断组织撤离。

2）不论是在正常生产还是休风条件下，进入炉顶、炉身作业必须配备便携式一氧化碳检测报警器，并备好空气呼吸器，当炉顶个别作业人员出现煤气中毒晕倒的情况，现场指挥人员应立即派人佩戴好空气呼吸器，迅速将中毒人员和其他人员撤离煤气区，并通知厂内卫生站到现场抢救。

3）为了避免检修单位夜间可能发生的集体中毒事故，应在施工前有效切断气源，特别是炉内来源；施工单位应派人看好料面煤气明火情况，发现熄火马上通知产权单位，同时应有在线作业人员监护；施工单位在各个作业点必须配备便携式一氧化碳检测报警器。

4）炉台作业人员煤气中毒的控制措施，主要是按规范完善出铁场固定式一氧化碳报警装置；高炉工长或炉长在班前应向全体职工通报炉基煤气泄漏的情况，正常生产和休风时，若未处理煤气就进行炉顶设备检修作业，应有煤气专业人员现场指导，出现危险时应确保作业人员知道撤离线路和方向。

5）无论休风时炉顶是否吹扫煤气，进入受料斗或料罐作业前必须关闭眼镜阀和料罐均压煤气、氮气阀门，并确保有效切断煤气来源。

6）加强对炉壳所有设备安装孔点的安装、焊接质量的检查，避免或减少孔点的渗漏和泄漏。高炉生产过程中应加强对炉壳的点检，并利用休风机会，组织对漏点的焊补，从而减少漏点、降低炉体各层平台煤气浓度。

7）凡进入煤气区域作业，必须将呼吸器带入现场，以备在作业中出现煤气浓度升高或作业人员中毒时急用。

8）定期对职工进行煤气中毒应急救援知识和现场急救常识的教育培训和演练，以避免因现场误判和处置不当而扩大事故。

7. 高炉本体灼烫、烧伤事故的防控措施

（1）各岗位人员必须正确穿戴好个人防护用品。

（2）炉体设备事故易导致灼、烫、烧伤。为避免或减少这种伤害，一是必须加强高炉操作管理，保证长期稳定的炉况，减少炉况失常处理时所采用的一些手段给炉体内衬带来的侵蚀、破坏；强化炉体冷却设备的检查、维护、清洗，保持炉体各段冷却强度达到设计要求；保持炉体的完好，可以有效避免各类设备烧穿事故，从而有效控制人身伤

害。二是在出现烧穿迹象或烧穿点位较小的情况下，应采取减风降压和打水控制的手段，控制事故的扩大；三是在高炉正常生产期间，应严格控制非岗位人员进入风口平台、炉基和铁口、渣口区域。四是夜间应关注炉体中上部是否有发红迹象，因为炉壳烧穿有个发展过程，只要早期发现发红迹象并得到有效控制，就可避免炉壳开裂或烧穿喷射出的火红炉料和高温气流给人带来的灼烫、烧伤事故。

（3）站位不当造成的灼烫、烧伤。控制这种伤害主要有两个措施：一是作业人员应熟练掌握本岗位各类非正常状况下的处理方法，明确自己在作业中应处的安全位置，实现自我保护；二是落实安全互保制度，作业人员之间相互协作、相互帮助、相互监护，从而避免站位不当而造成的伤害。

（4）对违章指挥、违章作业而酿成的灼烫、烧伤事故的控制，主要靠各级管理者和职工在作业现场有识别违章行为和制止违章行为的能力，只有在违章行为还在萌芽状态得到制止，才能有效避免违章作业。

（5）企业对各工种、岗位及特殊性作业都应有较完善的劳动防护用品的配置标准，并根据作业现场的实际需要，及时地修订发放标准来满足防护需求。定期组织不同工种、岗位职工进行个人防护用品和特殊情况下防护用品的正确使用方法和防护知识的培训。消除因防护用品配置不足、使用不当而发生灼烫、烧伤事故。

（6）为了防止或减少炉体设备事故（如风口、炉底、炉缸、铁口、渣口和炉壳烧穿等）发生后造成较大的灼烫、烧伤事故，一是需要企业对高炉炉体可能发生的各类设备事故都制定事故应急预案，预案中不仅要有设备的操作方法、减轻损失的技术措施，还应有逃生方法、人身伤害的救援措施；二是确保职工熟练掌握炉体出现各类事故时本岗位的职责和自我保护方法，事故发生后，按处置方案进行有序救援；三是保证所有参加事故救援的人员，在进入现场前必须配备必要的劳动防护用品，并按规定进行安全交底。

（7）避免站位不当而造成的灼烫、烧伤的防护与应急措施：一是穿戴好劳动防护用品，避免人体与高温物体直接接触，做好自我防护；二是当高温物体或明火引燃衣物时，应果断脱掉着火的衣物，阻断火源，避免造成人体伤害，实现自救；三是互保人员要充分利用现场的水管协助灭火，把伤害降到最低程度。

（8）违章指挥、违章作业酿成的灼烫、烧伤事故的预防与应急措施：一是企业应建立健全完善的反“三违”管理制度并严格执行；二是现场各级指挥作业的领导者和作业人员要熟悉自己管辖和作业范围内各种设备，熟知安全技术规程及管理规定；三是要根据生产工艺、设备设施的变化不断完善“三大规程”和各项管理制度，企业内部要全方位做到有章可循。

8. 高炉大、中修期间高处坠物伤人事故的防控措施

（1）控制大钟坠落造成人员伤亡的措施。在大钟吊装之前，先将两根钢梁穿入炉体锥台并水平固定，把大钟牢靠地放置在钢梁上，再组织安装、调试，不应利用焊接或吊钩悬挂大钟，检修完毕，确认炉内人员全部撤离后，方可将大钟从防护梁上移开。

（2）炉顶施工工具和边角废料坠入炉缸造成伤害事故的控制措施

1）要求所有施工单位施工完毕，“三清”（即现场清整、物料清楚、操作面清洁）退场。

2）在挖炉缸和装枕木作业前，安全主管部门到现场对可能造成高处坠物部位进行安全检查确认后，尽可能用钢板网封盖固定。

3）无钟式炉顶高炉检修，凡有人进入炉缸作业，眼镜阀必须保持关闭状态，并做好以下安全事项：

①作业期间派专人到炉顶守护，不让任何人进入炉顶作业，防止人为因素导致物体坠落造成伤害；

②开、停炉期间，厂区医疗机构应派专人现场守护，以备事故应急；

③进入炉缸内作业，必须拆除足够数量的风口二套，确保在发生事故时，作业人员能就近逃生，救援人员有更多的救援通道。

二、供装料系统安全技能

供料设备中的带式输送机是原燃料转运的主要方式，在运行中常出现对人体的绞伤、挤压事故，在检修中常出现头、尾轮击伤、夹击等事故。卸料小车也常出现人员被撞伤、挤伤和走行轮压伤事故，矿、焦槽易出现坍塌事故，更为严重的是带式输送机通廊、栈桥屋面垮塌、栈桥吊装孔物体坠落等事故。

1. 卸料小车对人体伤害事故的防控措施

（1）本质安全要求。小车两端安装声光报警装置与小车行走联锁，小车轮外侧应设

防护罩、两端应设扫轨板，现场操作箱应有与车体一体化的操作平台。

(2) 安全操作技能

1) 定期停机对通道撒料进行清扫，避免作业人员滑倒。清扫过程中要防止被卸料小车碰撞、挤压造成伤害。

2) 槽内、槽面和输送带清扫作业必须在停机状态下进行，同时，作业人员必须办理停电手续，取得带式输送机和卸料小车设备操作牌方可作业。

3) 岗位操作人员停、送电前必须确认操作牌是否在手，启动带式输送机和卸料小车前应用现场广播告知和警铃提示后，再启动运转设备。

4) 焦、矿槽卸料、看槽存实现自动远程控制，减少现场操作作业；当需要现场操作卸料小车时，操作人员应站立在现场操作箱的固定操作平台上作业，避免意外伤害。

5) 岗位人员应加强对卸料小车的转动防护和声光报警设施及联锁控制设备的检查，发现故障及时排除，以保持安全防护装置的完好与有效性。

6) 出现卸料小车碾压伤害事故时，应果断停机。

2. 料车上料设备对人体伤害事故的防控措施

(1) 料车卷扬机的卷筒两侧应安装活动护栏，料车牵引钢丝绳出墙一侧端头应设“严禁通行”的警示标牌。岗位和专检人员检查时应与转动设备保持一定距离，以确保人体不受伤害。

(2) 进入料坑检查料车和中间焦矿闸门时，必须保证料坑照明完好，并随身携带强光电筒辅助照明，找准安全站位，避免被大料车挤压伤害。

(3) 按规范将斜桥底部采用钢板封闭，避免炉顶杂物或料车撒出的块料滚落砸伤路过斜桥下方的行人。

(4) 料车衬板与料车钢丝绳不应安排同步检修作业，若抢时间需要同步作业，检修单位应派专人负责拿料车卷扬机操作牌进行现场协调，避免出现料车轮对伤害正在检修的人员，或出现将料车内作业人员倒入炉顶受料斗的伤害事故。

(5) 料车卷扬机的安全保护装置，包括超速和低速保护、钢丝绳松弛保护、过负载保护，只有加强维护，保持安全保护装置的完好，才能避免料车脱轨、料车钢丝绳拉断、料车摔落等事故发生。

(6) 加强现场警示，防护装置应完整、完好、有效，发现缺损，及时修复完善，避免因警示、防护装置的缺失而造成人员伤亡。

（7）在料坑安装良好的通风除尘设施，改善料坑的作业环境，增强能见度，从而避免料车对作业人员造成伤害。

（8）进入料坑进行料车、闸门检查，必须两人以上，检查人员必须熟悉料车与闸门的联锁控制系统，当同行人员被料车伤害时，应果断断开接点，停止料车运行，避免二次伤害或扩大事故。

（9）出现料车碾压伤害事故时，除果断停机，组织人员抢救外，还应注意伤员如有断落的肢体，应及时找回并送医院进行再植手术，以降低受害人最终的伤残程度。

3. 钟式炉顶设备对人体伤害事故的防控措施

（1）为保证水银压差计工作正常，必须做到压差计不漏煤气、水银接点动作灵活、压力调整适当、每班放水一次。当均压继电器失灵影响大小钟动作时，必须查明不均压的原因，待压力表证实均压后，才能短接均压电气线路，开闭大小钟。只有这样，才能避免大小钟拉杆弯曲、折断以及大小钟脱落掉入炉内的事故。

（2）因大小钟严重磨损而泄漏煤气，且高炉小中修周期未到时，为消除或降低炉顶煤气的危害，必须休风并采取焊补和接触面打磨等补救措施，对漏洞进行修复，以控制煤气泄漏量来避免或减少炉顶点检、维护作业人员煤气中毒事故的发生。同时，到炉顶作业的人员必须按煤气区域作业的防护要求，做好自我防护。

（3）高炉短期休风不处理炉顶煤气的条件下，进行更换受料斗衬板或大钟拉杆保护套作业时，必须佩戴空气呼吸器，严禁动火作业。如果压料高度不便于直接作业，还应佩戴安全带和软梯。禁止使用铁锤敲击衬板和钢制保护套，避免产生火花引起煤气爆燃和造成人员摔伤。

（4）大小钟及其漏斗焊补作业应在处理完荒煤气、点火、锥台压料通风降温后进行。应做到在锥台人孔安装轴流式风机、在大小钟和漏斗表面垫石棉板隔热、在炉顶大平台搭建作业人员休息工棚，配备便携式一氧化碳检测报警器并定时取样化验，大平台工棚处配备空气呼吸器，有煤气专业人员在工棚值班，备清凉饮料和茶水等物资。同时还应配备隔热服、防护手套、护目镜、绝缘鞋等个体防护用品。作业应采取分批限时更替方法，从而避免料面煤气及火苗，钟、斗体残留的炽热高温、电弧光、烟尘、打磨粉末、有限空间有害气体等给作业人员带来中毒窒息，灼烫、烧伤等人身伤害事故。

（5）在处理炉顶均压故障过程中，如果炉顶现场有人，不应以任何方式同时开启大小钟。

（6）休风处理炉顶煤气时，在炉顶料面煤气火未点燃之前，检修人员严禁进入炉顶区域，避免发生煤气中毒事故。

（7）进行大小钟焊补作业时，厂区卫生所应配备急救医生并带急救用品在炉顶工棚守护，便于出现意外时及时进行现场救护。

4. 无钟式炉顶工艺设备在生产检修中事故的防控措施

（1）并罐的活动小车漏斗出现堵塞时，在不休风的条件下进行疏通作业，必须佩戴空气呼吸器。

（2）凡进入料罐（不论并罐还是串罐）作业必须在休风条件下进行，进入料罐前必须关闭眼镜阀和均压阀（含氮气充压阀），同时将回压管水封，有效可靠地切断煤气、氮气来源；按照罐内气体置换程序进行置换、检测，合格后，方可进入作业。否则，应佩戴空气呼吸器作业，并严禁动火。

（3）选择串罐方式可以减少活动小车漏斗装置，避免小车漏斗堵塞进而避免疏通、小车油管渗漏处理等作业活动中出现的煤气中毒、着火事故。

（4）企业应制定无钟式炉顶设备检修安全作业标准，任何检修单位和个人必须严格执行炉顶设备检修安全作业标准，避免炉顶设备检修出现的各类事故。

（5）企业应制定煤气中毒、火灾、爆炸事故的应急预案，并做好预案的培训演练，当炉顶出现煤气中毒、着火、爆炸事故时，应立即响应，避免因救援不当而扩大事故。

三、富氧鼓风系统安全技能

1. 高炉富氧安全技能

（1）氧气管道及设备的设计、施工、生产、维护，应符合《深度冷冻法生产氧气及相关气体安全技术规程》（GB 16912）的规定；在氧气输入冷风管网之前，应设有氧气调压站（最好是露天高架平台），调节装置系统必须有逆止阀和快速自动切断阀，氧气调压站或露天高架平台必须设有两个门或楼梯通道，便于事故逃生。富氧系统及富氧量的调节应实现远程控制。

（2）富氧调压系统应设在通风部位，高炉送氧、停氧应事先通知富氧操作人员。若遇烧穿事故，立即关闭快速切断阀和流量调节阀，先停氧后减风；鼓风中氧气体积分数超过25%时，如发生热风炉漏风，高炉坐料及风口灌渣、返焦炭，应停止送氧，按照停氧程序进行停氧操作；突然停氧气时，立即关闭快速切断阀和流量调节阀，按照突然停氧的应急措施处理。

（3）富氧设备、管道及其附件等须由不锈钢材质制成，工作人员（操作、点检、检修人员）使用的工具、防护用品，不应有油污；使用的工具还应镀铜、脱脂；检修时应穿戴防静电衣物；富氧设备周围不应动火；氧气管道所属阀门、仪表和调节机构应有专人定期检查和维护。

（4）氧气阀门应隔离，不应沾油，检修富氧设备、管道动火前必须按规定制定动火方案，经主管部门现场审批后，办理动火工作票。动火前，应用干燥的氮气或无油的干燥空气置换，并取样化验，合格后经主管部门现场审核同意，方可动火。

（5）正常送氧时，氧气压力应比冷风压力大0.1 MPa，否则，立即停止供氧。

（6）在氧气管道中，干、湿氧气不应混送，也不应交替输送。

（7）检修后和长期停用的氧气管道，应经彻底检查、清扫，确认管内干净、无油脂、无锈屑，方可重新启用。

（8）进入充装氧气的设备、管道、容器内检修，应先切断气源，堵好盲板，进行空气置换后，检测氧气体积分数在19.5%~23%范围内，方可进行。

（9）编制详细的高炉富氧操作程序，包括送氧操作、长期停氧操作、停氧后的送氧操作和日常操作的操作指南，并确保操作人员熟练掌握。

（10）突然停氧的应急措施：

1）突然停氧后，立即通知厂调度；

2）逆止阀自动关闭，启动压力报警；

3）切断快速切断阀，操作人员通过控制系统关闭流量调节阀、压力调节阀；

4）关闭截止阀（1号、2号、4号），并在2号和4号截止阀前端堵盲板，可靠切断与氧气总管的联系；

5）中控操作人员调节风量、煤比、风温、湿度等，尽可能保证平稳地达到停富氧的条件；

6）查明原因并处理完故障后，可以重新送氧，送氧时应按照停氧后的送氧操作进行。

2. 热风炉冷风管煤气爆炸事故的防控措施

（1）停鼓风机或关闭鼓风机出口阀门之前，必须堵风口、卸风管，断绝高炉与冷风管的联系；

（2）在冷风管道无压力的情况下，始终将倒流阀开启，以便将炉缸的残余煤气抽走；

（3）在混风管道设水封，防止炉缸残余煤气窜入冷风管和风机内；

（4）在冷风大闸与风温调节阀之间加设温度监测报警和气（氮气）封；

（5）混风管道发生爆炸，应启动煤气（中毒、火灾、爆炸）事故应急预案，按预案组织救援。

3. 热风炉炉壳开放式爆炸事故的防控措施

（1）热风炉（特别是拱顶部位）炉壳，应明确使用年限，并定期更换；

（2）办公楼、休息室和浴室应远离热风炉；

（3）当发生爆炸事故时，除高炉休风外，应根据事故的大小，启动火灾、爆炸事故的应急预案，组织事故救援。

4. 热风炉工艺设备本质安全技能

（1）工艺设备的本质安全要求

1）热风炉及其管道内衬耐火砖、绝热材料、泥浆及其他不定型材料应符合设计要求，并符合国家的有关规定。

2）热风炉烟道应留有清扫和检查用的人孔，烟道系统还要有残氧监测；采用地下烟道时为防止烟道积水应配备水泵；各主要操作平台应设两条通道。

3）热风炉煤气总管应有符合《工业企业煤气安全规程》（GB 6222）要求的可靠隔断装置，煤气支管应有煤气低压快速切断阀；当燃烧器风机停止运转或助燃空气切断阀关闭或煤气压力过低时，该切断阀应具备自动切断煤气并发出警报的功能；煤气管道应有煤气流量检测及调节装置，管道最高处和燃烧阀与煤气切断阀之间应设煤气放散管。

4）热风炉管道及各种阀门应严密，热风炉与鼓风机站之间、热风炉各部位之间，应有必要的安全联锁。自动切换放风阀应设在冷风管道上，可在高炉中控室或泥炮操作室机旁进行操作，为监测放风情况，手动操作处应设有风压表。

5）热风炉应使用净煤气烘炉，净煤气含尘量应符合标准要求：顶压小于或等于 30 kPa 的高炉，净煤气含尘量小于 10 mg/m^3；顶压大于 30 kPa 的高炉，净煤气含尘量小于 5 mg/m^3。

6）经湿法除尘的煤气温度不应高于 35 ℃，饱和水体积分数不应大于 10%，机械水应通过净化系统和设置在热风炉附近煤气管道上的脱水器尽量排除和减少。

（2）热风炉操作过程的安全要求

热风炉的操作特点是燃烧和送风交替进行，每座高炉应至少有 2 座热风炉，大多数是 3 座或 4 座热风炉。热风炉的操作是否正确，直接关系到人身、设备的安全和炉体寿命能否保障，因此操作必须按顺序进行。

1）由燃烧转为送风的换炉操作程序：

①停止燃烧：关煤气调节阀→关煤气闸板→停止燃烧器鼓风机→关燃烧闸板→关烟道阀。

②送风：逐渐打开冷风小门→炉内灌满风后开热风阀→全开冷风阀。

2）由送风转为燃烧的换炉操作程序：

①停止送风：关冷风阀→关热风阀→开废气阀放净废风。

②烧炉：开烟道阀→关废气阀→开燃烧闸板→开煤气闸板→小开煤气调节阀点火燃烧，开动燃烧器鼓风机→调整煤气调节阀使煤气和空气的比例满足有关规定。

3）倒流休风热风炉操作程序：

①接到倒流休风信号后关送风炉的冷、热风阀并开废气阀。

②关倒流炉的煤气闸板和煤气调节阀。

③开倒流炉的热风阀进行煤气倒流后，将倒流完毕的信号发送给高炉。

4）倒流休风后的送风程序：

①接到高炉停止倒流转为送风的信号后，关倒流炉的热风阀。

②开送风炉的冷风阀和热风阀，同时关废气阀。

③给信号通知高炉复风后，开冷风大闸（混风保护阀）。

5）热风炉操作工安全要求：

①必须经煤气工岗位安全培训合格，取得煤气作业特种作业人员证。

②熟悉岗位所属设备的操作、维护规程，岗位技术操作和安全规程，明确岗位出现设备故障及发生事故时的应急处置方案。

③必须随身携带便携式一氧化碳检测报警器，实现自我保护。

（3）热风炉常见事故及处理注意事项

编制热风炉常见操作故障及处理、常见的主要设备故障及处理的处置方案，供岗位实际操作时遵照执行。

四、荒煤气系统安全技能

1. 炉顶放散阀及管道人孔火灾事故的防控措施

（1）高炉在常规长休风赶煤气点火的火灾预防与控制措施包括：休风前将干式除尘器中的瓦斯灰卸空，防止残存炽热的瓦斯灰；无钟式炉顶点火必须先打开炉喉人孔，再关闭蒸汽投入引火物；炉体内有冷却箱漏水时，休风后，先关闭漏水的冷却箱水源，再进行炉顶点火。

（2）高炉停炉降料面火灾事故的预防与控制措施包括：在降料面前进行一次小于 4 h 的休风检修，进行炉壳焊补防止空气进入，安装炉顶打水管，要求打水管的出水孔圆周径向均匀，雾化效果好，打水作业远程监控；降料面中，炉顶温度严格控制在 300～400 ℃之间，前期用炉顶打水控制，当炉内频繁出现爆震或煤气中氢气体积分数大于 10%，就不宜用加大炉顶打水量控制顶温，而应采用减风措施来控制炉顶温度，只要把炉顶温度严格控制在 400 ℃以内，停炉降料面的火灾事故就不会发生。

（3）高炉在常规长休风赶煤气点火炉顶火灾时，应关闭漏水阀门，切断漏水水源，料面火力很快就恢复正常。

（4）高炉停炉降料面火灾事故只能靠压料来实现。当出现此类情况，应组织上料灭火。

2. 重力除尘器事故的防控措施

（1）除尘器卸灰阀应定期更换，出现卸灰阀不能放灰应及时通知高炉安排休风。放瓦斯灰后尽快组织更换，避免延误形成瓦斯灰积压。

（2）高炉从操作上严格控制炉顶温度长时间偏高的情况。

（3）出现高炉被迫休风后，应开除尘器下部人孔放灰，同时应有煤气专业人员现场指导，安全管理人员现场监控，并选择远距离拉开人孔的方式，安排好作业人员的逃生通道，避免火灾后造成人员伤亡。

（4）从设计上在卸灰口增设旁通装置，当正常渠道发生故障时，采取用旁通放灰，避免积灰引发事故。

（5）在出现高温积灰并有火灾风险时，应进行强制放灰作业，并联系消防救援队及消防车现场待命，以防火灾后造成更大的财产损失或人员伤亡。

3. 荒煤气系统常见煤气中毒事故安全注意事项

（1）本质安全要求

1）除尘器的下部和上部，应至少各有一个直径不小于0.6 m的人孔，并应设置两个出入口相对的清灰平台，其中一个出入口应能通往高炉中控室或高炉炉台，以便自然通风和发生煤气泄漏时逃生；

2）除尘器应设置带旋塞的蒸汽或氮气管头，与相应的介质来源采用软连接，且不应堵塞或冻结。

（2）安全操作技能

1）除尘器和高炉煤气管道如有泄漏，应及时处理，必要时应作减风、降压或休风处理。

2）进入除尘器内作业时，应用氮气吹扫煤气，并采取强制通风措施，直至除尘器内残余气体中的一氧化碳和氧气浓度均符合安全要求，方可进入。作业期间炉顶放散应始终保持开启状态，系统煤气应保证有效隔断。

3）高炉重力除尘器荒煤气入口的切断装置应采用远距离操作，重力除尘器应设有安全放散阀。除尘器清灰和输灰，应采用能有效防止二次扬尘的装置，并采用电动开关，操作作业时应选择上风向站位。

4）高炉重力除尘器至少每天应清灰一次，清灰应经高炉工长同意。在高炉悬料、坐料，排风、休风时，未采取可靠的安全措施，禁止放灰作业。

5）在系统内进行的所有作业活动，都应随身携带一氧化碳检测报警器。

五、煤粉喷吹系统操作、检修作业安全技能

（1）为了防止煤的自燃，煤在储煤槽内储存时间一般要求如下：烟煤不超过 2 天，无烟煤不超过 4 天；喷吹罐、输煤罐停止输送煤粉时，无烟煤粉储存时间应不超过 12 h；烟煤粉储存时间应不超过 8 h，若罐内有氮气保护且罐内温度不高于 70 ℃，可适当延长，但不宜超过 12 h。

（2）煤场在车辆进出口处应安装声光报警器；煤场抓斗吊作业时，除应保持吊车本身的安全装置完好外，作业期间还应加强瞭望，保持车辆距离，防止撞击吊车和抓斗碰撞地面作业人员。

（3）干燥炉炉膛温度一般控制在 700～1 100 ℃，不应超过 1 200 ℃；点火作业应严格遵守危险性作业操作规程，防止误操作而导致煤气中毒和爆炸事故。

（4）磨煤机出口最高温度应严格控制，无烟煤只受设备允许使用温度的限制，其他煤种的磨煤机出口最高温度启动时不应超过 70 ℃，正常运转作业时不应超出 80 ℃；尾气中的氧气体积分数正常运转作业时不应超出 12%，非正常停车和重新启动时不应超过 8%，以此来控制煤粉爆炸。磨煤机检修作业前，必须做好系统氮气的隔断和机内通风吹扫置换，经检测氧含量达标后方可进行检修作业，防止窒息事故发生。

（5）煤粉仓及布袋除尘器出口混合气体中的氧气体积分数应不大于 12%（对于烟气自循环系统应不大于 14%）。

（6）氧煤喷枪投用时应先用氮气替代氧气，待喷吹正常后方可改为氧气，在停止喷吹拔枪前亦须先用氮气替代氧气。

（7）喷吹工在高炉全风操作时不允许进行插拔喷枪作业，否则必须具备可靠的安全设施或装置，同时穿戴特制的防火、防烫伤、防噪声劳动防护用品；选择在出铁时或出铁后进行，以便于出现意外时高炉可以及时采用应急处理措施，避免事故扩大；插拔喷枪作业，必须利用高炉休风并确认高炉倒流阀打开后方可进行作业，防止炉内煤气外溢、热气流伴随熔融渣铁喷出伤人。

（8）应按规范要求定期校验制粉、喷吹系统的压力、温度以及氧气与一氧化碳浓度在线监测仪器仪表；定期校验检查压力容器及附属设备，避免检测信息错误而造成各类事故。

（9）人员进入喷煤系统封闭或半封闭容器设备内，须经主管人批准，外部须有人监护，并制定急救措施。进入前应清除残粉，切断煤粉、氮气和高温气体的来源，通风换气使内部温度降低至40 ℃以下，确保氧气体积分数在19.5%~23%范围内，一氧化碳浓度在安全范围，以防窒息、中毒和其他事故发生。

（10）喷煤系统检修后进行负荷联动试车时，系统联锁、报警设施应灵敏，泄爆、抑爆设施应可靠，防爆灯具、通信设备、消防器材应齐全完好，并有事故应急处置预案。

六、渣铁处理系统安全技能

1. 铁口爆炸事故的防控措施

（1）加强铁口维护，每次开铁口前对铁口进行察看，看是否有水迹和常明煤气火的变化，只要有水，就必须用煤气火烤干后再出铁。

（2）在高炉新建和大修工程管理中，应加强炉墙砖衬砌筑施工质量监控，保证缝隙达标，避免生产时发生缝隙渗漏铁水现象。

（3）新建高炉工程，铁口区域捣料必须严实，烘炉应保证炉壳排气孔畅通，砖衬无蒸馏水积聚现象。

（4）加强对铁口的维护，每次拔炮后应在铁口眼中心抠出一个深50 mm以上的深窝，以防开口时钻头跑偏超出极限造成冷却壁破损向炉缸内漏水。炉前人员应严格控制铁口各阶段规定的标准角度，防止开铁口时超出铁口角度极限而造成铁水烧穿冷却壁和炉底大墙破损，从而避免铁口爆炸引起炉缸烧穿等重大事故的发生。

（5）一旦发现铁口有爆炸迹象，必须减风降压，马上堵铁口，检查原因并进行处理；若爆炸已经发生，按铁口爆炸处置方案处理；爆炸引起炉缸烧穿，按炉缸烧穿事故的应急预案组织处理。

2. 渣口爆炸事故的防控措施

（1）防止渣口爆炸，主要是避免小渣口严重带铁时继续放渣。当发现渣口破损又带铁，必须立即堵上渣口，待出铁完毕后更换坏渣口。对常坏渣口，要注意彻底清理渣口通道内部残铁，并放些食盐或暂停从该渣口放渣，以除去凝结物，以此来控制和减少渣口爆炸事故。

（2）如果发生渣口爆炸，可根据情况切断冷却水。当渣套被烧坏，炉渣会大量涌出，为避免喷焦，高炉应迅速减风降压，打开另一渣口放渣，然后组织出铁并进行休风处理。

（3）炉缸冻结和中修开炉期间的放渣，必须卸下小渣口或三套，并切实做好泥套，以免铁水烧坏引起爆炸。

3. 砂口爆炸事故的防控措施

新制作的砂口必须完全烘干后才能交付使用，必要时可适当延缓出铁时间来保证砂口干燥。

4. 煤气中毒事故的防控措施

（1）本质安全要求

1）在出铁场的不同方位装设固定式一氧化碳检测器，在摆动溜嘴和铁水罐烘烤点设置低压、熄火检测报警装置，实行连续监测报警提示；

2）在上炉台的主要通道口设置当前风向和各煤气监测点煤气浓度的公告牌。

（2）安全操作技能

1）将风口、渣口和铁口泄漏的煤气用明火烧掉，在风口平台和渣口、铁口作业区域安装适量的轴流式风机，加速空气流通，稀释空气中煤气浓度；

2）发现有人煤气中毒，应迅速将其撤离煤气区域，安置在空气清新且通风的环境中进行施救，所有作业人员撤离现场，查找原因并进行处理。

5. 高温辐射、灼烫伤和烧伤事故的防控措施

（1）本质安全要求。无除尘设施的高炉应按《炼铁安全规程》规定，设置符合规范的防护罩和渣铁沟过桥，避免冒烟、扬尘或人员滑入。

（2）安全操作技能

1）开铁口前要检查确认开口机、液压炮、摆动溜嘴等装置运行可靠，无故障。液压炮空顶泥时，炮口前端严禁站人，防止热泥喷出造成烧伤。

2）开铁口前检查确认渣铁罐对位是否准确，并且渣铁罐内应无积水、潮湿的炉渣和杂物。

3）开铁口过程中铁口对面严禁站人，炉前起重机吊运物品应远离铁口，严禁跨越主沟（含非出铁时段），预防喷溅物造成人员伤害或炉前起重机损毁事故。

4）开口机钻铁口至“红点”后要及时退回开口机，更换铁棍捅开铁口，尽量避免钻透铁口出现喷溅。

5）出现开口机钻不动，需要用大量氧气烧铁口时，要注意处理好吹氧管与软管的接头，杜绝漏气，开气人员要避免急开、急停氧气阀门，防止供气量忽大忽小烧伤人员。

6）出铁期间，渣铁沟收尘罩要盖好。铁口流铁正常后要注意观察主沟、撇渣器、沙坝和渣铁沟、摆动溜嘴的渣铁流动情况，及时清除大块物料，防止卡堵导致高温液态渣铁溢流，防止渣中带铁和大渣块进入水冲渣沟造成放炮、爆炸飞溅伤人。

7）使用的工具在接触液态铁水前，必须烘干，防止放炮。

8）出铁过程中禁止往渣铁沟内抛扔杂物，防止爆炸飞溅伤害。

9）从业人员在现场作业必须穿戴好劳动防护用品和专用个人防护用品。

第二节 炼钢安全技能

炼钢是指通过氧化反应脱硫、脱磷、脱碳、脱氧，去除有害气体和非金属夹杂物、升温、调整成分合金化的过程。简单地说，炼钢是通过氧化反应脱碳、升温、合金化的过程，是一个高温氧化的物理化学反应过程，其生产工艺由原材料准备、冶炼、浇注三部分组成，主要技术手段为供氧、造渣、升温、加脱氧剂和合金化操作。钢铁生产流程可分为高炉—转炉流程（长流程）和电炉流程（短流程）两大类。

炼钢生产过程中高温作业线长，设备种类多，起重作业和运输作业频繁，生产过程中容易引发钢水和熔渣喷溅与爆炸、氧枪回火燃烧爆炸、煤气中毒、机械伤害、起重伤害、高处坠落等事故。因此，必须认真采取有效措施，制定应急预案，防止事故发生。

本节重点：了解炼钢危险有害因素，熟悉本质安全要求，掌握安全操作技能，提升应急处置能力。

一、炼钢备料安全技能

1. 铁水储运及预处理安全技能

（1）本质安全要求

1）铁水预处理设施，应布置在地坪以上。若因条件限制采用坑式布置，则应采取防水、排水措施，保证坑内干燥。

2）铁水预处理粉料发送罐的设计、制造与使用，应严格执行压力容器的有关规定。

（2）安全操作技能

1）铁水运输应用专线，不应与其他交通工具混行。

2）向混铁炉兑铁水时，铁水罐口至混铁炉受铁口（槽）应保持一定距离；混铁炉不应超装，当铁水面距烧嘴达 0.4 m 时，不应继续兑入铁水；混铁炉出铁时，应发出声响信号；混铁炉在维修、炉顶有人或受铁水罐车未停到位时，不应倾动；当冷却水漏入混铁炉时，应待水蒸发完毕方可倾炉。

3）混铁车倒罐站倒罐时，应确保混铁车与受铁坑内铁水罐车准确对位；混铁车出铁量达到要求并倾回零位后，铁水罐车方可开往吊包工位。

4）混铁炉与倒罐站作业区地坪及受铁坑内，不应有水；凡受铁水辐射热及喷溅影响的建（构）筑物，均应采取防护措施。

5）起重机龙门钩挂重铁水罐时，应由专人检查是否挂牢，待核实后发出指令，起重机才能起吊；吊起的铁水罐在等待往转炉兑铁水期间，不应提前挂上倾翻铁水罐的小钩。

6）预脱硫的反应容器，宜选用转炉兑铁水罐。铁水罐内铁水面以上自由空间高度，采用喷吹法时不应小于 500 mm，采用机械搅拌法时不应小于 700 mm。

7）往炼钢炉兑铁水时，铁水罐不应压在转炉炉口或电炉受铁槽上，人员应位于安全区域。

8）采用碳化钙与镁粉作脱硫剂时，其储粉仓应采用氮气保护；泄压时排出的粉尘应回收；该区域应防水、防火。碳化钙仓库附近区域，应设乙炔检测和报警装置。

9）采用碳酸钠作脱硫粉剂时，应做好设备的防护，其粉尘中的碳酸钠应回收利用。

10）碳化钙与镁粉着火时，应采用干碾磨氮化物熔剂、石棉毡、干镁砂粉等灭火，不应使用水、四氯化碳、泡沫灭火器及河沙等灭火。

2. 废料分选及存放安全技能

（1）本质安全要求。废钢配料间与废钢堆场，应设置必要的纵向与横向贯通的人行安全走道。

（2）安全操作技能

1）废钢的外形尺寸和块度应保证能从炉口顺利加入转炉。废钢的长度应小于转炉口直径的1/2，单块废钢尺寸和质量应符合《废钢铁》（GB/T 4223）的有关规定。废钢中不得混有铁合金，严禁混入铜、锌、铅、锡等有色金属和橡胶，不得混有封闭器皿、爆炸物和易燃易爆品以及有毒物品。在签订废钢采购合同时，必须按国家有关规定，注明废钢的品种、规格及质量要求，明确不得在废钢中混入危爆物品和不明密闭容器等，从进料源头把好废钢的安全和质量关。

2）废钢进场后必须进行落地分选检查，清除废钢中的危爆物品、密闭容器、重金属等有毒有害物品。卸车后的废钢要进行分层分选，不得漏查。没有经过质量检查的废钢不准与已检查过的废钢混放在一起，已分选过的废钢要单独堆放并挂牌显示。从废钢中分选出的各种危爆物品、有色金属等，应统一管理，并做好原始记录和台账。废钢分选过程中对难以判断的物品，不得擅自处理，严禁切割、剪压。各种危爆物品未经鉴定不得随意拆卸、解体。

3）可能存在放射性危害的废钢，不应进厂。进厂的社会废钢，应进行分选，拣出有色金属件、易燃易爆品及有毒物品等；对密闭容器应进行切割处理；废武器和弹药应由相关专业部门严格鉴定，并进行妥善处置。

4）废钢应按来源、形态、成分等分类分堆存放，人工堆料时，地面以上料堆高度不应超过 1.5 m。

5）炼钢厂一般应设废钢配料间与废钢堆场，废钢配料作业直接在废钢堆场进行的，废钢堆场应部分带有房盖，以供雨、雪天配料。混有冰雪与积水的废钢，不应入炉。

6）废钢坑沿应高出地面 0.5~1.0 m，露天废钢坑应设集排水设施，地面废钢料堆应距运输轨道外侧 1.5 m 以上。

7）废钢配料间或废钢堆场进料火车线与横向废钢运输渡车线相交时，火车线入口应设允许进车的信号装置，当渡车在废钢区运行时，火车不应进入。

8）废钢装卸作业时，电磁盘或液压抓斗下不应有人，起重机的大车或小车启动、移动时，应发出蜂鸣或灯光警示信号，以警告地面人员注意避让附近的起重机。起重机司机室应视野良好，能清楚观察废钢装卸作业点与相邻起重机作业情况。

3. 铁合金存放和运输安全技能

（1）厂房要有屋盖，四周设雨搭。

（2）设计和修建渣料及磁性料、合金料存放间时，须有较好的防水层和排水沟，其水位应低于料坑底 800 mm。

（3）料槽（斗）底部要有足够数量的淌水孔，要用密闭容器运输和储存易于吸潮粉化的石灰等物料。

（4）不能满足上述要求的厂房条件，要尽量缩短储料周期。质量、密度大，易于吸收水分，能沉入钢液的铁合金（如锰铁、硅锰合金、钢铁等）和铁矿石，加入炉内（或罐内）容易发生物理爆炸，因此必须烘烤至红热后，每槽分 2~3 次加入炉内。

4. 非金属料存放和运输安全技能

（1）本质安全要求。地下料仓的受料口，应设置格栅板。

（2）安全操作技能

1）应根据入炉散状材料的特性与安全要求，确定其储存方法；入炉物料应保持干燥。

2）采用有轨运输时，轨道外侧距料堆应大于 1.5 m。

3）具有爆炸和自燃危险的物料，如碳化钙粉剂、镁粉、煤粉、直接还原铁等应储存于密闭储仓内，必要时用氮气保护；存放设施应按防爆要求设计，并禁火、禁水。

5. 铁水罐、钢水罐、中间罐、渣罐使用和检查安全技能

（1）本质安全要求

1）铁水罐、钢水罐、中间罐的壳体上应有排气孔；

2）罐体耳轴应位于罐体合成重心以上 0.2~0.4 m 的对称中心，其安全系数应不小于 8，并以 1.25 倍负荷进行重负荷试验，合格后方可使用；

3）铁水罐、钢水罐内的自由空间高度（液面至罐口），应满足工艺设计的要求。

（2）安全操作技能

1）应对使用中的设备的耳轴部位定期进行探伤检测，凡耳轴出现内裂纹、壳体焊缝

开裂、明显变形、耳轴磨损大于直径的10%、机械失灵、衬砖损坏超过规定等情况时，均应报修或报废。

2）铁水罐、钢水罐和中间罐修砌后，应保持干燥，并烘烤至规定温度后方可使用。

3）用于铁水预处理的铁水罐与用于炉外精炼的钢水罐，应经常维护罐口；罐口严重结壳时，应停止使用。

4）钢水罐需卧放在地坪时，应放在专用的钢包支座上；热修包应设作业防护屏；两罐位之间净空间距，应不小于2 m。

5）渣罐使用前应进行检查，罐内不应有水或潮湿的物料。

6）每次使用钢水罐滑动水口前，应进行清理、检查，并调试合格。

7）铁水罐、钢水罐内的铁水、钢水有凝盖时，不应用其他铁水罐、钢水罐压凝盖，也不应人工使用管状物撞击凝盖。有未凝结残留物的铁水、钢水罐，不应卧放。

8）吊运装有铁水、钢水、液渣的罐，应与邻近设备或建（构）筑物保持大于1.5 m的净空距离。

6. 铁水罐、钢水罐、中间罐烘烤器及其他烧嘴安全技能

（1）本质安全要求

1）烘烤器应装备完善的介质参数检测仪表与熄火检测仪。

2）采用煤气燃料时，应设置煤气低压报警及与煤气低压信号联锁的快速切断阀等防回火设施；应设置供设备维修时使用的吹扫煤气设施，煤气吹扫干净后方可修理设备。

（2）安全操作技能

1）采用氧气助燃时，氧气不应在燃烧器出口前与燃料混合，并应在操作控制上确保先点火后供氧（空气助燃时也应先点火后供风）；

2）烘烤器区域应悬挂“禁止烟火”“当心煤气中毒”等警示牌。

二、转炉炼钢安全技能

1. 转炉设备设施安全技能

（1）本质安全要求

1）转炉炼钢车间必须采用两路电源供电，关键工艺设备应设置失电事故驱动装置，

基础自动化和过程控制计算机系统必须设置应急电源。

2）转炉氧枪与副枪升降装置，应配备钢丝绳张力测定、钢丝绳断裂防坠、事故驱动等安全装置；各枪位停靠点应与转炉倾动、氧气开闭、冷却水流量和温度等联锁；当氧气压力小于规定值、冷却水流量低于规定值、出水温度超过规定值、进出水流量差大于规定值时，氧枪应自动升起，停止吹氧。转炉氧枪供水系统应设置电动或气动快速切断阀。

3）氧气阀门站至氧枪软管接头的氧气管，应采用不锈钢管，并应在软管接头前设置长 1.5 m 以上的铜管。氧气软管应采用不锈钢体，氧枪软管接头应有防脱落装置。

4）转炉传动机构应有足够的强度，能承受正常操作最大合成力矩；不大于 150 t 的转炉，按全正力矩设计，靠自重回复零位；150 t 以上的转炉，可采用正负力矩，但必须确保两路供电；若采用直流电机，应设置备用蓄电池组，以便断电时强制低速复位。

5）转炉工作平台至上层平台之间，应设置转炉围护结构。炉前后应设活动挡火门，以保护操作人员安全。

6）烟道上的氧枪孔与加料口，应设可靠的氮封。转炉炉子跨炉口以上的各层平台，应设一氧化碳检测与报警装置。

7）转炉余热锅炉与汽化冷却装置的设计、安装、运行和维护，应遵守国家有关锅炉压力容器的规定。

8）转炉炉下渣罐应能盛下 1~2 炉炉渣，渣量应按每吨钢 40~80 kg 确定。

（2）安全操作技能

1）150 t 以下的转炉，最大出钢量应不超过公称容量的 120%；200 t 以上的转炉，按定量法操作。

2）转炉的炉容比应合理。

3）转炉应采用 3~6 孔拉瓦尔型水冷氧枪，氧气在枪体内的最大设计流速不应超过 50 m/s，喷孔出口马赫数应为 1.8~2.1（脱磷转炉除外）。氧枪冷却水硬度不得超过 178 mg/L，悬浮物应小于 50 mg/L，冷却水出水温度不应超过 50 ℃（夏季）。

4）转炉宜采用铸铁盘管水冷炉口；若采用钢板焊接水箱形式的水冷炉口，应加强经常性检查，以防止焊缝漏水酿成爆炸事故。

5）人员不应在转炉炉子跨炉口以上的各层平台长时间停留，以防煤气中毒；确需长时间停留，应与有关方面协调，并采取可靠的安全措施。

2. 转炉炼钢生产操作安全技能

（1）炉前、炉后平台不应堆放障碍物。转炉炉帽、炉壳、溜渣板和炉下挡渣板、基础墙上黏附的炉渣，应经常清理，确保其厚度不超过 0.1 m。

（2）废钢配料应防止带入爆炸物、有毒物或密闭容器；废钢料高不应超过料槽上口；转炉留渣操作时，应采取措施防止喷渣。

（3）吊运重罐铁水之前应验证兑铁水用的起重机的制动器是否可靠；不应在兑铁水作业开始之前先挂上倾翻铁水罐的小钩；兑铁水时炉口不应上倾，人员应处于安全位置，以防铁水罐脱钩伤人。

（4）新炉、停炉进行维修后开炉及停吹 8 h 后的转炉，开始生产前均应按新炉开炉的要求进行准备；应认真检验各系统设备与联锁装置、仪表、介质参数是否符合工作要求，出现异常应及时处理。若需烘炉，应严格执行烘炉操作规程。

（5）新炉第一炉应为全铁水炼钢且不加废钢，烘炉的焦炭没有燃烧完，会影响化渣，应适量加入萤石帮助化渣，同时又要注意防止炉渣泡沫化过度而产生大喷溅。出钢前先检查出钢口，拉碳后快速组织出钢，新炉第一炉不回收煤气。

（6）炉下钢水罐车及渣车轨道区域（包括漏钢坑），不应有水和堆积物；转炉生产期间需到炉下区域作业时，应通知转炉控制室停止吹炼，并不得倾动转炉；无关人员不应在炉下通行或停留。

（7）转炉吹氧期间发生以下情况，应及时提枪停吹：氧枪冷却水流量、氧压低于规定值；出水温度高于规定值；氧枪漏水；水冷炉口、烟罩和加料溜槽口等水冷件漏水；停电。

（8）吹炼期间发现冷却水漏入炉内，应立即停吹，并切断漏水件的水源；转炉应停在原始位置不动，待确认漏入的冷却水完全蒸发后，方可动炉。

（9）转炉修炉停炉时，各传动系统应断电，氧气、煤气、氮气管道应堵盲板隔离，煤气、重油管道应用蒸汽（或氮气）吹扫；更换吹氧管时，应预先检查氧气管道，如有油污，应清洗并脱脂干净方可使用。

（10）安装转炉小炉底时，接缝处泥料应铺垫均匀，炉底车顶紧力应足够，均匀挤出接缝处泥料；应认真检查接缝质量是否可靠，否则应予处理。

(11) 倾动转炉时，操作人员应检查确认各相关系统与设备正常，并遵守下列规定：

1）倒炉测温取样时，不应快速摇炉；

2）倾动机械出现故障时，不应强行摇炉。

(12) 倒炉测温取样和出钢时，人员应避免正对炉口；采用氧气烧出钢口时，手不应握在胶管接口处。

3. 转炉区域事故应急处置措施

(1) 氧枪、烟道、烟罩、炉口等处漏水，造成炉内积水的应急处置措施

1）在吹炼过程中，若操枪工发现火焰异常怀疑炉内进水，要提枪停吹，立即通知班长，当确认炉内有积水后，严禁动炉，并切断转炉操作电源，关闭快速切断高压水阀门，操枪工要在操作台前进行监护。班长通知点检人员确认和关闭高、中压水阀门，组织当班炉前工将转炉周围所有人员撤离至安全位置，无关人员严禁进入转炉区域，直至恢复正常生产。

2）炉内积水的确认。初步确认由班长和摇炉工到氮封口共同确认（操枪工不能离开工作台）；若确认无水，由班长先向炉后点动摇炉，若无异常，向炉前摇炉并对炉内状况进行再次确认，仍无异常后方可正常冶炼；如不能确认，班长应立即通知值班调度，由值班调度通知作业长和点检人员到现场，共同确认；经共同确认无水，由调度下达继续冶炼指令，班长先向后点动摇炉，无异常后开始正常冶炼；若有积水则由调度通知电工给转炉停电，停电后电工原地值班监护，调度同时通知生产厂长、安全员及相关负责人到现场，组织处理炉内积水事故。

3）炉内积水的处理。应由生产厂长、安全员及相关负责人和转炉作业区长组织指定人员查看炉内积水情况，未查明情况前严禁动炉，待炉内积水自然蒸发完后，由指定人员（两人以上）到氮封口确认，无水后才能点动摇炉；每小时观察一次炉内积水情况，确认无水后，可投掷扫把、纸壳等物品进行观察；若不燃烧说明炉内还有水没蒸发完，继续观察直至燃烧，确认炉内无积水。

4）准备动炉。确认炉内没有积水后，动炉前调度经请示主管厂长同意，由班长和安全员确认转炉周围所有人员均撤离现场后，由调度通知值班电工送电。

5）动炉。动炉时，操枪工先点动向炉后摇炉一下确认无异常，再缓慢向炉后点动摇炉，仍无异常情况后，把炉子摇至离开烟罩处确保炉内不会再进水。

6）漏点确认和处理。由值班调度长组织通知维修工对氧枪、烟罩、烟道、炉口等转炉的水冷系统通水检漏。

7）正常生产。处理完毕，确认不漏水后由调度向班长下达正常冶炼指令，进行正常生产。

（2）耳轴、炉口、进水管等处漏水严重，造成炉下大面积积水的应急处置措施

当耳轴、炉口、进水管等处漏水严重，造成炉下大面积积水时，原则上不允许生产，待积水处理干净后方可生产。一旦漏点处理不及时就会造成炉下积水，因此在生产过程中应做好以下几项工作：

1）放钢、倒渣操作由摇炉工操作，力求平稳准确，避免倒渣时将部分钢水倒入渣罐，造成熔漏渣罐事故。

2）到渣跨换罐必须更换完好无损没有裂纹的空罐，罐内垫适量干渣或者防黏剂，每个渣罐接渣次数不能超过 3 次。

3）在倒渣、放钢过程中，渣车工负责监护好炉下两侧，保证附近不能有人。在出完钢后，渣车工根据炉下的积水量，定时指挥铲车司机用干渣将积水推至渣跨。

（3）炉口、烟罩等水冷件内部供排水失衡的应急处置措施

1）当炉前发现炉口、烟罩等水冷件因供水不正常而发红或产生其他征兆时，立即停止吹炼，禁止动炉。

2）通知周围所有人员躲至安全位置。由班长组织人员进行现场监护，同时通知调度安排点检人员进行检查，若确认需要进一步进行检修的，由调度通知安排检修。

3）停炉检修时，属炉口故障则将转炉摇至零位，向炉口外表面打水冷却，然后再进行检修；属其他水冷件故障可将转炉摇至适当角度，然后打水冷却，进行检修。

4）检修完毕，即可正常供水。炉口经处理恢复正常后，更换了新炉口的，可直接正常供水；未更换炉口的，应向炉口表面打水冷却，当炉口表面水量蒸发很慢时，可向炉口正常供水；其他水冷件，检修完毕即可正常供水。为预防意外，供水时应通知所有人员处于安全位置。

（4）钢水包漏钢的应急处置措施

1）转炉出完钢发现包壁漏钢时，如挂小钩侧漏钢，可立即进行倒包操作，将钢水全部倒出后处理此钢包；如挂小钩对侧漏钢，可等包壁不漏钢水后，处理好包壁再进行倒

包操作。

2）钢水倒出后，如果钢水温度低可上 LF 炉加热保温。

3）倘若发现滑板系统漏钢，应立即将钢包车打到钢水接受跨，安排倒包。发现透气砖部位漏钢，也应立即将钢包车打到钢水接受跨，安排倒包。注意备用钢水包一定要充分烘烤，否则翻包时易出现大翻。

三、电炉炼钢安全技能

1. 电炉设备设施安全技能

（1）本质安全要求

1）30 t 及 30 t 以上的电炉，均应采用高架式布置，并采用钢水罐车出钢。

2）电炉炼钢车间必须设置两路电源供电，基础自动化与过程控制计算机系统必须设置应急电源。

3）电炉及钢包精炼炉等高温工作的工艺设备应具备 30～60 min 的事故安全供水能力。

4）电炉液压系统宜采用水乙二醇作为非燃介质。液压系统应保证其工作的可靠性，当发生停电事故时，应仍能将电极提升一定高度，并应能倾炉出钢。

5）电炉炼钢车间内邻近钢水、液体炉渣等热辐射区的平台梁柱、起重机梁、厂房柱及其他建（构）筑物必须采取隔热防护措施。

6）电炉倾动机械应设零位锁定，电极升降应有上限位锁定；电炉炉盖升降与旋转、电极升降与旋转、炉子倾动等动作的机械之间，应设有可靠的安全联锁。

7）根据《建筑设计防火规范》（GB 50016）的规定，额定容量大于或等于 40 MV · A 的电炉变压器室，应设置二氧化碳等气体自动灭火系统。

8）氧气阀门站至氧燃烧嘴和碳氧喷枪的氧气管线，应采用不锈钢制作，并应在软管接头前焊接长 1.5 m 以上的铜管；火源不应接近氧气阀门站。

9）采用煤气烧嘴时，应设置煤气低压报警及与之联锁的快速切断阀等防回火设施，还应设置煤气吹扫与放散设施。

10）水冷炉壁与炉盖的水冷板、Consteel 炉连接小车水套、竖井水冷件等，应配置出水温度与进出水流量差的检测、报警装置。

11）电炉直接排烟除尘系统的设计，应遵守《工业企业煤气安全规程》（GB 6222）和《工业炉窑烟尘测试方法》（GB 9079）的规定，系统中应有泄爆措施。

12）竖炉的竖井移动与停留区域下方空间，不应设置阀站等有火灾危险的建筑物，不应有电缆架或易燃管线穿越，否则应采取可靠的防护措施。

13）竖炉、Danarc Plus-2000 炉、Consteel 炉的废钢预热段废气出口，以及 Korfarc 炉炉盖弯管出口，应设置废气成分连续分析系统。

14）除 Consteel 炉以外，其他各种电炉宜在电炉周围设置密闭罩或导流罩。密闭罩的内形尺寸应适应电炉前后倾动和炉盖旋开时的临界尺寸，移动加料门的开启角度应满足炉壳吊换作业的要求，抽气口应设在出钢口上方。密闭罩内壁应敷设隔热吸声材料。

15）电炉供电设施及其各部位的绝缘电阻应符合有关电气规程、规范的规定；炉壳与电极、炉盖升降装置，应可靠接地。供电设施附近，不应有易造成短路的材料与物件。

16）Consteel 炉废钢传送带两侧应设置宽度不小于 0. 9 m 的安全走道。传送带支架下方，不应有人员通行；若有道路通过，应采取可靠的防护措施。

17）炉后出钢操作室（或操作台）应设在较安全的位置，其正对出钢口的窗户应有防喷溅设施，出口应设在远离出钢口一侧。炉下钢水罐车运行控制应与电炉出钢倾动控制组合在一个操作台上，以便协调操作。电炉出钢倾动应与炉下钢水罐车的停靠位置及电子秤联锁，出钢水量达到规定值，电炉回倾到适当位置后，钢水罐车方可从出钢工位开出，以保证出钢作业安全。

18）直流电弧炉水冷钢棒式底电极应有温度检测，并采用喷淋冷却方式，避免采用有压排水方式。炉底冷却水管，应悬挂设置，不应采用落地管线，以防漏钢时酿成爆炸事故。

19）炉前喷粉设施与电炉热喷补机的发送罐的设计、制造、验收与使用应符合压力容器规范的规定。

20）采用炉前热泼渣工艺的电炉，热泼渣区域周围的建（构）筑物与地坪、上方的管线或电缆，应有可靠的防护措施，并应采取措施防止因作业区内积水酿成爆炸事故。

21）电极连接站应设置可靠的防护设施，以防红热电极灼伤人员或损坏周围设施。

（2）安全操作技能

1）电炉的最大出钢量不应超过平均出钢量的 120%。

2）进入氧气阀门站不应穿钉鞋，油污或其他易燃物不应接触氧气阀及管道。

3）设在密闭室内的氮、氩炉底搅拌阀站，应加强维护，发现泄漏及时处理；并应配备排风设施，人员进入前应排风，确认安全后方可入内，维修设备时应始终开启门窗与排风设施。

4）出水温度、进出水流量差超过规定值报警时，应自动断电并升起电极停止冶炼，操作人员应查明原因，排除故障，然后恢复供电。

5）废气中的氧气与一氧化碳浓度超过规定值时，燃烧室中的点火烧嘴应开始工作，并供入适量空气使排出的废气继续完全燃烧。

6）Danarc Plus-2000 炉废钢预热的预热料篮旋转区域下方空间不应有任何易燃物；料篮旋转时，人员应处于安全位置。

7）偏心炉底出钢口活动维修平台，只有在电炉出钢完毕并回复原始位置后，方可开向工作位置。

8）应在电炉炉下不同厚度的耐火材料中设置温度测量元件，当某特定测量点温度超过规定值时，应立即停止冶炼，修理炉底。

9）电炉炉顶维护平台应设安全门，确保人员进入时，安全门开启，电极电流断开，电炉不会倾动，炉盖不会旋转。

10）采用铁水热装工艺的电炉应能正确控制兑铁水小车的停车位和铁水罐倾动的速度与位置，防止造成跑铁事故。

11）采用活动炉座的电炉，应由一台吊车吊运；因条件限制只能用两台吊车抬运时，应采取措施，保证作业安全。电炉的修炉区应设置炉壳底座（或支架）、修炉坑或修炉平台。

2. 电炉炼钢生产操作安全技能

（1）电炉开炉前应认真检查，确保各机械设备及联锁装置处于正常的待机状态，各种介质参数处于设计要求的范围内，各水冷元件供排水无异常现象，供电系统与电控正常，工作平台整洁有序无杂物。

（2）电极通电应建立联系确认制度，先发信号，然后送电；引弧应采用自动控制，防止短路送电。

（3）竖炉第一料篮下部的废钢，单块质量应不大于 400 kg；待加料的废钢料篮吊往电炉之前，不应挂小钩，废钢料篮下不应有人。

（4）电炉吹氧喷碳粉作业应加强监控，当泡沫渣升至规定高度时，应停止喷碳粉。水冷氧枪应设置极限位，以确保氧枪与钢液面的安全距离。

（5）氧燃烧嘴开启时应先供燃料，点火后再供氧；关闭时应先停止供氧，再停止供燃料。

（6）炉前热泼渣操作时应防止洒水过多，以避免积水产生事故。

（7）电炉通电冶炼或出钢期间，人员应处于安全位置，不应登上炉顶维护平台，不应在短网下和炉下区域通行。

（8）电炉冶炼期间发生冷却水漏入熔池时应断电、升起电极，停止冶炼、炉底搅拌和吹氧，关闭烧嘴，并立即处理漏水的水冷件，不应动炉，直至漏入炉内的水蒸发完毕，方可恢复冶炼。

（9）正常生产过程中，应经常清除炉前平台流渣口和出钢区周围构筑物上的黏结物。黏结物厚度应不超过 0.1 m，以防坠落伤人。

（10）电炉炉下区域、炉下出钢线与渣线地面，应保持干燥，不应有水或潮湿物。

（11）电炉加料（包括铁水热装和吊铁水罐）、吊运炉底、吊运电极时，应有专人指挥。吊物不应从人员和设备上方越过，人员应处于安全位置。

（12）维修炉底出钢口的作业人员与电炉主控人员之间，应建立联系确认制度。

3. 电炉恶性大沸腾事故应急处置措施

（1）预防措施

1）严格按工艺规程要求控制炉料中配碳量。

2）严格执行废钢分类管理制度，减少来源不明的高碳废钢混入。

3）严格按工艺规程进行冶炼操作，使脱碳与升温同步。

4）避免高温（>1 560 ℃）时进行碳含量（质量分数）大于 0.15%的操作。一般情况下，钢水温度大于 1 560 ℃、碳含量在 0.20%~0.80%时极易发生大沸腾事故。

5）氧气压力低于 0.8 MPa 时，严禁电炉冶炼。

6）不得在停止供电、停止喷碳的情况下进行强化吹氧脱碳操作。

7）控制好碳氧枪的插入角度及深度，避免供氧不均或局部过氧化。

（2）应急处置措施

1）发现大沸腾的预兆时，应立即停氧、碳和电，将电极升至最高位、除尘烟道调节阀全部打开，并禁止动炉子。

2）发现火苗发白并且钢渣大量外溢或者喷出时，立即停止一切冶炼操作，将碳氧枪旋至（或者退回）停泊位，电极提升至最高位，滑动烟道提升至最高位，除尘风门全部打开，并禁止动炉子。

3）所有人员迅速撤离电炉工作现场，电炉主控室应控制防护卷帘门落下。

4）立即通知机修、电修及仪表等设备人员到电炉，以免延误处理时间。

5）如果事故没有造成大的设备损坏，可以继续进行冶炼操作，应立即确认各种联锁信号是否正常，并尽快将炉内钢水除掉。加完废钢之后再由维护人员进行常规检查处理，同时通知有关责任人。

6）如果事故造成的破坏比较大，电炉无法继续进行冶炼操作，应立即将准备好的切头吊起来，准备加入炉内降温，并且通知有关负责人员，确认下一步的处理措施。

四、炉外精炼安全技能

1. 炉外精炼设备设施安全技能

（1）炉外精炼设施必须设置两路电源供电，基础自动化与过程控制计算机系统必须设置应急电源，关键设备应设置断电事故驱动。

（2）精炼炉的最大钢水量，应能满足不同炉外精炼对钢液面以上钢包自由空间的要求。

（3）钢水炉外精炼装置，应有防事故漏钢措施。VD、VOD 等装置的钢包真空精炼装置，其蒸汽喷射真空泵系统应有抵制钢液溢出钢包的真空度调节措施，并应设彩色工业电视，监视真空罐内钢液面的升降。

（4）VOD、CAS-OB、RH-KTB 等装置的水冷氧枪升降机械，应有事故驱动等安全措施；氧气阀站至氧枪的氧气管道，应采用不锈钢管，且应在软管接头前设置长度超过 1.5 m 的铜管。

（5）受钢液高温影响的水冷元件，应设可靠的断电供水设施，确保在断电期间保护设备免遭损坏；可能因冷却水泄漏酿成爆炸事故的水冷元件，如 VOD、CAS-OB、RH-KTB 精炼工艺装置中的水冷氧枪，应配备进出水流量差报警装置；报警信号发出后，氧枪应自动提升并停止供氧，停止精炼作业。

（6）VD、VOD 装置中的真空罐以及各种精炼装置的钢水罐运输车轨道基础，必须有漏钢事故的应急处理措施。钢水罐车升降式 RH、RH-KTB 装置必须采取防止漏钢钢水浸入地下液压机械的措施。

（7）VOD 与 RH-KTB 等装置中的真空吹氧脱碳精炼装置、蒸汽喷射真空泵的水封池应采取密闭措施，真空泵与水封池的废气应引至厂房屋顶以上 2~4 m，厂房所在区域应设置安全警示牌。

（8）LF 与 RH 电加热的供电设施，应遵循有关电气规程、规范，设备与线路的绝缘电阻应达到规定值，电极与炉盖提升机械应有可靠接地装置；若 RH 与 RH-KTB 采用石墨电阻棒加热真空罐，真空罐应有可靠接地装置。

（9）RH 装置的钢水罐或真空罐升降液压系统应设手动换向阀装置。

（10）用氮气破坏真空精炼装置真空环境时，应设大气压平衡阀及恢复大气压信号。信号应与真空罐盖开启、RH 吸嘴抽出钢液的动作联锁，当真空罐内外存在压差时，不应开启真空罐盖或抽出 RH 吸嘴；破坏 VOD 与 RH-KTB 装置的真空系统时，应有氮气稀释措施。

（11）蒸汽喷射真空泵的喷射器，应包裹隔声层，废气排出口与蒸汽放散口应设消声器。

（12）炉外精炼装置中的粉料发送罐、储气罐、蒸汽分配器、汽水分离器、蓄势器等有压容器，其设计、制造、验收和使用，应符合《固定式压力容器安全技术监察规程》（TSG 21）的规定。

2. 炉外精炼生产操作安全技能

（1）精炼炉工作之前，应认真检查，确保设备处于良好待机状态、各介质参数符合要求。

（2）应控制炼钢炉出钢量，防止炉外精炼时发生溢钢事故。

（3）应做好精炼钢包上口的维护，防止包口黏结物过多。

（4）氩气底吹搅拌装置应根据工艺要求调节搅拌强度，防止溢钢。

（5）炉外精炼区域、钢水罐运行区域，以及地坪不得有水或潮湿物品。

（6）精炼过程中发生漏水事故，应立即中止精炼，若冷却水漏入钢包，应立即切断漏水件的水源，保持钢包静止不动，人员撤离危险区域，待钢液面上的水蒸发完毕方可动包。

（7）精炼期间，人员不得在钢包周围行走和停留。

（8）RH 或 RH-KTB 装置中的新的或修补后的插入管，应经烘烤干燥方可使用；VD、VOD、RH 或 RH-KTB 装置的真空罐新砌耐火材料以及喷粉用喷枪，应予干燥；在 VD、VOD 装置的真空罐内清渣或修理衬砖，应采取临时通风措施，以防缺氧。

（9）LF 炉通电精炼时，人员不应在短网下通行，工作平台上的操作人员不应触摸钢包盖及以上设备，也不应触碰导电体，人工测温取样时应断电。RH、RH-KTB 采用石墨棒电阻加热真空罐期间，人员不应进入真空罐平台。

（10）RH、RH-KTB 的插入管与 CAS-OB、IR-UT 的浸渍罩下方，不应有人员通行与停留；精炼期间，人员应处于安全位置。

（11）AOD 的配气站应加强检查，发现泄漏及时处理。人员进入配气站应预先开启门窗与通风设施，确认安全后方可入内，维修时应始终开启门窗与通风设施。

（12）吊运满包钢水或红热电极时，应有专人指挥；吊、放钢包作业前应检查确认挂钩、脱钩可靠，方可通知司机起吊。

（13）潮湿材料不应加入精炼钢包，人工往精炼钢包投加合金与粉料时，应防止液渣飞溅或火焰外喷伤人。精炼炉周围不应堆放易燃物品。

（14）喷粉管道发生堵塞时，应立即关闭下料阀，并在保持引喷气流的情况下，逐段敲击管道，以消除堵塞；若需拆检，应先将系统泄压。

（15）喂丝线卷放置区，宜设置安全护栏；从线卷至喂丝机，凡线转向运动处，应设置必要的安全导向结构，确保喂丝工作时人员安全。向钢水喂丝时，线卷周围 5 m 以内不应有人。

3. 精炼炉发生钢包漏钢事故应急处置措施

（1）迅速提升电极和炉盖，并立即切断高压电源；

（2）立即将钢包车开出加热位，运行到钢包出站位；

（3）通知电工、钳工、焊工到现场；

（4）若有着火，用黄沙、灭火器灭火，视情况动用水冷却；

（5）及时组织起重机开至精炼炉区域；

（6）注重观察和保护液压站、滤波室、高压室。

五、浇注安全技能

1. 模铸安全技能

（1）设备设施安全技能

1）新建、改建或扩建炼钢工程，必须采用部分模铸时，应采用小车铸系统，不应采用地面浇注或坑铸系统（不包括铸钢车间）。

2）铸锭平台的长度，除满足工艺要求外，还应留有一定的余量，其高度应低于有帽钢锭模的帽口和无帽钢锭模的模口，宽度应不小于 3 m。

3）铸锭车外边缘与钢水罐车外边缘的距离应不小于 1 m。

4）靠车间外侧纵向布置的铸锭平台，应在平台外设安全平台，其宽度应不大于 0.9 m。两种平台之间有隔墙时，平台之间通道门的间距应不小于 36 m。

（2）生产操作安全技能

1）应经常检查钢锭模、底盘、中心注管和保温帽，发现破损和裂纹应按报废标准报废，或修复达标后使用；

2）安放模子及其他物体时，应等起重机停稳、物体下落到离工作面不大于 0.3 m 后，方可上前校正物体位置和放下物体；

3）钢锭模应冷却至 200 ℃左右，方可处理；

4）列模、列帽应放置整齐，并检查确认无脱缝现象。

2. 连铸安全技能

（1）设备设施安全技能

1）确定连铸机的弯曲半径、拉速、冷却水等参数时，应确保铸坯凝固长度小于冶金长度。

2）连铸机宜由两路电源供电。

3）连铸车间内邻近钢水、钢坯、液体炉渣等高温热辐射区的平台梁柱、起重机梁、厂房柱及其他建（构）筑物必须采取隔热防护措施。

4）设计大包回转台的支承臂、立柱、地脚螺栓时，应进行强度计算，计算中应考虑满包负荷冲击系数（1.5~2）。大包回转台旋转时，包括钢包的运动设备与固定构筑物的净距，应大于0.5 m。大包回转台应配置安全制动与停电事故驱动装置。

5）在连铸主平台上的钢包回转台和中间罐区域应设置钢水事故处理系统，钢水事故处理系统应包括事故罐、溢流罐、事故溜槽、事故钢包等设施。

6）对大包回转台传动机械、中间罐车传动机械、大包浇注平台，以及易受漏钢损伤的设备和建（构）筑物，应采取防护措施。

7）结晶器、二次喷淋冷却装置，应配备事故供水系统。一旦正常供水中断，应立即发出警报，停止浇注，启动事故供水系统，并在规定的时间内保证连铸机的安全。应定期检查事故供水系统的可靠性。

8）高压液压泵发生故障或发生停电事故时，液压系统蓄势器应能维持拉矫机压下辊继续夹持钢坯30~40 min，并停止浇注，以保证人身和设备安全。

9）采用放射源控制结晶器液面时，放射源的装卸、运输和存放，应使用专用工具，并建立严格的管理和检测制度。放射源只能在调试或浇注时打开，其他时间均应关闭。放射源启闭应有检查确认制度与安全标志，打开时人员应避开其辐射方向，其存放箱与存放地点应设置警告标志。

10）连铸主平台以下各层，不应设置油罐气瓶等易燃易爆品仓库或存放点，连铸平台上可能被漏钢事故波及的区域，不应有水与潮湿物品。

（2）生产操作安全技能

1）浇注之前，应检查确认设备处于良好待机状态，各介质参数符合要求。应仔细检查结晶器，确保其内表面干净并干燥，引锭杆头送入结晶器时，正面不应有人，应仔细填塞引锭头与结晶器壁的缝隙，按规定放置冷却废钢等物料。浇注准备工作完毕，拉矫机正面不应有人，以防引锭杆滑下伤人。

2）新结晶器和检修后的结晶器，应进行水压试验，合格的结晶器在安装前应暂时封堵进出水口。使用中的结晶器及其上口有渗水现象，不应浇注。

3）钢包或中间罐滑动水口开启时，滑动水口正面不应有人，以防滑板窜钢伤人。

4）浇注中发生漏、溢钢事故，应关闭该铸流。

5）输出尾坯时（注水封顶操作），人员不应面对结晶器。

6）浇注时应遵守下列规定：

①二次冷却区不应有人；

②出现结晶器冷却水减少报警时，应立即停止浇注；

③浇注完毕，待结晶器内钢液面凝固，方可拉下铸坯；

④大包回转台（旋转台）回转过程中，旋转区域内不应有人。

7）引锭杆脱坯时，应有专人监护，确认坯已脱离方可离开。

8）采用煤气、乙炔和氧气切割铸坯时，应安装煤气、乙炔和氧气的快速切断阀，在氧气、乙炔和煤气阀站区域，不应有明火，并应配备灭火器材。

9）切割机应由专人操作，未经同意，非工作人员不应进入切割机控制室。切割机开动时，切割机上不应有人。

10）大包开浇、引流和中间包引流、连铸坯人工切割时，应佩戴好专用防护眼镜或面罩。

11）钢包或中间包采用煤气烘烤时，应定时检查煤气系统有无泄漏，检查时携带便携式一氧化碳检测报警器，以防煤气中毒。

12）钢锭（坯）处理：

①钢锭（坯）堆放高度，应符合下列规定：大于 3 t 的钢锭，不大于 3.5 m；0.5~3 t 的钢锭，不大于 2.5 m；小于 0.5 t 的钢锭，不大于 1.9 m；人工吊挂钢锭，不大于 1.9 m；长度 6 m 及以上的连铸坯，不大于 4 m；长度 3~6 m 的连铸坯，不大于 3 m；长度 3 m 以下的连铸坯，不大于 2.5 m。

②修磨钢锭（坯）时，应佩戴好防护用具，严格按操作规程进行。

③钢锭（坯）库内人行道宽度应不小于 1 m，间距应不小于 0.6 m；进入锭（坯）垛间应带小红旗，小红旗应高出钢锭（坯）垛。

3. 连铸区域事故应急处置措施

（1）发生钢包漏钢事故的应急处置措施。关闭大包滑动水口，立即转包；根据打眼方向（滑板穿），用电控箱或液压控制箱驱动回转台旋转；转包同时，通知主电室拉闸断电；通知平台操作人员从安全方向撤离；通知主控室停液压泵；关闭烘烤器总阀门；转包后听从调度指令是否吊走，如不吊走应将滑板打开让钢水流入事故包内；如需吊走，而液压缸无法摘下时，应直接指挥起重机将钢包、液压缸及液压管随钢包吊走；中间包关闭塞棒，必要时使用闸板；利用蓄能器压力将铸坯拉出二冷（至少拉出结晶器）；转包后，撤离人员迅速集中，听从指挥进行救火，处理废钢，检查设备。

(2) 发生结晶器爆炸事故的应急处置措施。浇注过程中一旦出现结晶器冷却水故障、塞棒失控或结晶器上口漏水现象，浇注工应该立刻停止该流浇注；发生溢钢事故，浇注班长首先要检查结晶器密封圈是否漏水，如漏水则立即停止该流浇注，不得冒险处理溢钢；如没有漏水则用割枪清理残钢，同时注意不得切伤结晶器密封部位以防漏水爆炸；发生结晶器爆炸事故，大包浇注工应立即停止浇注并收回保护套管；中包浇注工停止各浇注流，浇注班长按下紧急事故行走按钮，开走中间罐车，其他人员由连铸平台两侧走梯迅速撤离到安全地带；连铸主控室立即上报调度室，调度室确认情况后立即启动紧急程序，报告相关部门并负责现场人员疏散。

六、转炉煤气回收安全技能

1. 设备设施安全技能

(1) 采用未燃法或半燃法烟气净化系统设计的转炉，应符合《工业企业煤气安全规程》(GB 6222) 的规定；转炉煤气回收系统的设备、风机房、煤气柜及可能泄漏煤气的其他设备，应位于车间全年最小频率风向的上风侧；转炉煤气回收时，风机房属乙类生产厂房，其设计应采取防火、防爆措施，配备消防设施、火警信号、通信设施及通风设施；风机房正常通风换气每小时应不少于 7 次，事故通风换气每小时应不少于 20 次。

(2) 转炉煤气回收应设一氧化碳和氧含量连续测定和自动控制系统，回收的煤气中的氧气体积分数不应超过 2%。煤气的回收与放散应采用自动切换阀，若煤气不能回收而向大气排放，烟囱上部应设点火装置。

(3) 转炉煤气回收系统，应合理设置泄爆、放散、吹扫等设施。

(4) 为保证煤气回收的可靠性和安全性，达到良好的回收目的，工艺设计及实际运行中应考虑必要的联锁控制，如氧枪和烟罩的联锁、回收放散切换的自控与联锁、罩口微差压调节系统与冶炼操作的联锁、鼓风机调速与冶炼操作的联锁、煤气柜高低位的联锁、水封逆止阀与三通阀的联锁等。

(5) 做好系统的密封、旁通、防爆和水封的设计：

1) 氧枪口及下料口用氮气密封，防止生产过程中外界空气被吸入烟道内。应在三通阀处设一旁通阀，回收操作中三通阀在事故状态下或煤气柜阻力异常增高时，可自动开启旁通阀使其由回收态改为放散态，旁通阀的开启与进煤气柜的煤气压力值采用联锁控制，可以起到应急作用。回收煤气操作时若发生爆炸，应做到迅速泄压，以保护回收系统设备，减少爆炸导致的损失。

2）煤气汽化冷却系统。煤气汽化冷却系统要严格控制水位和压力，压力控制应包括工作压力、报警压力和安全压力，保证水位计、压力表、安全阀三大安全部件灵敏可靠，采用中水位操作，防止高水位和缺水断水操作。

3）水封是湿法除尘与煤气使用中不可缺少的设备，不同水封的作用不同，为保证水封能在正常状态下运行，水封的设计安装要规范合理、排污管路要保持畅通，并及时进行排污操作。生产过程中要确保负压水封不抽空，正压水封箱不击穿。

4）煤气加压机前安全措施。煤气加压机前，即活动烟罩部分及管道为负压段，要确保设备有良好的密封。确保系统一氧化碳和氧气的检测设备灵敏可靠，数据超标后能自动报警并与三通阀连通、超标时能自动将煤气放空；三通切换阀要灵敏可靠，防止灰尘堆积在阀板四周，破坏密封性，造成打不开、关不严的状况。

（6）每座转炉的煤气管道与煤气总管之间应设可靠的隔断装置。

（7）转炉煤气抽气机应一炉一机，放散管应一炉一个，并应间断充氮，不回收煤气时应将其点燃放散。

（8）湿法净化装置的供水系统应保持畅通，确保喷水能熄灭高温气流的火焰和炽热尘粒。脱水器应设泄爆装置。采用半干半湿法和干法净化的系统，排灰装置必须保持严密。

（9）煤气回收净化系统应采用两路电源供电。

（10）活动烟罩的升降和转炉的转动应联锁，并应设有断电时的事故提升装置。

（11）转炉操作室和抽气机室、加压机房之间应设直通电话和声光信号，加压机房和煤气调度之间设调度电话。

（12）转炉煤气回收净化区域应设消防通道。

2. 转炉煤气回收生产操作安全技能

（1）采用计算机自动控制煤气回收，确保烟气中一氧化碳的含量在规定范围内，提高回收煤气的发热值。在风机后三通阀前安装一氧化碳、氧气分析仪，监测烟气中的一氧化碳、氧气含量，煤气回收条件及数据均输入炉前主控室计算机，由计算机控制全系统的自动回收操作。氧气含量是一个重要参数，在实际运行中要控制煤气中的氧气含量在爆炸极限范围之内，确保煤气质量和安全回收。

（2）工艺控制中要保证前烧期与后烧期的时间，在回收制度上采用中间回收法。用前、后烧期烧掉成分不合格的前、后期烟气，在前期依靠其烟气冲刷回收系统的管路，防止煤气与空气在系统中直接大量接触。在吹炼后期抬罩使炉气尽可能大量燃烧，避免停止供氧时大量吸入空气并与未燃烧的煤气混合而发生爆炸。

（3）转炉煤气回收是不连续过程，炉前操作主控室的煤气回收岗位、转炉风机房的风机操作工岗位与煤气柜的操作岗位是回收系统中的三个关键岗位。煤气回收岗位要与炉前摇炉工紧密配合，了解熟悉炉前状况，确认冶炼条件是否满足回收的需要。风机房操作工在回收过程中起承上启下的作用，应密切关注风机运行情况、三通阀及水封运行状态，做好巡检工作。煤气柜操作岗位要做好煤气进出柜的平衡，确保煤气柜的正常运行。风机房、煤气柜出现任何一点有影响煤气回收的问题，都要把自己岗位的确认开关放到不允许回收煤气状态，正在进行回收煤气过程中任一岗位均可控制三通阀动作，使其由回收转为放散，避免意外事故的发生。

（4）转炉煤气回收运行中的巡检要保证两人同行，在冶炼间隙进行负压水封的排污操作，并站在上风向。定时检查各处的水封状况，保证水封的水位正常。

（5）转炉煤气含一氧化碳浓度高，煤气在回收和非回收期间的一氧化碳含量均可导致人员中毒。因此，从加压风机后到各用户的正压段要确保煤气设施、管网无泄漏，检修必须安排在非冶炼时间段进行。

（6）检修前要做好各项确认工作，风机房部位检修前要把水封注满水，确认溢流管有水溢流，保证煤气可靠地切断，吹扫管路，定时对水封进行巡检。进除尘烟道检修时，应保证冶炼结束后风机继续运转 30 min 以上，用便携式一氧化碳检测报警器检查确认一氧化碳含量符合安全要求后，有关人员方可进入作业，检修过程中要随时用报警器进行检测。

（7）检修结束后要将关键部位清理干净，防止因风机内的金属屑高速运转产生火花引起爆炸。煤气净化系统要确保严密，防止漏入空气后与一氧化碳混合形成爆炸性气体。

七、起重（运输）安全技能

1. 设备设施安全技能

（1）起重机械及工具应遵守《起重机械安全规程　第5部分：桥式和门式起重机》（GB 6067.5）的规定，炼钢厂使用的起重机械与工具应有完整的技术证明文件和使用说明。桥式起重机等起重设备，应经有关主管部门检查验收合格，方可投入使用。

（2）起重设备应经静、动负荷试验合格，方可使用。

（3）钢丝绳、链条等常用起重工具，其使用、维护与报废应遵守《起重机械安全规程　第5部分：桥式和门式起重机》（GB 6067.5）的规定。

（4）吊运铁水罐、钢水罐的起重机的龙门钩横梁、耳轴销和吊钩、钢丝绳及其端头固定零件，应定期进行检查，发现问题及时处理，必要时可对吊钩本体作超声波探伤检查。

（5）吊运重罐铁水、钢水或液渣，应使用带有固定龙门钩的铸造起重机，铸造起重机额定能力应符合《炼钢工程设计规范》（GB 50439）的规定；电炉车间吊运废钢料篮的加料吊车，应采用双制动系统。

（6）龙门吊钩组的升降必须保持平衡，不得发生倾斜，以防钢水溢出。

（7）吊钩应能在两个方向自由摆动，设计时应在板钩与横梁之间增设吊叉，以避免在大车运行机构启动、制动时吊钩承受异常的侧向载荷。

（8）电控设备应密封防尘，隔热降温。将电气设备设置在主梁内，并加隔热层以减少辐射热，并在电气室内增设冷风机进行降温，确保电气元件的使用寿命。

（9）铸造起重机主起升机构的安全保护措施如下：

1）主起升机构多为双电机驱动，正常工作时两电机同时启动和制动。在工作中若有一台电机发生故障，另一台电动机能继续短期工作，将负荷吊运到安全地方并处理其他紧急情况。一般单电机的功率是起升机构总功率的60%~65%。星形传动时，单电机功率为总功率的50%。

2）将减速器中的两个大齿轮通过两个隋轮互相啮合，在工作中，如其中一套卷扬装置高速轴发生故障，另一套卷扬装置仍可驱动故障侧的卷筒，将悬吊着的钢水包平稳地送至安全位置。

3）钢丝绳系统由 4 根钢丝绳组成，每组两根。钢丝绳缠绕系统中设有平衡臂，保证钢丝绳受力均匀。另外，在工作中如有一根或相对位置上的两根钢丝绳发生破断，其余的钢丝绳应仍能承受载荷，而不会造成吊钩平衡横梁倾斜或坠落。

4）每一组驱动电机应设置两个工作制动器，每个制动器的制动力矩应是主起升机构总负载 1.1 倍以上。大型铸造起重机一般选用盘式制动器，以便降低主起升机构高速轴上的转动惯量，减少启动、制动时的能量消耗，并且维护检修方便。

5）使用星形减速器传动的大型起重机的起升机构中应增设安全制动器。

6）铸造起重机应设有超载限制器或电子秤，以便进行机构的超载保护或称量。

7）起升限位开关应有 2 套。一套为重锤限位，安装在上滑轮组旁，另一套为旋转限位，安装在卷筒轴上。

8）主起升电动机应在电机轴上安装有超速保护，当起升速度超过额定速度的 1.35 倍时，超速保护可以使起升电机停止转动。同时，还应装有过流保护、过热保护、缺相保护、线路保护、短路保护、接地保护、零位保护及失压保护。

9）对于铸锭起重机应设有三维定位装置或铸锭对准仪，使铸锭对位准确，提高生产效率。

10）大车运行应设有红外线防碰撞装置等。

（10）对于铸造起重机吊运液体金属，《起重机设计规范》（GB/T 3811）、《起重机械安全规程　第 1 部分：总则》（GB 6067.1）、《起重机械安全规程　第 5 部分：桥式和门式起重机》（GB 6067.5）、《冶金起重机技术条件　第 5 部分：铸造起重机》（JB/T 7688.5）等标准对铸造起重机提出了特殊要求。

2. 生产操作安全技能

（1）起重机应由经专门培训、考核合格的专职人员指挥，并确保同一时刻只有一人指挥，指挥信号应遵守《起重机　手势信号》（GB 5082）的规定。

（2）司机应严格执行《起重机械安全规程　第 1 部分：总则》（GB 6067.1）中对起重机械操作的要求。

（3）司机应熟悉吊运工艺的全过程，了解各个环节的动作要求及彼此衔接关系，以确保吊运工作顺利进行。

（4）吊运重罐铁水、钢水、液渣时，应确认挂钩挂牢后，方可通知起重机司机起吊。

起吊时，人员应站在安全位置，并尽量远离起吊地点。

（5）起重机启动和移动时，应发出声响与灯光信号，吊物不应从人员头顶和重要设备上方越过。不应用吊物撞击其他物体或设备（脱模操作除外），吊物上不应有人。

（6）吊运满包钢水罐时，大、小车启动与制动应平稳。

（7）重铁水、钢水罐不能挂在空中长时间等待，等待时间超长会造成吊车钢绳、抱闸等失控，导致铁水、钢水罐坠落泼洒。

（8）重铁水罐在炼钢平台等待时，罐保持在平台面上方 0.5 m 处。

3. 地面车辆安全技能

（1）车间内的有轨车辆，轨道面应与车间地面平齐。

（2）车辆运行时，应发出红色闪光与轰鸣等警示信号。

（3）电动铁水罐车、钢水罐车、渣罐车的停靠处，应设两个限位开关。

（4）铁水罐车、钢水罐车、渣罐车台面，应砌砖防护。应根据需要，在轨道端头设置事故滑轮，带有电子秤的钢水罐车，应对电子秤元件进行防护。

（5）进出车间的废钢料篮车与渣罐车，其运行轨道与车间外道路相交的道口，应设置交通指挥信号。运行距离较长时，车辆运行过程中应有专人监视，其他地面有轨车辆的运行，也应贯彻目视监控的原则。

（6）所有车辆，均应以设计载荷通过重车运行试验合格，方可投入使用。

4. 外部运输设备安全技能

（1）车间内部铁路线应为平道，且不应低于车间外铁路线轨道标高，铁路线弯曲半径与建筑接近限界应遵守《厂矿道路设计规范》（GBJ 22）的规定，门洞边缘与铁路中心线的距离应不小于 2.8 m。

（2）铁路尽头线末端，应设车挡与车挡指示器。室内车挡后 6 m、露天车挡后 15 m 范围内，不应设置建筑物与设备。铁路线轨道外侧 1.5 m 以内，不应堆放任何物品。

（3）无关人员不应乘坐锭坯车、铁水罐车、钢水罐车、渣罐车或运渣车、废钢料篮车及其他料车，运输炽热物体的车辆，不应在煤气、氧气管道下方停留。

（4）进出炼钢生产厂房的铁路出入口或道口，应根据《工业企业厂内铁路、道路运输安全规程》（GB 4387）的要求设置声光信号报警装置。

（5）应根据炼钢厂的特种车辆（如自抱罐汽车、料篮车、运坯车等）的特殊要求设计道路路面，并设立明显道路交通标志。特种车辆道路应尽可能与普通车辆道路分开。

（6）炼钢厂内的道路，应按《道路交通标志和标线》（GB 5768.1～GB 5768.3）的规定设立交通标志和标线。道路建筑限界应符合《厂矿道路设计规范》（GBJ 22）的规定，跨越道路上方的管线，距路面净高应不小于5 m。

（7）载运炽热物体应使用专用的柴油车，其油箱应采取隔热措施。

（8）采用带式输送机运输时，应遵守《带式输送机　安全规范》（GB 14784）的规定。

第三节　炼铝安全技能

铝冶炼工艺主要包括氧化铝生产和铝电解生产：氧化铝生产是指从铝矿石中提取氧化铝并与杂质分离的过程，生产方法分为碱法、酸法、酸碱联合法、热法等，目前以碱法为主；铝电解生产是指将氧化铝通过电解得到铝的过程。其中，生产过程中存在高温、高压、强碱性物质等危险有害因素，容易引发火灾、爆炸、灼烫、机械伤害、电气伤害、高处坠落、起重伤害、坍塌、淹溺、车辆伤害等。因此，必须认真采取有效安全措施，制定应急预案，防止事故发生。

本节重点：了解铝冶炼危险有害因素，熟悉本质安全要求，掌握安全操作技能，提升应急处置能力。

一、氧化铝生产安全技能

1. 原料制备安全技能

（1）堆取料机安全技能

1）本质安全要求：堆取料机的轨道和其他设备应设置良好的接地保护装置，以防触电事故的发生。

2）安全操作技能：

①在轨道两端应设止挡器，操作人员应确定合理的停车位置，确保缓冲器不会撞上止挡器，以免误操作行程开关时撞坏缓冲器造成事故。

②应对钢丝绳进行经常性检查，发现有过度磨损、断丝和其他损坏情况，应及时进行更换，避免钢丝绳断裂造成事故。

③堆料机门座架、回转平台、平衡架和变幅机构、悬臂架、行走机构、尾车、电缆穿线管等金属结构体须经常检查，确保无开缝、无开焊、无拱挠弯曲、无变形移位等缺陷。

④开启取料机前，应查看道轨沿线有无障碍物，清除道轨两侧输送带积料，避免积料过高碰撞限位造成事故。

⑤取料机在俯仰过程中，悬臂梁上下不得有人。清理料斗时，应停电并采取机械固定，防止斗轮重力偏心伤人。

⑥严防斗轮取料深度过大，造成物料塌方埋住斗轮。一旦发生，不允许提升臂架强行摆脱，应开动行走大车慢行退出，严重时应扒料后再进行摆脱。

⑦为防止堆取料生产过程中的粉尘危害，应在取料及物料转载等扬尘处采取通风、收尘和洒水等防尘措施，作业人员应佩戴防尘口罩。

（2）磨机安全技能

1）本质安全要求：

①磨机周围应设置完好的护栏、平台，转动部位、管道法兰等部位在设置防护罩等防护设施，同时应设慢转驱动装置（简称慢驱），并保持齐全完好；

②磨机宜采用无螺栓衬板降低运转噪声，现场应设置隔声操作室。

2）安全操作技能：

①磨机运行时，禁止一切硬物或人体接触运转中的筒体，禁止用钢钎等物捅料口；禁止清理环行筛和排矿流槽杂物，需清理时必须依照规程停车清理。

②上磨机顶部进行紧固螺栓作业时，应采取系安全带或搭建平台等防滑、防倒跌措施后方可作业。

③进入磨机之前应进行摇磨、倒料，使磨内无存料、无母液；磨机在慢转倒料时，人员要远离磨体，防止磨皮螺栓松动或断裂时，料浆甩出造成灼烫伤害；进入前应提前数小时停车，打开磨门进行通风降温，等磨机内温度降至 40 ℃以下时，办理工作票，确

认采取措施后方可进入磨机。

④给球磨机进行补球，或者给棒磨机进行加棒时，球包下、棒捆下及磨机周边禁止人员靠近，以防坠落伤人。

⑤拆除或安装磨机内衬板作业时，磨机外必须有人监护，应合上阻尼电机或将钢丝绳拉紧，防止磨机偏重引起自转，作业人员进入磨机后禁止开动阻尼电机；衬板拆卸时要同时拆除相应的端部衬板；磨机底部必须进行有效的安全隔离，挂好警示牌，防止无关人员误入危险区域；应及时把拆下的衬板全部清出磨机。

⑥进入磨机内检查或处理问题时，必须待设备已完全停止，确认已切断电源并挂好“有人检修，严禁合闸”安全警示牌后，再进行作业；检修人员在现场将设备的紧急停止开关断开，然后才可进入磨机内，同时，必须有专人在设备外进行安全监护。

⑦磨机作业人员应配备防噪耳塞，尽量减少人员与噪声的接触时间。

（3）石灰烧制安全技能

1）本质安全要求：

①石灰炉应设置相应的通风和排烟设施，并保持运行正常，防止一氧化碳积聚。

②石灰炉区域应设置风向标，便于作业人员观察风向；相对密闭的区域应设置一氧化碳在线检测、报警装置。

③石灰输送系统各设备的启停应设置程序联锁（如带式输送机），确保前一程序未完成，后一程序不能启动；无论是手动还是自动操作都应遵守程序联锁，但单体试运转时可以暂时隔离联锁。

2）安全操作技能：

①石灰炉炉体及卷扬机、下料漏斗、布料器等应定期进行检查，设备出现裂纹、破损，炉体焊缝开裂，料斗走轮明显变形，机械失灵，衬砖损坏、脱落等应及时维修处理。

②登炉顶作业应与司炉人员联系，应采取停鼓风机、关闭布料装置防护罩、打开炉顶风帽、在司炉岗位挂牌等措施，经岗位许可后登炉。

③到炉顶开始工作前，应在接近炉顶的下级平台稍事休息；作业前要注意观察气象、风向，人应站在上风口，并使用便携式一氧化碳检测报警器监测一氧化碳含量；在炉顶工作应 2 人以上共同作业，相互监护，工作时间不宜过长。

④不停风清理炉或处理结瘤时，应 2 人同时进行，作业前应对作业现场进行一氧化碳

和氧气含量检测，符合安全标准方可进行作业。

⑤打瘤子前应通知主控室停机后方可进行，打瘤子过程中作业人员应站在炉门两侧，防止瘤子滚下时伤人。

⑥输送系统送灰、送矿开车前应打铃报警，并与相关岗位联系好方可开车。石灰炉出灰温度不宜高于 40 ℃，正常生产过程中严禁输送带上带料启动或停车。

⑦清理洗涤塔、二氧化碳管道等应制定可靠的安全措施及事故应急预案，由专人负责，隔绝炉气；二氧化碳管道应设明显断开点，采取隔离切断措施，并挂牌，同时检测内部气体浓度符合标准；现场设置通风设施，外部派专人进行监护。

⑧发现人员中毒时不要盲目施救，应佩戴专门的防毒面具，在确保自身安全的情况下实施救助；及时将中毒人员移到通风良好区域，并采取心肺复苏等急救措施，或者送医院。

⑨石灰石、焦炭、煤及石灰输送系统宜采用密闭设施，在各个转运点、下料口等部位应设收尘设施，并定期对收尘设施进行清理、维护，保持良好的收尘效果。作业人员应佩戴防尘口罩。

（4）原料堆场安全技能

1）本质安全要求：

①矿石应根据矿场地形及矿石粒径堆存，可错层储存，每层高度不应高于 5 m，安息角应小于 36°，矿堆边缘应设有高于 1 m 的安全护坡，矿堆顶面应为平面；

②矿堆进出车道应为单向循环车道，且路面宽度大于 5 m，道路两边应设有高于 1 m 的安全护坡。

2）安全操作技能：

①矿堆装卸料应错层作业，装上层料时，将料卸在下层料堆；装下层料时，将料卸在上层料堆，上层装料工作面积应大于 30 m^2。

②矿石堆场边坡要经常检查，坡底不应有人员活动，矿石堆顶边沿 2 m 内不应站人。

③保持矿石干燥，减少堵塞下料口的情况发生。

④人员清理料口堵塞时，禁止直接站在矿石上，或者站在下料口的正下方，应站在侧边，并佩戴安全带等防护措施。

2. 熟料烧结安全技能

(1) 煤粉制备系统火灾、爆炸安全技能

1) 本质安全要求：

①磨煤机磨头、煤粉仓、粗粉分离器、细粉分离器、煤粉经过的管道、磨煤机袋式收尘器各气室等部位必须安装防爆装置；

②煤粉仓、收尘灰斗应设置一氧化碳检测器及温度检测点，并进行实时监控，设置二氧化碳灭火系统及清水、干粉灭火器；

③煤及煤粉的输送宜采用管道等密闭设施，在各个转运点、受料口及下料口等部位设置收尘设施，减少扬尘产生。

2) 安全操作技能：

①煤粉的制备、输送、储存系统设计时，应避免有煤粉流入管道、容器的死角，减少制粉系统及设备内部可能积煤的部位。

②制粉系统上配置的蒸汽灭火系统和二氧化碳灭火系统等消防设施应确保完好，并做好定期检查。

③启动制粉系统时，应进行全面检查，确保系统内部、外部无积粉自燃现象。

④运行中应加强检查和维护，及时消除磨煤机入口积煤、积粉现象。加强制粉系统运行监视与调整，严格控制磨煤机出口温度，防止堵断煤。

⑤运行中加强对煤粉细度的控制，若煤粉过细，应及时进行调整。

⑥加强运行巡回检查，发现制粉系统漏油、漏粉、漏风，应及时采取措施进行处理；应杜绝明火，防止粉尘爆炸；外漏煤粉发生自燃应使用花洒水喷洒灭火，严禁使用柱状压力水灭火，以防积粉扬起发生爆炸。

⑦对制粉系统的温度及风量控制应加强监视，将其控制在规定范围内。

⑧停止制粉系统时，应充分通风吹扫，系统内部的煤粉必须抽净后方可停止磨煤机，磨煤机停止后仍应加强对进、出口温度的监测，制粉系统再循环门、磨煤机口热风风门应严密关闭。

⑨在制粉系统焊接时，要将地线拉到焊接处，并将周围煤粉清扫干净，并采取可靠的安全措施方可工作。

⑩运行中发现制粉系统煤粉着火时，要立即停止制粉系统的运行，采取紧急措施进

行处理，待火源消除后，对制粉系统进行全面检查。

⑪在处理粉仓下粉不畅，敲击粉仓时，宜使用铜质工具，若发现有不严密处漏粉，应停止敲粉工作。

⑫细粉分离器、扩散收尘器及所属管道、煤粉仓发生着火时，应立即关停排风机。

⑬作业人员现场巡检、操作、清尘时应佩戴防尘口罩等防护用品。

（2）熟料窑安全技能

1）本质安全要求：

①高温区域应设置必要的隔离、保温等措施，并设置相应的安全警示标识；

②熟料窑饲料泵必须设置压力检测、超压报警、自动停车等安全装置。

2）安全操作技能：

①熟料窑新换耐火砖点火烘窑时，应打开窑尾立烟道门，防止煤粉在电收尘系统中积存燃烧、爆炸，防止大量水分进入电收尘系统影响送电。

②观火孔应设防火玻璃罩，并保持完好。

③熟料窑点火时现场人员严禁站在窑口正面，应站在窑头两侧，冷却机、电收尘及喷枪平台不应有人；喷煤时窑头不应站人或有人通过，防止回火伤人。

④取样时禁止将捣棒（取样棒）插在窑体上，或别在取样孔上；卸压时应戴上防护眼镜，操作人员应站在侧面；卸压后方可拆卸喷枪。

⑤熟料窑运转时，严禁无关人员在下料口处聚集或在正面窥视，以防被熟料反扑烧伤。

⑥捣下料口时，必须戴好防尘面具、防尘帽、防尘手套、防尘眼镜等，在捣料过程中，不应正面对着工具或把工具抱在怀里；捣窑尾罩结疤时，应有专人负责安全工作，如需翻窑必须事先联系好，人员提前离开窑尾小门，防止烧伤。

⑦窑内温度高或有明火时，试送煤系统设备应提前开启排风机转窑，以防止放炮。

⑧若发现窑内煤粉燃烧不充分，应停窑观察，查明原因。

⑨排风机故障停止运转，应立即停止向窑内喷煤；排风机启动时风门转速应设在最低，在零位启动。

⑩进窑内检查或处理问题时，应沿物料一侧向里行走，以防止烫伤。

⑪处理堵、烧喷枪时，先关闭旋塞阀门，再拿下喷枪，严禁将喷枪头对着窑尾罩或

有人的地方，以免火焰伤人。

⑫检修转窑前，应检查窑顶、窑内、冷却机进料口等部位，确认无人后方可进行检修；转窑时，人员应离开窑尾现场，防止喷料伤人。

⑬打窑圈时，应当设置监护人员，打圈作业人员不得站在窑圈正下方作业。

⑭检修、清理作业时，应采取合上阻尼电机或将钢丝绳拉紧等防止窑体偏重自转的安全防护措施。

⑮熟料窑运转时，巡检和操作人员应远离高温区域，减少高温区域的作业时间；熟料窑停运检修时，必须采取降温措施，窑内温度降低后，检修人员才能进入，并且要穿隔热防护服。高温季节，岗位应配备空调等降温设施，并应配防中暑应急冷饮和药品。

3. 溶出安全技能

（1）化学灼烫安全技能

1）本质安全要求：

①储槽应设置溢流管，溢流管应连接地沟、地坑，或其他空置容器，当储槽物料过多时，通过溢流管将物料引入安全区域，避免冒槽事故发生；

②储槽、储罐区应设置围堰和地沟，拦截泄漏物料，并将其及时回收，避免发生冒槽事故时物料漫流；

③稀释前储槽温度较高，液体处于沸腾状态，为避免含碱物料飞溅，槽顶要进行密封，并设置乏气回收和排气设施；

④储槽、储罐顶部应设置专门人行安全通道，地沟、溜槽应设置盖板，防止人员踏入地沟、溜槽；

⑤输送碱性和酸性物料的管道法兰应设置法兰罩，防止物料泄漏伤人；

⑥作业现场应设置必要的警示标识，作业人员应配备防酸碱的工作服、手套、胶鞋和护目镜等防护用品；

⑦有碱性物质存在的区域应设置洗眼器、淋洗器等应急设施，并在现场配备硼酸水，供操作人员发生碱灼伤时现场及时清洗。

2）安全操作技能：

①各种储槽应设料位计，对料位进行检测，一旦出现高料位报警，应立即停止进料。

②湿法生产区域车间地坪应有一定的坡度，并设地沟及污水槽，一旦碱性物料或者

酸性物料泄漏，应及时冲洗、回收。

③在经常有人员通过的地方和操作室附近的物料管道，不宜设法兰和阀门等。

④根据物料腐蚀的特性，选择储槽的材质，管道、阀门、垫片按规定、规范选用优质材料。

⑤泵类接头不应使用橡胶伸缩接头等易损件，老化设备应定期检查和更换。

⑥管道焊接部位应定期检查，高压管道应定期检测壁厚。

⑦作业人员应严格遵守操作规程，避免超压。

⑧开关料浆阀门作业时，不应直接面对法兰。

⑨检修承压设备前，应将压力泄放到零，并采取有效的防护措施防止带余压的料浆喷溅。

⑩拆卸阀门、管道、泵、容器的连接螺栓时应由下而上进行。

⑪检修、清理各类容器、储罐、槽、管道、泵等设备前，应通知相关运行岗位人员，并对所有可能来料的管道或设备采取可靠的隔离措施，如加盲板等；关键部位的阀门应关闭，排空容器、储罐、槽、管道内物料；作业期间，外部应设置专人监护。

⑫设备清理检修作业时，应关闭进出料、风、气、水等管道、溜槽的阀门，并加盲板，挂警示牌，进行安全确认后方可施工。

⑬一旦发生碱或酸灼伤立即用清水或者岗位配备的药水冲洗，身上衣物如果也沾有碱或酸应立即脱掉。冲洗后仍感到不适，应到医院就诊。

(2) 熔盐炉安全技能

1) 本质安全要求：为防止熔盐在加热过程中，熔盐罐超压引起熔盐外泄，熔盐罐应设置防爆阀，并将防爆阀出口引入应急储槽。

2) 安全操作技能：

①熔盐应储存于阴凉、干燥、通风良好的库房，硝酸钾、亚硝酸钠、硝酸钠平时不得混放，不得受热、受潮，不可在阳光下暴晒，并应远离火种、热源。库内温度不超过 30 ℃，相对湿度不超过 80%。

②熔盐应与还原剂、酸性物质、易（可）燃物、活性金属粉末分开存放，切忌混储。储区应备有合适的材料收容泄漏物。

③混盐时应在非常干净的场所进行，不准混任何有机物、氧化物、易燃易爆物等，

如纸张、油品、木屑、纱布等，以免引起氧化造成燃烧或爆炸。

④工作人员应穿戴好劳动防护用品和防尘面具避免吸入盐尘；应使用木锹装卸，禁止使用铁质工具；装卸熔盐时，不得撞击摩擦。

⑤熔盐罐应经过 1.3 倍的水压试验，试验后水经过抽空、加温烘干后方可使用。

⑥熔盐易潮解，加热熔盐时盐罐应敞口以保证水蒸气充分挥发，特别是温度为 200~400 ℃时要非常慢地进行加热，避免熔盐沸腾溅出伤人。

⑦熔盐熔化后应及时关闭蒸汽加热盘管蒸汽阀门，做好排水工作，以免发生意外；运行时还应注意盐罐安全阀是否失灵，防止盐罐超压。

⑧如遇原盐结块，可用木槌敲碎，木槌若有掉渣要及时更换。

⑨有熔盐的区域应严禁烟火，防雨防火，一旦发生火灾先用砂土灭火。

⑩发生泄漏时应立即隔离泄漏污染区，限制出入；应急处理人员应戴防尘面具（全面罩），穿防毒服，不与泄漏物直接接触；勿使泄漏物与有机物、还原剂、易燃物接触；如小量泄漏，可用大量水冲洗，冲洗水稀释后放入废水系统；如大量泄漏应用塑料布、帆布覆盖，然后收集回收或运至废物处理场所处置。

⑪熔盐加热升温过程中防止热辐射，应对熔盐罐、熔盐管道进行保温，或者采取隔离和警示措施，并尽量减少作业人员接触高温的作业时间。

⑫熔盐加热使用煤气、天然气等燃料。

（3）管道化溶出装置及溶出器安全技能

1）本质安全要求：

①管道化溶出装置各罐体及管道均属于压力容器和压力管道，应按照特种设备进行设计、安装、使用，监控系统应设报警联锁且齐全可靠；

②溶出系统设置压力、温度、料位等参数检测和监控设施，并设置相应的联锁系统，以保证当容器内料位达到高限或压力超压时保护设备安全；

③冷凝水自蒸发器、蒸汽缓冲器、新蒸汽总管上应设置安全阀，每台压力容器应设置不少于 2 个安全阀，并应确保泄压排出点符合安全要求；

④溶出系统的换热器、溶出器和自蒸发器上都应设合理、安全、可靠的不凝气排出设施；

⑤溶出工序应设置脉冲缓冲器，以稳定系统的进料压力，防止系统超压，保护整个

溶出机组；

⑥溶出厂房顶部应设置自然通风天窗，或者采取机械通风措施，及时将含氢氧化钠的蒸汽外排，降低厂房等相对密闭区域内的氢氧化钠含量。

2）安全操作技能：

①自蒸发器、压力管道、停留罐及附属的压力表、安全阀、保护装置等安全附件应定期校验，且校验合格、完好、准确、灵活好用；附属设施应定期检查，设备零部件应齐全，紧固可靠，无缺陷；确保各仪表、控制器、阀门灵活，电终端阀调节显示开关度与现场阀门实际开关度一致。

②经常对溶出器系统的结疤情况进行检查，发现大块结疤要及时清理，防止堵塞出口；溶出管道堵塞时，不应直接高压冲击，应泄压后再进行清理。

③溶出装置及蒸汽管道在启动时，应先排出内部冷凝水，再逐步提温。

④溶出装置预热时，应详细检查流程，确保料汽、水走向正确，内、外管道应同时预热，防止膨胀系数不同造成管道密封泄漏伤人。

⑤若遇预热段内管刺漏、熔盐加热段内管刺漏时应立即停车，现场巡检人员要远离泄漏位置，同时设立警戒线，将物料推出并泄压后，才能开始检查泄漏位置。

⑥气液分离器、自蒸发器、冷凝水罐检修时，应将装置内压力降到零后方可拆卸，禁止带压工作；进罐内清理前应打开上下人孔通风检测，并采取可靠的安全措施后方可进行作业。

⑦溶出器不应超压运行，防止密封泄漏；带压管道不应受到外力击打。

⑧活动阀门时，禁止用锤敲打，以免损坏阀门、刺料伤人。

⑨对溶出套管进行高压清洗时，必须划定警界区域，严禁无关人员进入。

⑩槽罐类支架及管道支架应定期进行沉降观测。

⑪为防止采用高温熔盐或者高压蒸汽对料浆加热过程的热辐射危害，高温管道、自蒸发器应进行隔热防护并有警示措施。

（4）压煮器安全技能

1）本质安全要求：

①每台压煮器连接口上应装设 2 台安全阀，安全阀、压力表、法兰处安全防护罩和蒸汽管道表面保温层应齐全，机体上安全附件应灵敏可靠，定期校验，符合《固定式压力

容器安全技术监察规程》（TSG 21）要求；

②压煮器的设备安装及运行过程中的各类参数应符合设计要求，监控系统齐全可靠；

③酸洗作业应按酸加入水的原则进行，酸储罐应设防泄漏围堰，周围应有明显的警示标识；

④生产现场操作岗位应配备存放浓度（质量分数）为2%～3%的硼酸洗液，半径15 m内应设紧急冲洗、喷淋装置。

2）安全操作技能：

①压煮器及其附属设施应定期检查，设备零部件应齐全，紧固可靠，无缺陷；各仪表、执行器、阀门灵活，电动执行器的调节显示开关度与现场阀门实际开关度一致。

②开车前，进行脉冲缓冲器压力和料位安全试验时，必须缓慢进行，严禁升压过快；缓冲器安全试验合格后，系统压力料位报警正常，方能进行填充管道溶出器和压煮器作业。

③溶出器预热，应详细检查流程，确保料、气、水走向正确；送气前应放水，缓慢打开阀门，预热管道后方可提压；内、外管道应同时预热，防止膨胀系数不同造成管道密封泄漏伤人。溶出器不应超压、超温运行，防止密封泄漏。

④机组出料，操作阀门时，应戴防护眼镜，从侧面进行观察，以免热料溅出烫伤作业人员；操作时应注意监控阀门的开度，避免大量料浆溢出伤人。

⑤出现高料位报警，应采取降低机组进料量或停泵倒压处理，使料位降低至正常值，确保机组安全运行。

⑥溶出器停用期间，应进行物理隔离；清扫管内余料前应降低槽内液位，防止物料溢出伤人；隔离出来的压煮器在检修、清理之后，经水压试验合格才能投入使用。

⑦拆卸蒸汽、料浆管道时，应将气、料流程完全隔离并泄压；工作时不能正面面对法兰，拆卸螺栓由下而上进行，注意物料喷出、泄漏伤人；打开槽罐人孔时，必须先松开底部螺栓，看有无料浆流出，再松开顶部螺栓；当螺栓松动时，先用撬棍撬松人孔，放完积料后再打开人孔；动火作业前，应用水冲洗干净管道，打开管道通风放气。

（5）辐射防护安全技能

1）本质安全要求：

①放射性同位素仪表使用场所及其入口处应设置放射性安全标志和必要的防护安全

联锁、防盗报警装置或工作信号。

②放射性同位素仪表源罐外应设防盗保护罩，有条件的可以对每个放射源安装 GPS 定位装置。

③在生产现场采取设置明显的放射性标识和中文警示说明、划定警戒范围、配备防护用品、定期检测、操作和管理人员上岗前必须接受辐射防护专业培训等。

2）安全操作技能：

①放射性同位素仪表尽量安装在设备高处，远离操作人员经常活动的场所。

②放射性同位素的装卸、使用、保存和销毁应符合《放射性同位素与射线装置安全和防护条例》（中华人民共和国国务院令第 709 号）和《电离辐射防护与辐射源安全基本标准》（GB 18871）的要求，应有严格的防盗及防护监控措施，现场应设置警示标识。

③放射性同位素仪表使用场所要落实安全监护措施，放射性同位素仪表检修、维修期间应执行严格的巡查监护。

④进行放射源操作时，要充分考虑放射源活度、操作距离、操作时间和防护屏蔽等因素，采取最优化的防护措施，将操作人员所受辐射剂量控制在尽可能低的水平。

⑤放射源的操作必须由经过培训的专业人员进行。

⑥发生放射性事故后，应立即对事故区域进行隔离，同时进行技术检测，检查放射源本体，确定放射源是否丢失、有无泄漏以及造成的污染的程度。

⑦发现放射源丢失，但没有造成泄漏污染情况，立即展开全厂范围内的放射源的调查和搜寻，直到找到丢失的放射源为止。

⑧确认放射源已经发生泄漏和污染，应当由专业人员处理，直到检测结果达到国家安全标准。

4. 沉降、分解安全技能

（1）沉降系统安全技能

1）本质安全要求：

①沉降槽基础应严格按照规范设计，并做好承载力计算和基础处理；使用沉降槽时不应超过其额定荷载或改变其用途，不得随意改变储槽设计高度、运行液位高度和储槽中的物料，矿浆和料浆固相参数不得超出设计值。

②沉降槽上设置排气筒，减少槽内部碱性蒸汽积聚，降低对槽顶的腐蚀速度；排气筒不得封闭，沉降槽排气筒、溢流管应定期检查清理、保持畅通。

③储槽周围应设置排水设施，防止基础长期被浸泡。

④沉降槽槽顶应设安全通道和相应的检修平台，作业人员不应直接站在槽顶上进行作业；沉降槽搅拌装置旋转部分应有防护装置；底流泵出口法兰、人员经常通行部位的管道法兰应设置法兰防护罩，防止泄漏物料伤人。

⑤沉降槽区域应设置围堰，围堰厚度至少 150 mm，其容积应足以容纳围堰内最大的常压储槽的容量，围堰最小高度不小于 450 mm。

⑥沉降槽区域地坪应平整并有一定的坡度，并坡向区域内地沟，地沟应坡向污水槽；地沟应设置盖板，盖板箅子间距不应大于 4 cm，盖板应有定位措施确保稳固。

⑦沉降槽区域应设置应急冲洗装置，包括应急喷淋、洗眼器和硼酸水；供水管道及喷淋装置应有防冻措施；供水水源及压力应可靠；应急装置应定期检查保持完好，应急装置的位置应布置在宽敞安全区域，尽可能直线到达，避免越层；应尽可能保证人员在 10 s 之内能快步到达喷淋装置。

2）安全操作技能：

①沉降槽槽体、框架结构、平台等设施应保持完整，并定期检测检验钢板厚度、定期防腐；不应在结构件上进行切割、打孔等削弱结构强度的作业。

②应定期对槽体沉降、位移、倾斜度、槽壁厚度进行观测；对出现的沉降、位移、腐蚀、变形和裂缝等异常情况应及时进行处理。

③进入储槽内清理结疤时，应乘坐专用升降设施，或者搭设脚手架，遵循由上向下的顺序分层清理。

④进入沉降槽内部进行检修、清理作业应执行有限空间作业审批制度。

⑤槽体下方及周围紧邻区域内不得设置人员聚集场所（操作室、休息室、会议室、更衣室、澡堂）。

⑥进入沉降区域内的作业人员应佩戴防护眼镜或面罩，带压处理管道泄漏时应穿专用防护服。

（2）叶滤系统安全技能

1）本质安全要求：

①叶滤机厂房应有自然通风和机械通风设施。

②叶滤机应设置安全阀和压力检测、超压联锁停车装置，并且应定期检测检验。

③叶滤机应有现场压力显示装置，使现场人员能直接观察到压力状况。

④叶滤机碱洗泵应设置压力联锁停车装置，在碱洗压力达到设定压力时碱洗泵应能自动停车。

⑤凯利式叶滤机应安装液位联锁装置并保证运行正常，防止误操作引发事故；机筒顶部应设排气阀，确保能正常排气，避免机筒内气体压力积聚。

2）安全操作技能：

①叶滤机安全阀泄压口应连接收集槽。

②立式叶滤机系统应有可靠的备用压缩空气气源。

③叶滤机开车前应仔细检查粗液、精液、碱液、水流程是否正确、畅通，特别是要对碱洗流程的步骤进行逐个确认，防止因流程混乱造成大面积冒槽和人员碱灼伤事故的发生。

（3）种分分解槽安全技能

1）本质安全要求：

①槽体应设置液位计，保持槽体液位稳定，防止槽内物料溢出。

②槽顶开关箱、作业点和巡检部位应设置安全通道和检修作业平台，槽罐顶部观察孔、取样孔应安装防坠落箅子。

③槽顶边沿应设置安全护栏，并符合《固定式钢梯及平台安全要求　第3部分：工业防护栏杆及钢平台》（GB 4053.3）的要求。

④槽顶物料溜槽悬空没有紧贴槽壁的部位和溜槽闸板部位应设置检修维护平台，上下平台需设置钢斜梯或爬梯。

⑤槽下检修人孔门应设置门轴或在上部设置吊装杆。

⑥槽下应在低位和高位设置2个垂直中心线间距大于500 mm的放料阀，放料阀应设置二道阀，高于1.5 m的放料阀应设置作业平台。

⑦种分槽应设置事故搅拌装置，事故搅拌装置的动力源应与原搅拌动力的动力源不同。应对搅拌停止、槽溢流事故设有事故报警装置。

⑧放料阀处应设置放料地沟，地沟要有地沟盖板，槽下应设置泄险区并应根据槽体

容积设置相应的防渗围堰，围堰设置标准参考本节中沉降系统安全技能。

2）安全操作技能：

①使用分解槽时不应超过其额定荷载或改变其用途，不得随意改变储槽设计高度、运行液位高度和储槽内的物料，精液固含参数不得超出设计值；

②清理分解槽结疤禁止采用爆破作业。

（4）碳分槽安全技能

1）进入碳分槽生产区域作业时，应配置便携式二氧化碳报警器和一氧化碳报警器，要设置专人监护。

2）检修工作前应联系生产岗位，办理相关工作票，切断与待修设备相连通的气源，加装盲板并悬挂安全警示标识。若需要碳分槽内部动火或长时间检修时，可拆卸一段和被修容器相连的管道，与生产系统相连的一端管口也应加装盲板。

3）进入碳分槽内作业时应详细检查槽内、槽顶结疤情况，若发现结疤松动现象，严禁进入槽内作业，应待清理完毕安全确认后再进行作业。

4）进行槽内电气焊作业时，必须保持通风良好，有双人孔的必须同时打开，单人孔的要设置通风机等通风设施。

5）在槽内进行搅拌器桨叶维修作业时，应详细地检查搅拌系统的设施安全状况，确认是否存在断裂与塌架现象，并设专人监护。

（5）板式换热器安全技能

1）本质安全要求：

①板式换热器物料进出口和冷源进出口应设置滤渣器、压力表和温度计；

②板式换热器作业区域应设置泄险区，且设置的围堰的容积应与板式换热器产能相配；

③放料阀处应设置放料地沟，地沟应设置地沟盖板；

④设备进出口管道的法兰应安装法兰罩，并保持完整。

2）安全操作技能：

①板式换热器侧向应有防护垂帘，高于 15 m 的进出口闸阀门应有作业检修平台；

②开停板式换热器时，物料和冷源应同时开关，严防因偏压导致密封泄漏喷料伤人。

5. 母液蒸发安全技能

1）本质安全要求：

①蒸汽缓冲器、新蒸汽总管上应设置安全阀，每台压力容器或每处应设置 2 个安全阀，并应确保泄压排出点符合安全要求；

②槽罐区现场设置围堰、地沟和应急储槽，槽顶要密封，并设排气和泄压装置；

③蒸发器及蒸汽管道应采取保温措施，现场应设置隔离或警示标识；

④蒸发厂房顶部应设置自然通风天窗或者采取机械通风措施，及时将含氢氧化钠的蒸汽外排，以降低厂房内空气中氢氧化钠含量。

2）安全操作技能：

①蒸发器各罐体及管道应按照特种设备进行设计、安装、使用，并按照要求定期进行检测检验。

②蒸汽缓冲器、蒸发器等压力容器应符合《固定式压力容器安全技术监察规程》（TSG 21）的要求，各种安全附件（安全阀、防爆膜、紧急切断阀、减压阀、压力表、温度表、报警器等）应齐全；安全阀应定期进行手动试验，并根据《固定式压力容器安全技术监察规程》（TSG 21）的要求定期校验。

③容器的人孔、目镜（液位计），封头的垫子、密封应完好，蒸发器上各逆止阀应可靠，并定期检查、清理，确保其符合要求。

④对人员有可能接触的蒸汽管道、高温料浆设备设施应采取有效的保温和隔离防护措施，保温层及保温铁皮应连接牢固。

⑤蒸发器组停车超过 4 h 以上，重新开车通蒸汽前须先暖管，暖管时间应不小于 15 min；结束暖管后，打开主蒸汽控制阀，并缓慢地向系统内通入蒸汽。

⑥蒸发器运转中，严禁用水冲洗液位计表面，操作系统阀门时动作应缓慢；向蒸发的循环母液中进行补碱作业时应戴防护眼镜和面罩。

⑦蒸发器组运行不应超压、超温，防止密封泄漏。

⑧进行打压作业时应停止蒸发器内部其他的作业，打开蒸发器封头顶部排气阀。

⑨检修蒸发器应执行《缺氧危险作业安全规程》（GB 8958），停电挂牌、断料加盲板；蒸发器内温度 40 ℃以下方可进入；照明应使用安全灯，安全灯用电电压不得大于 12 V。

⑩蒸发器运转中，严禁用水冲洗液位计表面和用冷水冲洗目镜，严禁带压紧固目镜螺栓，紧固目镜螺栓时操作人员的眼睛不应正对目镜；更换目镜时应首先消除容器内的

压力；卸目镜时，人不能面对目镜；打碎的目镜应立即清除；更换高处的目镜时，应采取安全措施。

⑪酸洗作业时，应将清洗的蒸发器和其他各蒸发器进行隔离，往稀酸槽加浓硫酸前，稀酸槽新水注入量务必淹过搅拌装置，且保持搅拌装置运行；蒸发器酸洗后若未经置换、通风、检测氢气，不得进行动火作业；酸洗过程中严禁在蒸发器系统及附属管道内进行动火作业。

⑫管焊人员在更换或补焊酸管和酸槽时，要确认没有残存酸并消除爆鸣气后才能进行作业，以防爆炸伤人。

⑬液碱、酸储槽要作专门的防腐处理，并经常检查槽体是否有渗漏，若有问题应及时维修。

⑭生产现场操作岗位应配备质量分数为 2%～3%的硼酸洗液，半径 15 m 内应设紧急冲洗、喷淋装置，以防碱烧伤；喷淋装置应完好。

6. 氢氧化铝焙烧安全技能

1）本质安全要求：

①天然气、煤气等燃气管道应设置放散、接地装置，埋地管道应有防腐保护设施，管道与周围其他设施的安全距离应符合《工业企业煤气安全规程》（GB 6222）和《城镇燃气设计规范》（GB 50028）的要求；用燃气作燃料的场所应设置可燃或有毒气体泄漏报警器装置。

②煤气输送管道应设气水分离设施。

③工作场所应加强通风，降低有害物质浓度；易形成燃气积聚的区域应设置在线泄漏检测报警装置。

④燃气输送系统应设置必要的紧急切断阀、放散管、防爆阀等。

⑤焙烧炉燃烧器应设置阻火器，并保持完好、可靠；同时应设有失压联锁装置和应急切断装置。

⑥站区应有完善的防火和灭火设施并应设置视频监控、应急报警和通信联络系统；油罐组周围应设防火堤。

⑦重油储罐的储油量应控制在容积的 90%以内，其油位应低于消防泡沫剂进口 400 mm；油罐必须有准确可靠的液位指示，并应设置高限报警装置。

⑧罐区、装卸作业区、油泵房、消防泵房、配发电间等重点部位设置安全标识和警示牌。

⑨站区电气设施应选用防爆型，电气线路应采用阻燃电缆或钢管配线，不应有架空线。

⑩油罐区和卸油区必须安装独立避雷针，禁止在罐壁上焊接避雷装置；油罐必须有可靠的接地装置；油罐区及卸油区应有可靠的防静电接地装置，油罐接地线和电气设备接地线应分别装设，并定期检测、维护。

⑪卸油和输油系统应采用密闭管道；进入站区的机动车辆应设有防止火花产生的安全措施；应有可靠的静电接地部位，静电接地拖带应保持有效长度，符合接地要求。

⑫焙烧尾气应在电收尘入口设置在线气体分析；为防止电收尘内部爆炸，电收尘应联锁停车。

⑬罗茨风机应采用减振基础，并宜设置单独的隔声围挡措施，降低噪声；岗位作业人员配备防噪声耳塞。

⑭焙烧炉高温部位应采取保温和隔离措施，现场应设置警示标识；现场作业岗位应配备空调等降温设施，高温岗位应配备防中暑冷饮和应急药品。

2）安全操作技能：

①新建天然气、煤气储罐或管道投产前应进行燃气置换，进行检修前应用惰性气体进行置换。

②输送管线接头及阀门连接部位安装要规范，确保垫圈材质符合要求，各部位不得泄漏。

③埋地输送管线应采取阴极保护防腐措施；架空管线应定期进行防腐处理，并对管道定期进行检测，确保管道完好、无泄漏。

④燃气系统应做好防静电、防雷接地。

⑤点火前，应对燃气炉及燃气管道、阀门进行检查，确认管道不泄漏、阀门安全可靠、仪器仪表性能可靠、炉内无可燃气体积聚、作业现场通风良好后，方可点火；停火后，要立即关闭所有燃气阀门，并进行检查确认。

⑥焙烧炉现场严禁吸烟，禁止使用明火作业；确需明火作业，应严格执行动火作业逐级审批制度，落实相应的安全措施，在确认安全无误时，方可进行；禁止穿带有铁钉

或铁掌的工作鞋进入作业现场。

⑦炉子点火时，炉内燃烧系统应具有一定的负压，点火程序为先点燃火种后给煤气，严禁先给煤气后点火。

⑧若送煤气时不着火或者着火后又熄灭，应立即关闭煤气阀门，查清原因，排净炉内混合气体后，再按规定程序重新点火。

⑨凡强制送风的炉子，点火时应先开鼓风机但不送风，待点火送煤气燃着后，再逐步增大供风量和煤气量；停煤气时，应先关闭所有的烧嘴，然后停鼓风机。

⑩通蒸汽吹扫煤气系统时，不应关闭放散管；开工时，应用蒸汽置换空气，合格后，方可送入煤气，待检验煤气合格后，才能关闭放散管，但严禁在设备内存在蒸汽时骤然喷水，以免形成真空压，损坏设备。

⑪重油储罐应远离明火和能散发火花的地方，且离厂房及其他生产装置 15 m 以上；储罐间距不应小于最大罐径的 1/2。

⑫油罐组周围禁止存放爆炸品和其他易燃物品；消防通道上，不准堆放任何材料、设备等障碍物品，以保证消防车通行无阻。

⑬重油储罐的基础外露部分、装卸栈台、安全梯、管架及保温材料，均不应使用可燃材料；各油罐顶部严禁无关人员攀登，不许在罐顶行走。

⑭站区应制定门岗制度，并在门口显著位置进行公示；所有进出站区人员要登记备案，严禁携带火柴、打火机和易燃易爆物品，严禁穿带钉子的鞋进入站区，严禁在油库内使用无线电通信设备。

⑮站区值班人员应穿着防静电的全棉服装，配备的工器具应能防止火花产生。

⑯输油管倒换泵时，作业人员不应正对密封点；卸车时作业人员不应正对出油口；放水时不应正对放水阀门。

⑰站区内用火应严格执行动火作业审批制度，办理作业许可证，落实安全措施。

⑱焙烧炉系统启动前，应先启动预热燃烧器将焙烧炉预热到 800 ℃以上；预热过程中，不应开启电收尘。

⑲旋风筒发生堵塞需处理时，应戴好防护眼镜、高温手套等劳动防护用品；捅料时面部不应正对下料口，以防热料喷出伤人。

二、铝电解生产安全技能

1. 储运及净化安全技能

(1) 原料储运安全技能

1) 本质安全要求:

①密闭料仓应配备减压装置、安全爬梯和作业照明装置，架空敷设的输送管线应设有检修平台、防护栏杆、安全爬梯和作业照明装置，并保持完好。

②袋装料的堆高不应超过 6 m，仓库内设有拆、卸物料装置及物料输送装置时，应设置通风除尘设施。库内清扫地面应采用吸尘设备，不宜采用清扫或吹扫方式。

③氧化铝储槽应设料位指示装置和上、下极限报警器。人员进入含尘毒作业现场，应规范佩戴防护眼镜及呼吸器或防护口罩。

④厂房、料仓、净化设施登高直梯应符合《固定式钢梯及平台安全要求　第 1 部分：钢直梯》(GB 4053.1) 的规定，入口应设置门禁装置或非工作人员禁止攀登的警示标识。应定期检查扶梯、护栏、平台腐蚀情况，确保其刚度、强度、完整性符合要求。

⑤操作位置高度超过 1.5 m 的作业区，应设固定式或移动式平台；高于 1.5 m 的平台，宽于 0.25 m 的平台缝隙，深 1 m 的敞开沟、坑、池周边，如净化除尘设施、原料储仓、高架物料输送设备和烟道应设置人员行走和检修的平台，临边口、井口、门洞口等的周边应设置符合《固定式钢梯及平台安全要求　第 3 部分：工业防护栏杆及钢平台》(GB 4053.3) 规定的安全栏杆。

⑥高空作业应采取安全防护，设置围栏、安全网等，作业用具和锚点应经检查、评估，确认安全有效，作业人员应佩戴安全带。

2) 安全操作技能:

①袋装氧化铝、氟化盐等原料应储存在防雨、防潮仓库内，散装料储存在储仓内；原材料在储存与运输过程中必须有可靠的防水、防雨雪、防散漏措施。

②主要原料氧化铝应采用质量不低于《氧化铝》(GB/T 24487) 中规定的二级标准；比表面积 60 m^2 及以上的砂状氧化铝受潮后应经干燥后才能加入电解槽使用。

③原料的储运、输送应采用浓相输送、超浓相输送、气力提升器或机械输送，输送设备和管道应保持全密闭，并采用自动联锁控制；气力输送氧化铝时，受料仓应设仓顶

袋式收尘器或相应的收尘设备。

④普通起重作业按照《起重机械安全规程 第1部分：总则》（GB 6067.1）和《起重机 手势信号》（GB/T 5082）的规定执行。

⑤进入储料仓进行检查作业时，应停止进料、出料作业，同时仓外应有人监护，检查人员应系好安全带，佩戴安全照明工具和对外联络设备。

(2) 烟气净化系统安全技能

1）本质安全要求：尘毒作业场所以及有毒物料的储存场所应按照《工作场所职业病危害警示标识》（GBZ 158）的要求设置警示标识，在主要污染物场所悬挂职业卫生标识；天井处上、下应悬挂醒目的警示牌，通过天井需绕行。

2）安全操作技能：

①检查除尘器布袋或更换布袋时，应有人监护，检查人员应系好安全带；料仓顶部、料仓内等高处作业点巡视检查不应单人作业，谨防从高处坠落。

②应定期检查和清理压力罐各电磁阀、气缸、物料切断阀、手动阀处的脏物，保证各阀门灵活可靠。

③供料人员在检查电解槽供料情况时，应严格遵守电解车间相关规程；检查槽上部料箱及确认料箱量时，不应使用金属工具，应使用干燥木棒。

④巡视溜槽时，不应攀爬防护栏杆；上下溜槽钢架平台直爬梯时，应随手将盖子盖上；雷雨天气不应上溜槽检查；巡视时应注意格子板、护栏等安全可靠。

⑤在进入布袋室前，应关闭出口阀门，打开人孔通风，作业人员应将工作服口袋内物品清理干净，布袋室内严禁烟火，检查布袋时不应用利器敲打。

⑥打开除尘器盖进入单元体空洞时，应执行锁死程序和限制性区域程序。

⑦加强输送设备、净化设备的日常维护保养，确保设备设施的完好率、运转率，发现故障应及时排除；应减少设备破损和停运，杜绝泄漏和遗撒飞扬情况的发生；对作业点应进行尘毒监测，粉尘和毒物监测每季度不得少于一次。

⑧按照职业病防治法律法规建立职业病档案，实施上岗前、岗中、离岗后的职业健康体检；已被诊断为职业病的作业人员应及时进行治疗和定期复查；尘肺患者、Ⅱ期和Ⅲ期工业性氟病患者应调离危害岗位。

⑨对产生噪声、振动危害的设备，如各类风机、电机、空压机等应采取减振隔振措

施，空压机进气口安装空气过滤器和消声器；对空压机房、风机机房及附属值班室等采取隔声措施。

⑩为作业人员配备劳动防护用品，尘毒污染严重的作业场所应配备防毒面具，噪声较大的现场配备耳塞。

（3）窒息应急处置措施

1）监护人发现作业人员出现中毒窒息症状时，应立即报告、求救，并及时抢救人员，拖拽安全绳将受害者拖出危险环境。

2）无安全绳时，应及时采取向有限空间内送风或新鲜空气的措施，并不断与伤员沟通，了解伤员状况；如伤员有意识应积极沟通并送入安全绳施救。

3）进入有限空间内施救时应穿戴正压自呼吸防护用品，将救出的人员放置在通风处，使伤者平躺，头部侧向一方，观察其生命体征，结合体征采取急救措施。

2. 供电系统安全技能

（1）变、配电所安全技能

1）本质安全要求：

①变电整流所应符合《铝电解工艺设计规范》（GB 50850）的规定要求；配套变电整流所应设置两个以上独立电源，并利用同级电压供电。

②供电整流主控室、室内或露天开关站、整流及动力变压器间隔、整流器室、配电室、冷却循环水泵房等关键场所应设置视频监视系统、交直流监视仪表、直流大电流测量装置和直流电流自动稳定调节控制装置。

③变压器、整流器等设备应设置防护栏，裸露交流母线或线路设置防护网。

④生产使用电气设备应根据电源系统中性点是否接地，分别采用保护接零或保护接地，中性点接地的低压电网应优先采用TN-S、TN-C-S保护系统。

⑤供电整流机组一次回路应设置避雷器、二次回路设置防止操作过电压及浪涌的装置；整流机组及动力变配电系统的电操控设备应有安全联锁、快停、急停等安全设计与装置。

⑥整流机组及动力变配电设备应设置继电保护装置和非电量保护装置；整流机组及动力变配电系统的供电、操控设备应有安全联锁、快停、急停等安全设计与装置。

⑦供电、变电所应符合《供配电系统设计规范》（GB 50052）、《20 kV及以下变电所

设计规范》（GB 50053）、《低压配电设计规范》（GB 50054）、《35 kV～110 kV 变电所设计规范》（GB 50059）、《3～110 kV 高压配电装置设计规范》（GB 50060）的规定。

⑧变电所应有防火、防漏、防雷、防潮和防止小动物窜入带电部位的措施，控制室、电气室的门均应向外开启。

⑨在可能发生触电危险的场所、区域和电力设备上悬挂安全警示牌和警示标识，电解车间内应设置紧急停电按钮和报警装置。

⑩主控室、电气间、电缆隧道等建（构）筑物，应设置火灾报警装置、消防水系统与消防通道，并设置警示标识。

⑪整流所、变电站等高大建（构）筑物应设置避雷装置，并定期检测，确保符合安全标准。

2）安全操作技能：

①电气作业人员应经过专门培训取得相应操作证后方可上岗，作业人员操作时应穿绝缘鞋、防静电服等防护用品。

②作业时应执行电气作业安全规定，不应用湿手检查电气设备、启动按钮，不应用水冲洗电机、开关盒，不应将盛水容器放在电气开关箱上。

③在电气检修工作中应执行停电、验电、挂警示牌制度；电动机、变配室、操控机接线符合安全要求。

④整流柜应定期校验直流隔离刀闸的短路动稳定性和热稳定性，防止隔离刀闸产生严重变形，无法操作；定期测量整流柜元件表面温度，如温度有异常，应进一步测量均流系数，加强水管等附属设施的巡视，发现水管渗漏，及时处理。

（2）供电铝母线安全技能

1）本质安全要求：

①导电母线裸露在地坪 3.5 m 以下的部位，应设置瓷瓶绝缘和防护隔离带；母线进出端应设置防护栏，设置非专业人员严禁入内、高压危险等警示标识。

②电解槽上部机构水平母线应设置限位保护装置、电压异常报警装置、离极保护装置；操控箱应设置紧急切断按钮。

2）安全操作技能：

①母线、短路口焊接、装配质量应符合相关要求，安装前进行打磨、涂抹导电膏等

操作，确保绝缘板和绝缘套管阻值符合规程要求。

②作业人员不应在母线地沟使用过长的金属工具，防止短接；外来人员不能进入母线地沟。

③进行检修作业时应设置绝缘层，防止间接触电事故。

④定期检查检测各短路口绝缘，测短路口压降，并及时处理不合格部位；定期检测电解槽绝缘、短路口各绝缘板的电阻值是否符合安全要求，发现破损或炭化应及时处理。

⑤建立关键设备点、巡检制度，认真执行制度；健全安全操作规程并严格执行。

3. 电解铝安全技能

(1) 建（构）筑物和设备安全技能

1）本质安全要求：

①铝电解车间符合《工业企业设计卫生标准》（GBZ 1）《铝电解工艺设计规范》（GB 50850）和《铝电解生产防尘防毒技术规程》（GB/T 17397）的要求。

②厂房应做好防雨措施。雨水、地下水、地面水不应进入电解厂房，车间内不应有排水点；厂房须设置畅通的排水设施和防止雨水进入槽下的防水堤，母线地沟或底层保持干燥，防止熔融铝液、电解质泄漏与水接触发生爆炸。

③电解槽应采用密闭罩板封盖、负压抽风除尘毒设施。

④打壳气缸放气口应设有消声装置，空压机操作间应设置隔噪门窗。

⑤母线焊接作业应采用铁皮挡板，摄像机、照相机等成像设备加装铁质防护罩，机械表、带磁条金融卡不应带入电解车间。

⑥电解槽的槽壳与上部机构支腿、风格板、槽壳支座、母线之间必须设置绝缘，绝缘电阻值不小于 0.5 MΩ。

⑦电解槽上部机构的各打壳气缸与支座、烟道与厂房、烟道端与上部机构相连的管道等必须设置绝缘，绝缘值不小于 2 MΩ。

⑧电解槽上部机械电气设备的进线管应采用非导电材料，使用良导体时，应设置二级绝缘；电解槽排烟支管采用二级绝缘。

⑨厂房内操作面以上、2 m 以下的建（构）筑物不应设置可能接地的金属埋件，柱子楼板上的钢筋、铁丝不得外露；柱间支撑为金属结构时，操作面以上 4 m 范围内应设有木质围栏或采取绝缘材料包裹。

⑩厂房内使用的风管、烟道管、操控箱接线管等良导体材料，应在操作面2 m以上设置绝缘间隔。

⑪电解车间内设置的作业工具、抬包、阳极提升框架等金属构件存放区与槽壳、金属地沟盖板和电气设备外侧的间距不应小于4 m。

⑫盛装高温物料的设备设施应采取耐高温材料砌筑，电解槽应采取隔热措施；表面温度高于60 ℃且人员易接触的设备设施、管道应采取隔热措施。

⑬尘毒作业场所以及有毒物料的储存场所应按照《工作场所职业危害警示标识》（GBZ 158）的要求设置警示标识，在主要污染物场所悬挂职业卫生标识。

⑭桥式起重机和多功能机组驾驶室应密封，操作室配备降温设施；电解槽内部加氟化盐、新鲜氧化铝和骨料时，宜采用上部料仓加料，避免人工加料。

⑮进行电解槽焊接作业时，电焊机电源应使用漏电保护装置，外壳应接零保护，不应用厂房金属结构或生产管线、槽壳代替二次回路线。

2）安全操作技能：

①定期对作业点进行尘毒监测，粉尘和毒物监测每季度不得少于一次。

②电解槽作业面周边应保持干燥；不应向电解槽内直接加入湿冷物料，潮湿物料应预热后方可加入槽内；不应投掷湿冷物料、罐装物品、不明化学性质物品至熔融物内。

③与熔融电解质、铝液直接接触的工器具、盛装容器使用前应进行预热，人员作业时应慢、稳、准，避免高温熔融物质飞溅。

④在电解厂房内使用铁质工具时，应注意磁场影响；不应坐在槽罩板、槽沿板及立柱母线短路口上；不应用金属工具搭接相邻电解槽。

⑤电解槽加工、出铝、更换阳极作业时除加工面外，其余各面的密闭罩板不应打开，停止作业时应关闭密闭罩。

⑥启罩作业时应将排烟支管阀门调到设定点的最大值，作业完毕后立即关闭密闭罩，并将阀门恢复到原设定位置；清除电解槽和设备上的积尘时应采用吸尘机具，不应采取压缩空气吹扫方式。

⑦进入电解厂房不应穿潮湿、带铁钉的鞋；作业人员应配备耐高温、阻燃的防护服装，佩戴防尘防毒口罩、耳塞、手套、面罩等个人劳动防护用品。

⑧定期检测电解槽绝缘、短路口各绝缘板的电阻值是否符合安全要求，发现破损或

炭化应及时处理；电动机、操控机接线应符合安全要求。

⑨开展职业卫生培训，建立职业病档案，实施上岗前、岗中、离岗后的职业健康检查；铝电解作业人员上岗前有职业禁忌证者不得上岗作业，已被诊断为职业病的作业人员应及时进行治疗和定期复查，尘肺患者、Ⅱ期和Ⅲ期工业性氟病患者应调离危害岗位。

⑩从槽内取出的残极不要在炉前长时间存放，应尽快移至残极冷却间，通过冷却间内排风管道将含氟废气集中送至净化系统。

⑪清除旧槽内衬（刨炉）宜采用机械化作业；拆下的内衬应有固定的堆放点；采用喷砂设备清理阳极棒、阴极棒时，设备应设在密闭隔离间内，作业人员在室外操作。

⑫作业人员严格执行休息、就餐、洗漱及衣物洗涤等管理制度。

（2）电解槽作业技能

1）测量作业：

①测量作业时，注意防止工器具同时接触两槽；发生效应时应立即停止作业，待效应熄灭后方可继续作业。

②测量阴极钢棒温度、侧壁温度、炉底钢板温度时应做好安全防护措施，防止发生电解槽漏槽烫人等事故。

③入槽作业的工器具使用前应充分预热，用完后放回指定位置。

2）操控机操作：

①操作人员严格执行规程操作，先确认操作项目，再进行相应操作。

②操作操控机按钮时，应轻按轻放；操作完毕应将操控机按钮恢复到使用前位置，及时关好箱门。

③如发生阳极升（降）失控现象，应迅速切断动力电源，并启动相关预案。

④不应将金属工器具靠立在立柱母线、操控箱、气控箱和槽罩板旁；严禁一手拿金属工器具，一手操作操控机。

3）换极作业：

①在残极提出、新极未装好之前，操作人员不应站在槽沿板上；在残极脱离电解质液面后或新极插入电解质之前，作业人员应防止阳极脱落带出液体电解质。

②操作卡尺划线时，应事先检查阳极卡具是否会脱落，不应迎面站在卡具的下方，不应将脚伸入阳极底掌下面。

③新极装入后进行收边作业时，不应站在阳极、壳面上作业；不应用潮湿的物料进行收边作业；处理热块应佩戴防护眼镜或面罩。

4）抬母线作业：作业前，应确认电解槽状态，电解槽处于效应等待期间不应进行抬母线作业；电解槽上部作业、检修时，应系好安全带，谨防从高处坠落。

5）熄灭阳极效应作业：在向电解槽插入或拔出效应棒时，不应将身体正对电解槽，以防电解质或铝液溅出烫伤。

6）通电作业：作业前，应认真测量短路口的绝缘情况，绝缘电阻值不能低于 2 MΩ；不应事先松开短路口螺栓，防止断路爆炸事故发生。

7）出铝作业：

①新使用或间断使用的铝抬包应预热后方可使用，不应使用受潮冷包；修补过的铝包应作标识；预热后的铝包不能用潮湿工具、物件进行除灰。

②出铝时，作业人员应在距观察口侧面 15 cm 以外进行观察；铝液盛装不能过满，应低于铝包口 20 cm 左右，以免运输时溅出。

③出铝时，若发生阳极效应立即停止出铝，并将吸出管抽出，若发现包体外侧异常发热，应立即停止作业。

④铝包通道应与人员通道分开布置，运输速度控制在 15 km/h 以内；铝包车后部出铝口处应有防遗撒器具，防止运输时溅出。

⑤运输高温铝液的场所，不应与值班室、待机室、会议室等人员聚集场所在同一地点内，并应当与以上场所保持安全距离。

8）清包作业：清包时，应把抬包吊耳放置在吸出管一端防止包架倾倒伤人。完成清包后，抬包应摆放平稳，抬包吊耳用卡子卡稳。

9）地沟作业：

①在地沟测量时应通知地上作业人员，并在相应区域（地上、地下）设立警示标识。

②在地沟通行时应尽量避免从炉门位置通过，若无法避免，通过炉门口时动作应迅速。

③地沟作业时身体不能靠近母线墩休息，身体不能同时接触母线墩和母线；若工作服潮湿，应风干后方可进行地沟清理作业。

④地沟内禁止存放可燃物品，地沟内应保持清洁无杂物。

（3）多功能机组安全技能

1）本质安全要求：

①电解铝企业应配置铝电解多功能机组专用设备，用于电解槽的生产作业。铝电解多功能机组设计制造，应符合《冶金起重机技术条件　第5部分：铸造起重机》（JB/T 7688.5）、《铝电解多功能机组》（YS/T 7）的要求，机组安全联锁装置齐全有效，绝缘等级符合安全要求，并按照特种设备管理规定进行定期校验，在有效期内使用。

②多功能机组从吊钩到大梁应设置二级以上的机械绝缘，电阻值大于2 MΩ；从打击头、阳极扳手旋拧马达、阳极夹头等接触电解槽的机构，到起重机大梁之间应设置三级以上的机械绝缘，电阻值大于2 MΩ。

2）安全操作技能：

①操作人员应经过培训考核取得相应资质方能上岗；操作人员应严格按照操作规程作业，在吊运铝包、阳极炭块时要小行程、低速进行试吊，不应直接吊运；在行走前和行走过程中，应先打开声光报警信号，提醒地面操作人员注意。

②不挂阳极纵向或横向运行时，打壳机头应转到与机组移动方向一致的位置；吊阳极纵向或横向运行时，应把吊装的阳极旋转到与机组移动方向一致的位置，保持打壳机头斜向45°。

③更换阳极时，应用低速挡事先把挂吊阳极的卡具装置下降到导杆上方暂时停止，观察确认卡销与导杆销孔对正后，方可下降卡具装置，以免撞坏卡头和导杆；从槽中更换出来的残极炭块应放稳到指定位置。

④不应用强力反复调整卡销和锁孔间隙，以免损坏机组和电解槽；上紧卡具后应把吊具或阳极提升机升到上限位后方可开动机组。

⑤吊运铝包在通道运行时，应确认吸出管与机组移动方向一致方可运行；不应在行驶中的出铝车上起吊、放下铝包。

⑥挂铝包钩环时，应确认钩头完全进入钩内并小行程试吊；升降机构和行进机构不应同时操作，以免铝包底部挂碰运输车槽边缘造成铝液外撒或铝包车侧翻。

⑦在吊运放置母线提升机时，应有专人指挥机组作业，并与电解槽保持安全距离；吊运、升降母线框架时应保持吊钩在上限位；抬完母线吊放框架时，在不明确指挥信号时，不应任意操作。

⑧其他作业执行普通起重机安全作业规程。

（4）运输车辆安全技能

1）本质安全要求：

①铝包、阳极应使用专用车辆运输，禁止使用汽油车辆；铝包车辆应设置防铝液泄漏到驾驶室的挡板，运输过程中，必须制定防止铝液溢出的安全控制措施。

②厂内道路应根据交通量设置安全标志，其设置、位置、形式、尺寸、图案和颜色等应符合《工业企业厂内铁路、道路运输安全规程》（GB 4387）的规定。

2）安全操作技能

①运输过程应严格遵守相关作业规程，控制车速符合厂内限速规定，避免紧急制动；运输铝包应设置专用通道，且不应与人行通道相邻设置。

②厂内车辆应定期检验，做到出车前检查，收车后保养；保证车辆状况完好；驾驶人员应取得相应资质。

（5）漏槽事故应急处置措施

1）发生漏槽时，立即用电话汇报调度和有关领导，根据情况做好系列停电准备，迅速组织人员对漏点进行抢救。

2）抢救漏点时，应首先揭开风格板，判断出是侧部或还是底部漏槽，当确认为底部漏槽时，首先应系列停电；在未停电之前，安排抬包吸铝，指定人员下降阳极，此时电压不应超过 5 V。

3）集中力量保护槽周边母线及下部电缆不被烧坏。

4）如果侧部漏槽，要集中力量用电解质块袋装氟化钙或氧化铝等原材料配合多功能机组扎堵漏洞。

5）只有在迫不得已的情况下方可系列停电，处理完毕后要积极组织人力恢复生产。

4. 熔铸安全技能

（1）建（构）筑物和设备设施安全技能

1）本质安全要求：

①熔铸厂房内作业区域和运输通道不应设置集水坑、盛水井；车间内冷却水池应单独设置在厂房外部，且不与外部下水管网连通；铸造厂房内的地坑应进行防渗漏设计和施工，防止地下水渗入。

②车间内各类燃气管线应架空敷设，并应在车间入口设总管切断阀；油管道、天然气管道和氧气管道不应敷设在同一支架上，且不应敷设在管道的同一侧；氧气与燃油管道、天然气管道不应共沟敷设。

③天然气进入车间前的管道，应装设可靠的隔断装置；在管道隔断装置前、管道的最高处及管道的末端，应设置放散管；放散管口应高出天然气管道、设备和走台及人员巡检点 4 m 以上，且应引出厂房外。

④铸造中的混合炉和铸造机主要操作地带应设局部送风降温装置。

⑤混合炉炉门口要设置排烟罩并对烟气进行净化，抬包清理处产生粉尘的地点应安装收尘设备。

2）安全操作技能：

①吊运高温铝液的场所，不得与值班室、待机室、会议室等人员聚集场所在同一地点内，并应当与以上场所保持安全距离；铝包运输道路应平坦、安全，道路坡度应易于行车；铝水倒包作业区地坪应保持干燥，不应有积水。

②运输炽热物体的车辆，不应在天然气或氧气管道、电缆通廊、管架等下方停留；载运铝水应使用专用的柴油车，其油箱应采取隔热措施。

③混合炉、熔炼炉、保温炉的炉下区域，应采取防止积水的措施；炉子周围地坑应按防水要求设计施工；地面应保持干燥。

④在铸造过程中要及时扒渣和清炉，扒渣和清炉尽可能使用机械作业；含铝灰渣应在有防雨水措施的固定堆放点堆存，并应综合回收利用。

（2）入铝作业安全技能

1）吊运铝包的起重机应使用冶金起重机，并经专业机构检验合格，取得安全使用证或安全标示后方可使用；在使用过程中应定期检验。

2）使用中的抬包的耳轴部位应定期进行探伤检测；铝包吊运时应检查吊具、包梁、卡具、吊耳等部件是否安全可靠无变形；确认挂钩稳固后应先进行小行程、低高度试吊，行进时应开启警铃并保持平稳运行；防止速度过快导致包内铝液遗撒、飞溅。

3）吊运装有铝水的抬包，应与邻近设备或建（构）筑物保持大于 1.5 m 的净空距离。

4）新砌的开口包使用前应经过 8 h 以上的烘烤，烘烤温度应不低于 300 ℃，确保彻底除去水分和潮气。

5）捞渣作业时，使用的工器具应预热干燥，人员应站在捞渣平台上作业，非作业人员不应在作业区域内行走或停留。

6）手动倒包时应把包扶正、扶稳，自动倒包时将抬包扶稳挂好后人员应远离作业区 3 m 以外。

7）不应向抬包内加入带水分、潮气、油垢的固体铝及其他物品。

（3）混合炉安全技能

1）本质安全要求：铸造倾翻炉应设置紧急复位操作系统以及溜槽液位自动检测、控制系统；铸造熔炼炉、保温炉、倾翻炉、铸机、轧机流铝槽、除气过滤装置等，周围应设置防止铝液遇水爆炸的挡铝墙。

2）安全操作技能：

①向混合炉内入铝时，应检查炉眼是否堵好、是否有松动现象，包口要正对注铝口。

②炉内铝液高度不宜过满，应距离炉口 10 cm 以上，防止铝液扒渣作业时溢出。

③混合铝扒渣、打开出铝口，连续铸造机除渣、半连续铸造打底、收尾作业时，操作人员应佩戴防护面罩，配备耐高温、阻燃劳动防护用品。

④向入料后的混合炉内加固体物料时，应用专用工具将物料缓慢推入；不应两人同时向炉内投料，投料时不应用手握住铝锭前端。

3）电炉操作要求：

①使用前应检查电气系统是否正常，入铝口是否畅通；检查炉眼是否堵好，是否有松动现象，防止铝液渗漏。

②炉眼应指定专人负责操作，发现异常现象及时处理。

③入铝液时应时刻观察铝液面上升情况，防止铝液溢出炉膛；铸锭时应保持入铝口畅通，并控制好流量。

④打开炉眼时，应佩戴好面罩。

⑤进入炉膛作业（维修、清理等），应切断电源。

4）燃气炉操作要求：

①检查炉门升降装置、虹吸电葫芦升降装置、点火装置是否正常，如有异常应及时处理。

②点火前应检查燃气是否有泄漏，如果泄漏立即关闭主管道阀门，并通知专业人员处理。

③通过控制柜按钮开关打开或关闭炉门，炉前不应站人。

④随时检查阀门、密封垫有无泄漏现象，定期检查燃气总管压力是否正常，如有泄漏，需及时停气、停炉处理。

⑤建立管道检查监测制度，对燃气的泄漏应做到早发现、早排除、早控制，防止事故发生和蔓延；应在可能发生泄漏的区域设置检测报警装置。

⑥使用煤气时，应确认压力正常后才能点火；点火时应先点火后给燃气，并将烟道闸门和炉门打开。

（4）铝锭铸造安全技能

1）本质安全要求：

①铸造浇注生产流程中必须设置铝液紧急排放和储存的设施；铸造熔炼炉、保温炉出铝口应设置炉眼机械锁紧装置，应急塞铝杆配套件应齐全。

②垂直铸造机、连铸连轧机、扁锭铸机的浇注冷却系统应设置应急冷却水源；铸井内壁应涂刷防爆涂料。

③扁锭生产线的结晶器应设置液位检测、控制系统。

2）安全操作技能：

①浇注前应确保铸造机、堆垛机、混合炉和供水系统正常，将溜槽、分配器、渣铲等接触高温铝液的扒渣、出渣、精炼等工器具进行预热。

②铝锭浇注前应将溜槽、分配器、渣铲等进行预热；超过 8 h 未使用的铸模或新换的铸模以及在阴雨、寒冷天气使用的铸模，使用前应预热浇注；应在每个铸模都工作一次后，方可给水冷却。

③溜槽使用前应进行烘烤保持干燥，连接处严密不泄漏；溜槽应有防止铝水溅出措施；盛装高温铝液的容器、溜槽应预热。

④混合炉堵炉眼时，严禁将炉眼和塞子头浇湿，以防爆炸。

⑤铝锭堆放高度不应超过 2 盘，堆放应垂直、平稳、安全。

⑥连续铸造机除渣、半连续铸造打底、收尾作业操作人员应佩戴防护面罩并配备耐高温、阻燃劳动防护用品。

⑦制定并完善安全操作规程，应定期检查执行情况；现场应悬挂安全警示标识。

（5）铝包吊运安全技能

1）吊运熔融金属起重机应使用符合《冶金起重机技术条件 第5部分：铸造起重机》（JB/T 7688.5）的要求，经专业机构检验合格，取得安全使用证或安全标志后方可使用，在使用过程中应定期检验。

2）起重机启动和移动时，应发出声响与灯光信号，吊物不应从人员和重要设备上方越过；吊物上不应有人，也不应用起重设备载人。

3）起吊重罐时应进行试重，人员应站在安全位置，并尽量远离起吊地点。

4）吊运铝包时，抬包应平稳地放置在开口包底座上，包梁的卡具应卡到位，防止翻包；操作人员不可站在抬包底座、开口包边沿、抬包减速机上进行作业。

5）挂铝包钩环时，应确认钩头完全进入钩内并小行程试吊；升降机构和行进机构不应同时操作，以免铝包底部挂碰运输车槽边缘造成铝液外撒或铝包车侧翻。

6）通过电动葫芦操作铝包时应点动进行。

7）起重作业人员严格执行相关安全操作规定，非作业、指挥人员应与起吊作业地点保持安全距离，吊运物品下方不应有人员；起重机作业结束应停在指定位置，钩头应保持上限位高度。

8）检修设备时应严格执行作业规程，建立联保互保制度。

（6）熔铸生产事故应急处置措施

1）应建立停冷却水、停电、停气事故应急预案，制定炉眼堵不住、铝液泄漏事故应急救援预案；作业岗位应配备防烫伤应急药品，高温季节配备防暑降温药品。

2）发生燃气爆炸事故时，要立即止火，切断气源，关闭阀门或水封并堵盲板；煤气管道局部着火时，可用黄泥堵塞着火处，如裂缝太大，用黄泥堵塞不住时，应立即切断气源。

3）发生灼烫事故时，应迅速使人员脱离热源，脱除身上衣服，清理伤口表面高温物质和灰尘，涂抹防烫伤药品。

5. 残极处理及阳极组装安全技能

（1）残阳极处理安全技能

1）本质安全要求：

①厂房、通风防尘设计应符合《建筑设计防火规范》（GB 50016）、《铝电解厂通风除尘与烟气净化设计规范》（GB 51020）和《铝电解厂工艺设计规范》（GB 50850）的要求。

②车间布置若与阳极库房相连，采光、自然通风应符合相关要求；车间平面人行通道、悬链通道应分开设置，避免交叉；各站应合理布置，保持安全距离。

③阳极组装的残极托盘倾翻机、残级压脱机、破碎机、残极运输设备、电解质清理设备、导杆清刷机、钢爪抛丸清理机等设备和作业点应设除尘系统。

④尘毒作业场所以及有毒物料的储存场所应按照《工作场所职业病危害警示标识》（GBZ 158）的要求设置警示标识，在主要污染物场所悬挂职业卫生标识。

2）安全操作技能：

①加强收尘设备的日常维护保养，定期检查其是否符合设计要求，确保设备设施的完好率、运转率，发现故障应及时排除，减少设备破损和停运，杜绝泄漏和遗撒飞扬情况的发生。

②人员进入含尘、有害气体作业现场，应佩戴好防护眼镜及呼吸器或防护口罩。

③设备运行过程中，操作人员身体的任何部位不应接触设备的运动部分，不应将坚硬的物体（如撬棍）伸入设备内部，应该站在安全区域内进行操作。

④装残极时，应将小车挂斗两孔挂好方可排出，禁止小车单孔挂残极；作业时平台车托盘上以及平台车行走区域严禁站人；设备运行中严禁清扫、擦拭设备。

⑤在处理掉入清理平台或地坑内的残极、导杆、铁环时，应停机并有专人进行监护；铁环打磨设备运行时，下料口不应站人，设备故障应停车处理。

⑥悬链运行时，不应用手触摸；小车转向不正确时，应立即处理；检修设备应在停机时进行，上平台时，应注意悬链、转盘及各转动部位，当心身体部位被卷入；若确实需要在设备运行时检修设备，则必须有人在地面监护。

⑦做好设备的卫生清扫、巡视检查、润滑紧固、防腐防漏。

（2）中频电炉安全技能

1）本质安全要求：

①中频化铁炉应采用双路供电，设置备用水箱；

②电感应化铁炉应有漏炉报警装置，且应设事故地坑。

2）安全操作技能：

①工作区域地面及阳极炭碗应保持干燥，浇注抬包应进行先期预热；

②不应向中频化铁炉炉膛中加潮湿的炉料和溶剂；

③不应向潮湿和有缺陷抬包内倾倒铝水；

④不应在没有冷却水的情况下运行；

⑤使用的工器具应保持干燥，扒渣前应对渣瓢进行烘烤；

⑥抬包内的铝水不能太满，浇铸机拐弯时要减速，防止铝水溢出；

⑦浇注时应做到“五不浇注”，即废炭块不浇、铝脱焊不浇、钢脱焊不浇、导杆弯曲不浇、偏中心不浇；

⑧应对电感应炉的漏炉装置进行定期检验；

⑨当发生停水故障时，应立即打开备用水箱。

三、预焙阳极生产安全技能

1. 煅烧安全技能

(1) 建（构）筑物和设备设施安全技能

1）本质安全要求：

①车间应为单层厂房，保证高度符合要求，设置避风天窗，最大限度地利用自然通风；当自然通风不能满足要求时，应设机械通风。

②回转窑应设事故电源或事故驱动装置，电煅烧炉冷却水循环系统应设事故电源，煅烧烟气管道及主要设备应设防爆孔。

③煅烧炉（窑）、高楼部应配置安全水源或设置高位水箱；熔化沥青储罐应设有液位显示及高位报警装置，储罐周围应设置围堰。

④罐式煅烧炉和电煅烧炉、沥青熔化库和原料库厂房应有组织自然通风，排风宜采用避风天窗。

⑤煅烧设备和中碎设备，沥青熔化部的沥青熔化槽、沥青熔化器和熔化后的沥青储槽应设局部排风系统。

⑥散发有害气体、气溶胶和粉尘的工艺设备均应密闭，并设排气装置，保持负压；不能密闭的尘毒逸散口应设吸风罩。

⑦生产过程中可能突然产生大量有毒气体粉尘或有爆炸危险气体的车间，应设危险气体或粉尘监测装置，必要时设自动报警装置，并应设事故排风装置。

⑧毒性较大，有烟尘、粉尘积落的煅烧厂房，其内部结构表面应光滑，不易积尘，便于清扫；应采用不吸收毒物的材料，必要时加设保护层，以便清洗；清扫应配备吸尘装置，避免二次扬尘。

⑨原材料的破碎、筛分、配料、运输设备和料仓等应设收尘系统。

2）安全操作技能：进入尘毒现场应穿戴防护用品；在产生有毒有害气体等危险场所，应由 2 名以上作业人员同时作业，并有专人监护。

（2）原料储存安全技能

1）本质安全要求：

①堆存场所设计应符合《炭素厂工艺设计规范》（GB 50765）和《炭素生产安全卫生规程》（GB 15600）的要求，建（构）筑物的火灾危险性分类和耐火等级应符合《建筑设计防火规范》（GB 50016）的规定。

②原材料库、料场应集中设置并配备防火设施，宜做到储用合一；料场应防雨；沥青库、油库、导热油储罐等应远离有火灾危险的车间和仓库，并布置在厂区地势较低的地带，周围应留有空旷的安全地带，并应设符合安全要求的防火围堰，与明火的防火间距不得小于 10 m。

③无烟煤、石油焦、沥青等原料堆场、仓库应通风良好，地下禁止敷设电缆、采暖管道和易燃、可燃液体管道，并合理配置消防栓。

④沥青熔化、导热油操作等易燃易爆场所，应采用防爆灯具和开关；在潮湿或有灰尘的场所，应装防尘、防潮灯具和开关。

2）安全操作技能：

①厂房内生石油焦、无烟煤的堆存高度应小于 6 m，沥青的堆存高度应小于 4 m，防止因堆存过高和时间较长发生自燃；室内储煤应有良好的通风，煤堆与顶棚距离不应小于 1.9 m，与可燃墙壁距离不应小于 1.5 m。

②沥青储存，应采用防止沥青黏结的措施，中温沥青储存在库房内，不应露天堆存；熔化沥青应采取蒸汽或热煤油加热，不应用烟气加热；沥青熔化应密闭，沥青熔化槽、干燥器和破碎机应设通风除尘设施，并净化烟气。

③料仓内检查或检修作业应按照进入有限空间的规定，办理工作许可票，人员应设监护，防止坠入料仓内。

（3）原料输送作业安全技能

1）本质安全要求：原料输送作业应设置紧急停车、程序联锁装置，手动或自动操作应遵守程序联锁。启动应按逆流程顺序，停机应按顺流程顺序进行，系统内排空料后方可停机。

2）安全操作技能：

①开机前，应清除破碎机内各种杂物，检查各部件紧固程度以及电线完好状态和润滑情况。

②破碎机运转中禁止调整、清洗或检修；破碎机运转时上料要均匀，注意观察运转情况，如发现异常情况应迅速停机。

③破碎机运转时不应从破碎机下料口向机器内观察，以防崩料伤人。

④破碎机进料口、出料口被异物卡住时，应停机处理，不应在开机状态下使用任何物体捣打或使用手、脚清理。

⑤带式输送机打滑或主、被动轮挤进物料时，应停车处理。

⑥检修、维护作业，应切断电源挂好停电牌后方可进行；清理带式输送机下料口时，输送机和电磁分选器应停电。

（4）调温作业安全技能

1）罐式燃烧炉安全技能：

①罐式煅烧炉应密闭加料和排料，并保证良好的通风；加料和排料应在控制室操作；炉体最外侧距离厂房最内侧宽度不应小于 3 m；工作平台应采用防滑、非易燃材料铺设，且不能与炉体和厂房墙壁固定连接。

②接班时应做到当面交接；交清、接清每台煅烧设备运行、故障及故障处理情况；操作人员在工作前应详细检查煅烧仪表和温度情况。

③应定期清理煅烧炉每个溢出口，保持挥发分溢出顺畅，保持炉子下火口、横道和火道畅通，横道定期彻底清理一次，下火口、火道随挂随清。

④应保持挥发分系统畅通，每班应检查清理首层挥发分下口及溢出口，挥发分、空气拉板应经常活动并清理，避免结焦黏住无法移动；拉不动时要细心处理，避免用力过

猛造成拉板破损。

⑤罐式煅烧炉各区域温度应在操作规程控制范围内，防止局部高温烧坏罐体。

⑥严格按照技术规程的加热升温制度调节温度和负压，以免炉温、烟道温度过高烧坏炉体和设备，或温度达不到要求而导致产品质量不合格。

⑦负压烟气闸板调整应结合煅烧炉工艺温度的要求，小幅度适量调整，否则会造成煅烧炉温度波动较大。

⑧定期检查、校验测温、测压等仪表设备，确保仪表在正常的状态下工作。

⑨料罐不下料时，应及时与排料工取得联系，检查排料系统故障；排除故障后，应立即检查事故原因是否是棚料、结焦等，避免放炮。

⑩棚料或结焦时应立即捅料，应由2名以上作业人员共同操作，站稳，穿戴好劳动防护用品，避免火焰烫伤；捅料时握紧钎子，防止掉进罐里，捅料时严禁加料，加料时严禁捅料。

⑪因停电、维修等原因造成停炉时，若停炉时间较短，应采用保温措施，降低负压、减少空气进入量；若时间较长，应采用人工加料以保证炉温不低于900 ℃。

⑫根据煅烧炉运行及罐壁结焦情况，定期对料罐内进行清炉；清炉前应制订好相应的清炉计划，合理安排作业人员，并准备好相应的工具。

2）回转窑安全技能：

①回转窑烘炉前，大窑内浇注料确保坚固、平滑、无裂纹和孔洞，点火前必须将内部清扫干净；天然气各部阀门确保密封，必须整体打压合格后才能涂上黄甘油；确保蒸汽、压缩空气、水阀门灵活好用，天然气管道应有打压检验记录，确认后方准点火；送天然气前应使用一次风吹扫燃气管路及喷嘴。

②开启排烟机前，应将窑头负压调到0~10 Pa，并保持平稳。

③燃气站送燃气前，应打开放散管关闭其他燃气阀门。

④开始送气时，操作人员应用检测仪分析燃气浓度，合格后（燃气体积分数大于95%）方可点火，或打开窑头燃气放散5~10 min，在放散管点火燃烧后，方可进行点火。

⑤点火前，启动窑尾引风机，风门适当开启，使窑内保持一定负压。

⑥应由专人指挥回转窑烘炉点火，其他无关人员禁止进入操作现场。

⑦回转窑各区域温度应在操作规程规定控制范围内；经常检查煅烧带温度，特别是

高出控制温度时应逐渐降低，且不可急剧降低；防止局部高温烧坏窑体。

⑧窑头温度通过调节燃气量、窑尾负压合理配合进行；调整烟气闸板时，应采用规范的楼梯及扶手，作业时应认真操作确保安全。

⑨根据煅烧带的位置、长短和温度，调节排烟机开度大小，排烟机应设温度报警装置；如果泵房无双电源自投装置，窑头及窑尾应分设事故储水箱；窑体应采取防热辐射的措施。

⑩停窑操作过程中，禁止打开窑门和观察孔，避免空气进入影响大窑内衬寿命。

⑪清理回转窑沉灰室料时，应先通知调温工，再慢慢打开风门翻板及入口检修门；清理过程中应防止烫伤，积料过多、温度过高时，不应进入沉灰室作业。

⑫根据料量及时调整冷却水用量，间接冷却水在设备运行中不应中断供应。

⑬处理回转窑加料口堵塞时，应站在侧面，禁止正对火口；回转窑下料口堵塞时应停燃气，保持窑头有一定负压并及时排除堵塞。

⑭进入回转窑内工作应切断电源，配电盘上挂检修牌，窑外设专人监护，窑内温度降到60 ℃以下。

（5）脱硫作业安全技能

1）脱硫除尘器启动运行时，应首先打开循环水泵和喷淋系统，待脱硫除尘器出水口有水流出后方可通入烟气；风机停止或烟气系统停运后即可关闭相关脱硫除尘器供水系统。

2）脱硫系统机器转动部分应安装防护罩或其他防护设备（如栅栏），轴端露出部分应加设防护盖，避免衣服绞卷；机器转动时，禁止从背轮和齿轮上取下防护罩或其他防护设备。

3）加碱或石灰操作时，作业人员应佩戴防尘口罩和长皮手套，并随时清理搅拌浆池的杂物，以免堵塞浆泵。

4）设备运行中禁止清扫、擦拭和润滑机器的旋转部分和移动部分，不应将手伸入栅栏内。

5）禁止将抹布缠在手或手指上清拭运转中的机器，在转动部分对作业人员无危险时方允许使用长嘴油壶或油枪向油盅和轴承里加油。

6）压滤机取板、排渣操作应2人协调进行，避免速度过快和排渣不彻底。

7）巡检过程中应注意脚下孔洞、盖板，防止坠落。

（6）导热油系统安全技能

1）本质安全要求：导热油站应设自动火灾报警装置、监控系统和应急照明，配备消防设施和器材。

2）安全操作技能：

①导热油系统严禁超温、超压工作；热媒烟气闸板调整应结合温度需要，同时满足煅烧设备负压要求，配合工艺温度要求小幅度调整；如热媒设备突发性断电，应在5 min内落下闸板切断热源。

②应保证热油炉出口处导热油的温度不超过最高使用温度，热油炉的最高膜温应小于允许油膜温度，膜温与导热油主流体温度应始终存在一个温度差（一般为20~30 ℃）。

③正常停炉时，循环泵要继续运转一段时间，打开旁路，以使导热油继续流动，停止送风、引风，待油温降至100 ℃以下时，循环油泵方可停转；导热油系统管线严禁存在泄漏现象，应定期对管路进行巡检。

④导热油管线处严禁动火作业，严禁接地线、天线及重力敲打；导热油操作间严禁堆放易燃易爆物品；导热油管线设备检修应降温回油并采取安全防火措施。

⑤进入导热油加热炉内检修时，应进行空气吹扫热油盘管及炉内盘管后，人员方可进入。

（7）余热锅炉安全技能

1）锅炉的安全附件如安全阀、压力表、水位计、高低水位报警器、送风引风联锁装置、火焰监视器、紧急切断阀、防爆门、排污装置以及测温、测压、测流量的仪表等必须齐全、可靠。

2）锅炉运行中，遇有下列情况之一时，应立即停炉：

①严重缺水；

②严重满水；

③超压时安全阀已动，采取措施后压力仍继续上升；

④给水机械全部失灵，无法向锅炉供水；

⑤水位表、压力表及安全阀全部失效；

⑥锅炉元器件损坏，危及操作人员安全；

⑦燃烧设备损坏，炉墙倒塌或锅炉构架被烧红等，严重威胁锅炉安全运行；

⑧水质软化装置损坏；

⑨其他异常运行情况。

3）锅炉运行时，人员应严格执行设备点检制，保证安全运行，经常检查锅炉承压部件无泄漏，锅炉安全附件准确、完好，水位应保持在规定范围内。

4）如遇到突然停电，关闭连排和供水阀门，并使各控制按钮归复零位；如遇停水，当除氧器、软水箱无法确保锅筒水位时，应及时补水。

5）因严重缺水事故而紧急停炉时，严禁向锅炉给水，禁止进行排污调整作业。

6）冲洗水位计时应站在水位计的侧面，打开阀门时应缓慢小心，防止水汽烫伤、防止玻璃板破碎伤人。

7）锅炉运行中禁止带压对承压部件进行焊接、紧固螺栓作业。

2. 混捏、成型安全技能

（1）建（构）筑物和设备设施安全技能

1）本质安全要求：

①油库、导热油储罐应远离有火灾危险的车间和仓库，宜布置在厂区地势较低的地带，周围应留有空旷的安全地带，应设符合标准要求的防火围堰。

②混捏机（锅）、成型机、成型沥青烟净化系统、高楼部液体沥青储槽、重油罐等，应设有火灾自动报警器或烟雾火警信号装置、监视装置、灭火装置，且完好有效；配电控制室、主控室、计算机室应设烟感报警装置；混捏厂房必须有良好的通风设施和排烟系统。

③间断混捏锅的传动，应为密封式，糊料出口安装抽风罩；使用裸露式齿轮传动的，必须加设铁质箱式保护罩。

④磨机、破碎机、振动筛、空气压缩机、风机、水泵等设备应采用基础减振、隔声、安装消声器等措施进行治理；振动筛、环磨机、破碎机等高噪声设备应设隔声间，并在车间内墙装设吸声材料降噪；作业场所的噪声不得超过 85 dB。

⑤振动成型机的基础应采用防振措施，振动成型机的振动台和操作台应分开，两者不应接触，外围 1 m 处应安装栅栏，振动子应密封消声。

⑥混捏厂房应设排烟系统并有良好的通风设施；混捏锅的沥青下料口和干料下料口

均应密闭，糊料出口应安装抽风罩。

⑦高温物料应采用密闭隔热措施；外表温度高于 60 ℃且人员容易接触的设备设施应采取隔热措施。

⑧高温管道、烟道等应采取保温、隔热措施或设置隔离栏杆，悬挂安全警示标识或涂安全色。

2）安全操作技能：

①建（构）筑物的火灾危险性分类和耐火等级应符合《建筑设计防火规范》（GB 50016）的规定，工序、装置应根据相关规范采取防火间隔并保持安全间距。

②系统密闭及负压操作，应采用密闭设备输送物料，应尽量少用法兰连接；输送危险气体、液体的管道应采用无缝管。

③电缆、电缆桥架穿墙及穿楼板处、电缆沟穿墙处、交会处；电气盘、箱、柜的电缆出入口；电缆通过易燃、高温等有火灾危险的区域，应采取防火阻燃、密闭封堵措施。

④混捏、导热油操作、沥青库等易燃易爆场所，应采用防爆灯具和开关；在潮湿或有灰尘的场所，应装防尘、防潮灯具和开关；电气设备应采用防爆、防尘型。

⑤电气设备的金属外壳应有良好的接地，静电除尘器外壳应安装两处以上的接地线，其高压整流室应装有保护开关、铜质放电接地线和绝缘棒；高压整流室的门必须安有保护开关。

⑥连续混捏机四周 1 m 处应有栅栏；中轴热媒油循环管必须用软管；糊料出口必须设通风防尘设备。

⑦根据易燃易爆物质的理化性质，合理设计灭火系统、报警系统并选择合适的灭火设备类型（如非水灭火），合理布置消防水栓并保证水量、水压。

⑧倾翻式混捏锅后部应设护栏，下料前应先开抽风机，出料时翻转角度不得大于 90°；应等翻锅到位后方可开动绞刀。

⑨回转窑、球磨机、转台式成型机等大型旋转设备应明确安全巡视距离，并设置防护栏或防护绳索。

（2）沥青库安全技能

1）本质安全要求：

①沥青槽或罐的消防防护措施应采用自动泡沫喷淋装置；经常进行沥青工作的现场，

应设置足够的可供应温水的淋浴装置，水质应符合卫生要求；偶尔进行沥青工作的现场，可设简单的洗澡用具。

②沥青池应设置明显的警示标识，建立门卫登记检查制度，非工作人员严禁靠近。

2）安全操作技能：

①沥青的装卸、搬运，应在夜间或无阳光照射时进行，桶装的沥青一般可在白天进行装卸、搬运，但不应在炎热的中午进行。

②使用沥青时，应当注意沥青操作岗位必须位于上风侧；应采用人与沥青不直接接触的生产工艺；沥青的加工过程应密闭；产生沥青粉尘、烟气的作业场所，应设通风或净化设施。

③沥青装卸、搬运、熔化和使用时，作业人员应做好防护，向沥青熔化槽内加入沥青时禁止过量，避免沥青膨胀溢出造成事故。

④接班前应对设备进行全面检查，检查设备时禁止将手伸进转动部分；工作时应定期检查储罐、储槽、沥青高位槽液位情况。

⑤清理沥青熔化池时应佩戴专用劳动防护用品，沥青温度应冷却到软化点以下。

⑥沥青池（沥青储槽）周边应安装护栏（围堰），上部盖板处于常闭状态，熔化沥青时如需打开盖板应采用相应保护措施。

⑦沥青池周围严禁用火。检修或清理时如需动火，应制定详细方案并进行审批，将动火区内沥青清理干净，并采用安全可靠的保护措施后方可作业。

⑧电捕焦油器启动时，应严格按照技术规程操作，输出电压应保持在规定范围之内，禁止超高或超低；电压调整应缓慢进行，防止打火。

⑨定期排出电捕焦油器中的煤焦油，避免从人孔溢出。

（3）中碎作业安全技能

1）启动前应确保润滑部分、紧固螺栓、走料管道、设备运行情况正常后方可启动。

2）应按照技术规程规定的开车与停车顺序进行操作。

3）振动筛开机时，应确保设备各部件完好，防护罩完好且放置到位；运行中靠近筛子两侧禁止站人，人工清理筛下料时应停机。

4）提升机开机时应确保无负荷开机，待运转正常后再给料。

5）处理提升机故障时应严格执行设备检修停电挂牌制度，主动轮应采取机械固定，现场设专人监护后方可作业。

6）反击式（环锤式）破碎机调速应先慢后快。

7）清理提升机出口时应停车处理，清理带式输送机下料口时，带式输送机和磁选器应停电。

8）如出现设备故障等异常情况，应先切断电源并悬挂“禁止合闸，有人工作”的警示牌后方可工作，并设专人监护。

（4）磨粉作业安全技能

1）开动磨机前，应将油包顶起后才可启动；磨机运转过程中，操作人员应站在安全防护栏外，禁止在运转时进行维护保养和修理；在球磨机内检修必须切断电源，悬挂检修标识牌，专人负责监护。

2）磨机加油应先切断电源及事故开关后方可进行，禁止将头、手伸进转动部位，以避免发生伤害。

3）球磨机装球时应确认磨机内无人，球磨机向外倾倒钢球时，操作人员应距离料斗落点 2 m 以外；球磨机大齿轮防尘罩应严密以防灰尘泥沙侵入。

4）启动球磨机前应检查系统各电机、减速机，确保紧固件螺栓牢固可靠，检修门关闭严密；禁止粒度过大的物料进入机体，禁止长时间空车运行，造成磨轴磨环损坏。

5）设备运转中禁止对其进行清扫、紧固工作，严禁带料启动设备或绝缘达不到要求时强行启动设备。

（5）配料混捏作业安全技能

1）间断式配料混捏作业安全技能：

①开机前应对沥青烟气净化装置、混捏锅、沥青和焦粒配料秤、糊料输送机及其附件进行检查，确保开机不会对人员造成伤害。

②检查糊料温度时应戴好手套，禁止用手直接触摸；严禁将头、手或身体其他部位伸进未完全停止旋转的缸体中，取样或观察锅内温度时应停锅操作。

③若有糊料在锅内停留时间过长，禁止启动混捏锅；操作时维护门应关闭。

④应定期检查混捏锅缸体与墙板链接处的螺栓，确保正常；定期检查内衬磨损情况；物料最大粒度不应超过搅刀与内衬板间间隙。

2）连续式配料混捏作业安全技能：

①开机前应对沥青烟气净化装置、预热螺旋混捏机、沥青和焦粒配料秤、糊料冷却设备及其附件进行全面检查，确保开机安全。

②配料系统启动前应检查通风除尘管路、螺旋输送机及配料秤各润滑点润滑情况正常，配料秤皮带下各拖辊应定期进行校正，确保在同一水平面上。

③启动前应打开各冷却水阀门，保证冷却水畅通无阻；润滑系统、减速机油经检查确认正常后，应空负荷运转 10 min 再带料生产。

④停产时应空转 20 min 后，再清理混捏机内糊料及电动机循环冷却风内空气过滤器。

⑤预热螺旋或混捏机内积铁或者有其他杂物时，应立即停车处理；电流突然急剧上升，说明机内有杂物，应立即停机处理。

（6）成型作业安全技能

1）成型作业易发生液压油泄漏、堵料、模具提不起来、小车越位、糊料烫伤、机械伤人等事故。

2）振动台启动和停机应在零振幅状态；确保振动给料机处于自动位且振幅设定符合要求；三工位转动式成型机振台转动时，作业人员应远离振台及炭块推出端。

3）成型时重锤下严禁站人，在重锤下操作时应插好保险销；重锤提到上限位后，严禁人员到磨具内工作，禁止把手、脚伸进磨具或重锤下；清理重锤黏料时，应注意脚底下防止滑倒，抓紧手持工具防止掉入模具内。

4）运转时禁止检修；托盘运输炭块时应密切监视托盘、提升机、推出装置，确保到位，防止炭块歪、斜、掉下后砸坏设备和人员。

5）成型磨具、重锤表面润滑宜采取自动喷油装置进行，采用人工刷油或人工喷油时应远离设备操作，并佩戴防护用品。

6）在振动给料机处理观察糊料或清理料斗黏结时，应停电、停液压后由专人指挥清理，检查糊料时应佩戴手套。

7）成型机运行时禁止检修；检修时若要拆液压管必须降压，避免液压油喷出伤人。

8）严禁在冷却链板或生坯输送辊道上走动、翻越、摆放其他杂物和工器具。

3. 焙烧安全技能

（1）建（构）筑物和设备设施安全技能

1）本质安全要求：

①建（构）筑物的生产火灾危险性分类和耐火等级应符合建筑《建筑设计防火规范》（GB 50016）的规定。

②带盖式、敞开式和隧道窑焙烧车间应为单层厂房，并采用屋面自然通风；焙烧烟气净化系统的管道及主要设备应设置防爆孔；净化系统入口管道上应设置蒸汽或水灭火设施。

③厂房内的一般照明，距地面高度应在2.5 m以上，如系潮湿或危险作业区域，使用的照明电压应不超过36 V或加防护网、罩等。

④车间应配备有毒或可燃气体检测装置，定期检测各燃气接口、阀门有无泄漏。

⑤焙烧炉体最外侧与墙最内侧之间的距离，不应小于1 m；严禁在环式焙烧炉上及两旁的管道上堆放产品。

⑥应根据易燃易爆物质的理化学性质，合理设计灭火系统、报警系统并选择合适的灭火设备类型（如非水灭火），合理布置消火栓，并保证水量、水压。

⑦焙烧厂房顶部应配置引风机，呼吸带位置采取负压机械通风装置或尘源局部通风换气装置。

2）安全操作技能：

①焙烧炉修炉时，严禁相邻两条火道同时施工；进入料箱施工时，应有专人在炉上监护；焙烧炉因故临时停电时，应及时停排烟机、电除尘器，并打开旁路烟道。

②在产生有毒有害气体等危险场所，应佩戴好防护用品，应2名以上作业人员同时作业。

③应加强防尘防毒的管理，防尘防毒设施的运转率不得低于90%。

（2）堆垛作业安全技能

1）堆垛作业易发生炭块脱落，砸伤设备和人员的事故，作业前应检查各种安全设施、卡具、吊具、钢丝绳完好。

2）严禁通过堆垛专用桥式起重机中间轨道通道攀爬上另一台堆垛专用桥式起重机；堆垛专用桥式起重机运行禁止打倒车，夹块提到上限位才能行走大车。

3）严禁天车悬挂重物长时间停顿，夹具夹持炭块时，应确认夹紧指示灯亮后方可起吊，吊物下严禁站人；指挥人员必须与堆垛专用桥式起重机密切配合，人员应远离吊物。

4）炭块堆垛应整齐、平稳，最多不应超过8层，长度小于600 mm的不应超过6层；

垛距、高度、层数应严格控制，做到齐、平、稳。

5）夹具夹块时采用低挡并对正，避免滑块、歪拉斜吊，停运时应将手柄打到零位后方可停电下车。

6）编解组作业前应对设备油路、电路、限位、工具等情况进行检查，设备运转中禁止将头、手及身体其他部位伸进设备内，身体禁止接触翻转机。

7）不应在转动设备上进行清焦、撬炭块，作业中不应跨越带式输送机及在带式输送机上蹲、坐和行走。

8）多功能桥式起重机向接收台夹放炭块时禁止启动接收台，禁止在桥式起重机作业区域内行走和停留。

9）多功能桥式起重机夹块作业应走专用通道；夹具下降、起落、夹运过程中，所有人应避开夹具，在距夹具正下方 5 m 外位置避让。

10）编制品应平齐，禁止歪斜，并及时纠正倾斜制品，夹具工作时禁止编组机工作。

（3）装出炉作业安全技能

1）焙烧装出炉应与多功能桥式起重机协同工作，指挥手势、信号要清楚明确，避免挤伤。

2）严禁作业人员在相邻两个炉室同时作业；上下炉室时应使用梯子，禁止站在炭块上或使用桥式起重机钢丝绳上下炉室。

3）检查炉室、火道或进行炉体维修时，应充分冷却后方可进入，并采取安全措施防止烫伤，热炉室禁止装炉。

4）严禁从人的上部传递工具或材料，禁止从料箱上向下抛掷任何物品。

5）修炉室、待装炉室等应有禁止跨越标识；维修料箱应有安全防护栏，并有专人监护。

（4）焙烧调温作业安全技能

1）要经常检查燃气压力、温度，确保正常；保持燃气管道畅通、阀门严密，并设置便携式或固定式气体检测报警器。

2）在炉面作业时要细心，禁止在料箱、火道间跳跃、跨越，避免踩空或坠入料箱。

3）观察火道和燃烧孔、清理或取放热电偶、调整负压时，应佩戴专用劳动防护用品，防止接触高温排烟架或套管等高温物体，避免烫伤。

4）进行移炉作业时，移动燃烧架、测温架和排烟架应由专人统一指挥，详细检查吊具、挂钩和钢丝绳扣，确保牢固。

5）定期清理排烟架内沉积的沥青烟垢和焦油，避免发生火灾；点火作业应按规程先点火后送天然气或煤气；如果燃气点不着或发生灭火现象时，应查明原因，排净炉内混合气体，检测合格后，方可再次点火。

6）若发现有燃气泄漏应立即查明原因，并采取防漏措施。

7）焙烧炉在操作时应遵守下列规定：

①在焙烧过程中更换排烟机或移动转接烟斗时，应暂停天然气（煤气）加热或减少煤气用量；

②移动烧火架时，应对天然气（煤气）进行吹洗放散；

③烟道内的焦油至少每年清理一次；

④严禁在焙烧炉上清理炭块。

8）煤气点火必须遵守下列规定：

①在同一管道上分点煤气时，应先点末端使用点，再按煤气逆向依次进行。

②炉子点火时，炉内应有一定负压。如送煤气时不着火，或点着了又熄灭，应查明原因，排尽炉内混合气后再行点火。

③运行中不允许有回火、脱火、熄火等现象发生。否则，应及时排除，排除不了时，应立即停炉。

9）带煤气作业（如带煤气抽堵盲板）、带煤气接管时，应在醒目处悬挂警示牌，并有煤气防护人员或医务人员在场。操作人员应戴好防毒面具，并采取可靠的安全措施。

10）停煤气检修应遵守下列规定：

①用盲板切断煤气来源。

②如需动火，应先清除可燃物，准备好灭火器材，用蒸汽或氮气吹扫，经检测一氧化碳体积分数低于 2.4×10^{-6} 或生物试验无问题后，方可进行。

11）进入烟道进行检查清理作业时，检查人员应穿戴特殊防护用品，系好安全带，配有安全照明工具和对外联络设备，同时烟道外应设专人监护。

12）使用氢气或分解氨作为保护气氛的连续电炉，在通电前应先通保护气体，并维护一段时间，待点燃排出管口火苗后，再通电。

（5）焙烧净化作业安全技能

1）净化系统运行时，监控电压、电流情况，防止打火；应密切监视烟道各处温度、负压情况，如发现温度过高、负压波动应立即关闭净化系统。

2）净化系统送电运行时禁止在电捕焦油器上进行检查，检修时低压配电室应先停电并悬挂警示牌，再接地放电，并及时排放电捕焦油。

3）除尘器内作业应制定方案并按照有限空间作业的有关规定执行。

4）动火作业应办理动火工作票。

（6）修炉作业安全技能

1）应设置安全标志，严禁作业人员在相邻两个炉室同时作业；在空炉室内进行修炉时，炉室上面应有人监护。

2）人员下炉室前应检查炉室温度，符合要求方可进行；上下炉室梯子应放稳，在炉室内作业应系好安全带，禁止向炉面抛掷物品。

3）桥式起重机不应从检修炉室上面经过。

（7）炭块清理安全技能

1）应检查温度防止烫伤；清理时，作业人员相互间保持安全距离；多功能桥式起重机夹炭块时，工作人员应远离。

2）打磨炭块清理铲时，应戴好防护眼镜。

（8）多功能桥式起重机安全技能

1）起重机械的使用与管理应遵守《起重机械安全规程　第1部分：总则》（GB 6067.1）的规定，起重作业现场指挥人员和起重机司机所使用的基本信号和有关安全技术要求应遵守《起重机　手势信号》（GB/T 5082）的规定。

2）起重机不得超负荷作业；作业时严禁吊物从人员上方通过，无关人员严禁进入起重机作业区。

3）焙烧车间的起重机司机室应采取隔热、降温和防尘措施；在沥青熔化等存在粉尘或有害气体场所使用的起重机司机室，应设有防尘、防毒设施。

4）开车前检查设备情况符合安全运行要求，动车前应按铃鸣警，启动时应由低到高逐步加速。

5）多功能桥式起重机夹运炭块、吊运燃烧架或其他物品时，应先将夹物、吊物垂直提升至工作面 10 cm 以上，确定夹紧挂牢后方可起步移动。

6）炉面所有作业均应有人指挥，作业结束停在指定位置。

7）在装卸物品时，起重机钢丝绳与起重物应垂直，不得斜拉，重物下不得有人停留或行走。

8）起重作业人员严格执行相关安全操作规定，非作业、指挥人员应与起吊作业保持安全距离，吊运物品下方不应有人员；天车操作结束应停在指定位置，钩头应保持上限位高度。

第四节　重金属冶炼安全技能

重金属主要有铜、铅、锌、镍、钴、锑、铋、镉、汞、锡等十余种，本节以铜、铅、锌为代表介绍重金属冶炼安全技能。重金属冶炼工艺主要有火法、湿法、电冶金等，目前以火法为主，湿法为辅，冶炼方法大致可分为造锍熔炼（以锍为中间产物的冶炼方法），还原熔炼（MS-MO-M），湿法冶金（MS/MO-金属盐水溶液-M）。重金属冶炼生产过程中容易引发火灾、爆炸（含冶金炉爆炸）、中毒窒息、灼烫（高温烫伤、化学灼伤）、锅炉爆炸、压力容器（管道）爆炸、机械伤害、起重伤害、车辆伤害、触电、高处坠落、物体打击、坍塌、淹溺、粉尘、噪声、振动、非电离辐射、电离辐射等事故。因此，必须认真采取有效措施，制定应急预案，防止事故发生。

本节重点：了解铜、铅、锌冶炼生产过程中的危险有害因素，熟悉本质安全要求，掌握安全操作技能，提升事故应急处置能力。

一、铜冶炼安全技能

1. 铜锍熔炼安全技能

（1）水冷件漏水进入炉体及高温熔体遇水爆炸防控措施

1）本质安全要求：

①余热锅炉与铜冶炼炉应有安全联锁装置；余热锅炉不正常信号（水流量低、汽包液位低）应反馈给铜冶炼炉自动化控制系统，保证铜冶炼炉实现自动停产。

②带有水冷件、余热回收的铜冶炼炉，应设置流量、温度报警装置，其参数应上传至自动控制系统；应有防止水进入炉内的安全设施（如切断阀、水冷闸板、泄流口等）。

③余热锅炉或汽化冷却装置安全附件、监测控制设施应完备，给水系统必须有备用装置，并实现安全联锁控制；余热锅炉系统有强制循环泵的必须配备备用泵，并实现双回路供电，根据重要工艺参数（流量、温度、压力等）实施可靠的安全自动联锁。

④直接喷入铜冶炼炉熔体中的压缩空气必须设置气水分离设备。

2）安全操作技能：

①加强工艺控制，减少余热锅炉水冷壁结渣，有大量结渣时应及时处理。

②在放铜、取样、堵口的过程中，应严格检查水冷元件的温度、水流量是否存在异常，避免漏水与高温冰铜接触时发生爆炸。

③为防止爆炸，所有铜冶炼炉的水冷装置或汽化水套等必须定期检修、清除锈垢，并进行水压试验；所有阀门，除专职人员外，其他人员不得操作；汽化装置要定期排污，用水要经软化处理。

④突然停水时，应及时关闭冷却水入口阀门，并使所产生的蒸汽及时排出；来水后，应缓慢通入冷却水；如严重缺水导致锅炉烧干时，严禁立即通入冷却水。

⑤接触熔体和半熔体的高温炉渣、高温炉料及阳极板的作业人员，必须正确穿戴岗位要求的劳动防护用品。

⑥严格执行操作规程及应急预案。

（2）高温熔体泄漏防控措施

1）本质安全要求：

①熔池熔炼炉应配备重要工艺参数的测量装置，测量数据传输至工业自动化控制系统，应有出现炉体发红情况的应急处置设施；出现紧急情况应有风冷或其他应急处置设施，应有炉体温度监测报警装置。

②铜冶炼炉冷却水系统必须配备应急备用泵。

③应设置熔体泄漏后能够临时放置熔体的安全设施，如安全坑、挡火墙、隔离带等。

④应对炉墙变薄的部位加装轴流式风机强制冷却。

⑤熔融金属运行区域内的设备、电线电缆管线和建（构）筑物等应当采取隔热防护措施。

2）安全操作技能：

①加强炉体检查，观察是否有发红现象；密切关注耐火砖热电偶温度的变化情况，并做好记录。

②熔融金属生产、处置和储存设施附近运输线路及附近区域不得有积水，正上方不应存在滴、漏水隐患。

③对原料、辅助材料应严格检查，确保加入炉中的原料、辅助材料满足入炉要求。

④承受重荷载和受高温辐射、热渣喷溅等危险的建（构）筑物，应定期进行结构安全鉴定。

⑤熔融金属泄漏后，在保证安全的前提下应及时用熔剂或沙土挡住已流出的金属液体，防止熔融金属大面积流淌或流入积水，尤其是半封闭空间环境中的积水。

⑥当熔融金属引起可燃物着火时，应使用干燥沙子或其他耐火材料扑救，不应使用水或二氧化碳灭火器、水基型灭火器灭火。

⑦存在高温辐射及熔融金属喷溅危险岗位的作业人员，应当配备阻燃服及其他劳动防护用品。

（3）炉内形成喷发性泡沫渣防控措施

1）本质安全要求：

①易受高温辐射、炉渣喷溅或物体撞击的梁柱结构和墙壁、设备、操作室等，应有隔热、防撞击设施。

②冶炼炉控制室应避开加料、排料（渣）炉口等区域，控制室不应在炉体方向设窗户；控制室必须设置安全疏散通道。

2）安全操作技能：

①储备一定数量的应急处置物资，如灭火器、沙袋、防火服等。

②应调整工艺适当降低渣型，以便于炉体挂渣，并控制好炉渣磁性铁及熔池温度。

③操作人员必须做到每次排放取磁性铁样品，如果样品磁铁矿的含量超过 15%，不准操作熔池熔炼炉；定期检查上料系统，定期清理加料口黏结物，防止下料口漏料或堵塞；每次喷枪加热期间，必须适当加入还原煤；处理磁铁矿含量过高的熔池时，不得将

喷枪插入炉渣中，应把喷枪保持在熔池之上，这样可以减缓反应速度并降低形成泡沫渣的危险；炉温突然上升时，必须立即进行检查。

（4）二氧化硫烟气泄漏防控措施

1）本质安全要求：

①各冶炼炉应安装收尘及二氧化硫烟气收集处理系统；

②安装二氧化硫烟气浓度检测装置；

③引风机与铜熔炼用炉间应有安全联锁装置。

2）安全操作技能：应随时注意调整引风机转速。

（5）电收尘系统防爆、触电防控措施

1）本质安全要求：

①除尘设施的开、停应与工艺设备一致；收集的粉尘应采用密闭运输方式，避免二次扬尘产生。

②主抽风机操作室应与风机房隔离，并设有隔声设施。

③处理含易燃易爆介质的除尘器应安装易燃易爆气体检测装置、联锁报警控制系统、防爆装置。

④电除尘器高压供电系统应具备安全联锁装置。

⑤气力输送系统中的储气包、吹灰机及罐车，均应设有安全阀、减压阀和压力表。

⑥硫酸系统风机与铜熔炼用炉间应有安全联锁装置。

2）安全操作技能：进入电除尘器内部作业前应确保接地可靠。

2. 铜锍吹炼安全技能

（1）转炉喷炉防控措施

1）按规程操作。

2）当粗铜发生过吹，需用冰铜进行还原时，冰铜的倾入，必须由熟练的吊车司机在炉长的指挥下十分谨慎缓慢地进行。发现炉内沸腾剧烈应立即中止，等待沸腾减弱时再缓慢倾入。

（2）吊运高温铜水包安全技能

1）本质安全要求：

①起重机应选用符合《冶金起重机技术条件 第5部分：铸造起重机》（JB/T 7688.5）

要求的铸造起重机。

②起重机滑线应安装通电指示灯或采用其他标识带电的措施；裸露滑线应布置在吊车驾驶室对面，若布置在驾驶室同一侧，应采取安全防护措施。

③熔炼炉及保温炉区域起重机的司机室，应有良好的降温、防尘、防烟、防喷溅设施。

④运输熔融体物料应设置安全专用通道；在铜锍等熔融介质水渣池的两侧，应设置混凝土的防爆（防火）墙。

2）安全操作技能：

①吊运熔融金属起重机的吊具（钩）、钢丝绳，盛装熔融金属的容器（设备）的耳轴等应定期进行检验。吊运熔融金属起重机的定期检验周期为1年。

②盛装熔融金属的容器（罐、包）的制造应当符合有关质量要求，并定期进行检测和修补，保证完好。

③金属液包及金属液包吊具的生产应符合《铁水浇包　第1部分：基本参数》（JB/T 5771.1）和《铁水浇包　第2部分：技术条件》（JB/T 5771.2）的有关规定，并定期检查。

④吊具应在其额定载荷范围内使用；钢丝绳和链条的安全系数、钢丝绳的报废标准、限重标识应符合《起重机械安全规程　第5部分：桥式和门式起重机》（GB 6067.5）的有关规定。

⑤承受重荷载和受高温辐射、热渣喷溅等危险的建（构）筑物，应定期进行结构安全鉴定；对起重设备进行改造时，应当同时对承重厂房结构进行荷载核定，保证承重结构具有足够的承重能力。

⑥高温熔融金属吊运应当与建（构）筑物之间保留足够的安全距离，不应与其他物体碰撞或跨过其他生产设施。

⑦会议室、活动室、休息室、更衣室等人员密集场所应当设置在安全地点，不应设置在高温液态金属的吊运影响范围内。

⑧熔融金属运行区域内设备、电线电缆、管线和建（构）筑物等应当采取隔热防护措施，吊运的熔融金属液面应至少与盛装容器口保持300 mm的距离。

⑨包耳每年至少进行一次探伤检查。

⑩从事吊车作业的人员应当按照有关规定，经考核合格取得特种设备作业人员证，方可从事相应的工作；吊车工上岗前应按规定佩戴好安全帽、防毒口罩、穿戴好工作服及防护鞋等劳动防护用品；上岗前不得饮酒，严禁酒后驾车；吊车工应经过严格培训，了解起重机的结构、性能、用途，掌握一定的操作技能，并持证上岗，按章操作，发现隐患及时处置或者报告。

⑪存在高温辐射和熔融金属喷溅等危险岗位的作业人员，应当配备阻燃服和其他防护用品。

⑫熔炼车间吊运高温熔体的起重机，其各种安全装置必须齐全有效，钢丝绳和吊钩应每班检查，钢丝绳要定期窜绳和浸油；在吊运高温熔体时，副钩必须回收，不应钩于铜水包尾部吊环上；到达倾倒位置时，副钩才可挂上，以免吊车司机误操作或出现机械故障造成铜水包倾转而熔体流出事故。

⑬吊运重铜水包时，必须先行紧钩，经检查确认吊钩与包梁，包梁与包耳位置正常后，才能起吊。

3. 粗铜火法精炼安全技能

(1) 煤粉系统安全技能

1) 本质安全要求：

①煤粉罐及输送煤粉的管道，应有供应压缩空气的旁路设施，以及除尘降噪设施；油料及气体燃料需单独设置输送管道，储存粉煤、液化石油气、煤气或天然气的罐体应设置泄爆阀；泄爆孔的朝向，不应存在泄爆时危及人员和设备的可能性。

②燃料燃烧器和输送管道之间，应设有逆止阀、自动切断阀或防回火装置。

③根据使用燃料的特点，设立温度、一氧化碳浓度、二氧化碳浓度、氧气浓度等检测装置，并配置报警装置，及除尘降噪设施。

④燃气站、油站及粉煤储存区应设有烟雾火灾自动报警器、监视装置及灭火装置，以及防火墙、防火门等建筑设施。

⑤采用煤气作燃料的冶炼炉的工作场所应配备固定式和便携式一氧化碳检测装置；煤气管道必须有低压报警和低压快速切断装置，并纳入工业自动化控制系统；煤气使用场所必须有煤气应急防护用品。

⑥处理含易燃易爆介质的除尘器应安装易燃易爆气体检测装置、联锁报警控制系统、

防爆装置。

⑦气力输送系统中的储气包、吹灰机或罐车，均应设有安全阀、减压阀和压力表。

⑧为预防还原性气体进入烟道引起爆燃，应在烟道系统上设置多处防爆孔，使爆燃时瞬间产生的压力及时泄出以减弱其作用，防止喷火及损坏炉顶。

2）安全操作技能：为预防还原性气体窜入烧油送风管引起爆燃，在进行还原前应将烧火系统切断，并用黏土严密封闭精炼炉的烧火孔，防止炉内还原性气体漏入烧火系统中。

（2）阳极浇铸安全技能

1）本质安全要求：

①阳极浇铸系统应有防爆、防烫伤、防火灾、防泄漏措施；

②应设置蒸汽收集及排气装置；

③烘烤溜槽、浇包等辅助设备应有相应的安全控制设施；

④浇铸操作室应有相应的防铜水喷溅进入室内的设施，如操作室窗户使用夹胶玻璃或铁丝网；

⑤浇铸系统配置有液压站的应与高温区进行隔离，液压油应设置油温、油压报警装置及液位检测装置；

⑥固定式铜冶炼炉的排放口应配置堵口工具、设施或装置。

2）安全操作技能：

①浇铸阳极板前，要确保溜槽、中间包、浇包、铜模干燥；

②浇铸过程中应有相应的模温控制设施或相应的控制措施，确保在浇铸位铜模无积水。

（3）大面积停电安全技能

1）本质安全要求：

①倾动式精炼炉窑应配备应急电源或发电装置，并具备紧急停车装置；

②工艺用风的流量、压力与炉子倾动角度应有联锁控制装置；

③应设置熔体泄漏后能够临时放置熔体的安全设施，如安全坑、挡火墙、隔离带等，并储备一定数量的应急处置物资，如灭火器、沙袋、防火服等。

2）安全操作技能：冶金炉窑周围不应有易燃易爆物质，并确保安全通道畅通。

4. 铜电解精炼安全技能

（1）电解液净化安全技能

1）本质安全要求：

①脱砷作业场所应设抽风系统，槽面抽风系统与硅整流应设安全联锁装置；

②应设置砷化合物自动检测报警器，声光报警信号装置应完好有效；

③脱砷作业场所应设置冲淋、洗眼装置。

2）安全操作技能：电积脱砷槽出、装槽前须停电 30 min 以上，并保持抽风。脱砷生产过程中，操作人员应检查抽风机确保其正常运行，确保覆盖槽面、负压作业，防止发生砷化氢气体中毒事故。

（2）电解槽安全技能

1）本质安全要求：

①在浓酸储存处应设置防泄漏设施。

②应配置安全存放电解液的设施；存放设施应能满足紧急停电时电解液的存放；需设置应急泵类设施。

③电解车间槽面和浓酸储存处应设置冲洗装置。

④电解液循环系统应设置酸雾排空装置。

⑤电解厂房应具备符合生产安全要求的通风条件。

2）安全操作技能：

①合理安排作业劳动时间；

②阴极铜吊入烫洗槽时，操作人员应与烫洗槽保持 1 m 以上安全距离。

二、铅冶炼安全技能

1. 粗铅熔炼安全技能

（1）炉窑点火爆炸事故防控措施

1）本质安全要求：

①点火机构应装设自动灭火保护装置或设置火焰观察孔（窗）；

②封闭的炉窑应设置泄爆装置。

2）安全操作技能：

①制定炉窑点火规程，实行工作票制度，并严格按照流程执行；点火时，现场应由专人监护，并设置警戒，防止无关人员误入。

②点火前检查燃料阀门严密可控，确保未发生内漏。

③点火前炉膛、烟道应彻底通风换气，并检查管道、烟道，确保其通畅。

④检查点火程序控制器完好，严格执行“先点火，后通油（气）”的点火程序。

⑤点火失败后再次点火前，应重新按照点火规程或流程执行，对炉膛内进行彻底吹扫。

⑥合理控制通风量和油（气）给入量，保证安全的情况下可适当加大通风量，确保充分燃烧。

⑦对作业人员加强教育，使其熟悉点火作业各项操作及应对措施。

⑧点火时应设置警戒，防止无关人员误入。

⑨定期对制定的应急预案进行演练，发现问题及时改进。

（2）氧化炉喷炉事故防控措施

1）控制合适的物料含硫量，使焦沫配入量控制尽可能低，可维持炉内热平衡；在焦沫配入量较大，炉内泡沫渣较为严重的情况下，降低铅泥、烟灰配入量，同时降低焦沫配入量；严格控制焦沫配入量的稳定性，防止瞬间焦沫量过大。

2）在炉内有泡沫渣存在的情况下，控制高铅渣在合理的范围内，使渣的黏度降低，同时控制放渣操作，保持炉内低渣线。

3）有泡沫渣的情况下，严格控制下料口操作，避免出现下料口堵塞现象。

（3）还原炉喷炉事故防控措施

1）控制还原炉渣温度，主要通过调整氧气量和天然气量来实现，在温度低时需适当提高氧气量和天然气量来提高渣温，以降低渣的黏度。

2）控制氧化炉炉况稳定，使还原炉进渣量基本稳定，并通过氧化炉和还原炉进行良好的炉时衔接来实现；控制炉时稳定在 2 h 左右，稳定炉内渣量，使提供的热量和燃料、辅料保持稳定的情况下，能维持炉内的热平衡，维持渣温相对稳定。

3）根据氧化炉放渣间隔时间、还原炉进渣前后的渣线对比、氧化炉的渣铅等方面的情况确定渣量，根据渣量调整石子及炭粒的加入量，并适当调整天然气和氧气量，保持炉内热平衡。

4）加强炉前操作控制，放渣前测渣线，以明确炉内渣量，估计放渣时间；渣放完后测渣线，以明确渣是否放净，保证炉内渣线得到有效控制。

5）在渣黏度大、渣口放渣流动性极差的情况下，还原炉不得再进渣；除靠加炭粒提温外，中控还可以提高氧气、天然气量来提高渣温，以防形成泡沫渣；提温后在下料口测炉内渣黏度情况，正常后方可重新进渣生产。

6）控制加炭粒的速度，不可大量集中加入。

（4）熔融金属及熔渣泄漏、爆炸、灼伤事故防控措施

1）本质安全要求：

①冶金炉冷却水系统应采用符合工业冷却水水质标准的冷却水，在冷却水进、出水管道设置冷却水水温、水压、流量监测装置以及声光报警装置；冷却水水温超温、冷却水水压超压、冷却水流量超低值、断电等情况下，报警装置应自动启动；报警装置与感应电炉供电系统进行联锁，报警情况下停止供电。

②冶金炉冷却水系统应设置备用冷却水泵，采用双电源进行供电。

③冶金炉冷却水系统应设置冷却水罐及高位保安水箱，冷却水罐及高位保安水箱设置水位计，并标示出最低水位，值班人员应定时观察，及时补水。

④中频炉等以电为能源的冶金炉供电系统应设置检测及报警装置，报警系统采用声光报警装置，缺相、短路、电流超高限、电流超低限、电压超高限、电压超低限、变压器油温高、变压器重瓦时报警装置启动。除此之外，感应电炉应设置炉壳保护接地，在高压侧加装过电压保护器。

⑤转动的冶金炉应设置耐高温的转炉电机，并设置转炉限位装置以及紧急抱闸装置，加强检查，确保装置有效。

⑥在熔炼、熔铸场地设置工业监视系统。

2）安全操作技能：

①存在熔融金属液体和熔渣的冶金炉、浇铸及其周边地面、地坪应采用防潮、防水措施，并保持干燥；

②炉体衬砌的耐火砖应采用正规厂家的合格产品，并及时对冶金炉耐火材料进行检查、修补及更换；

③合理控制炉内熔体温度，确保各冶金炉工艺参数正常；

④熔炼、熔铸场地应设置警戒，防止无关人员误入，并设置供熔融金属液体及熔渣紧急排放的锌、镉、铟液包；

⑤接触熔融金属液体及熔渣的专用工器具烘干后方能投入使用，炽热的工件、吊具、夹具等实行定置管理，不随意摆放；

⑥及时对熔炼、熔铸场地流槽进行检查、清理，保持流槽通畅；

⑦提前准备耐火泥、泥枪以备堵漏时使用；

⑧定期对应急预案进行演练，发现问题应及时改进；

⑨应配备有常用劳动防护用品并保证可靠，如防护服、耐高温工作鞋、耐高温工作服、防护面罩等，要加强培训，确保人人会用。

2. 粗铅电解安全技能

（1）熔铅安全技能

1）作业时必须使用专用工具，严禁用手伸探，严禁用铁棍等工具插压锅内物品。

2）除机械捞渣、舀铅外，其他时候都应加盖防护锅罩，避免人员掉入铅锅造成烫伤。

3）熔铅过程中，严禁用大量冷水降温；回残片及舀铅时应距离锅台 10 m 以上，锅台上严禁站人。

4）放置铅泵、搅拌机时，应小心谨慎，防止跌入铅锅。

（2）铸阳极板安全技能

1）铸阳极板前吊泵时不应离锅太近，防止跌入锅内；放泵后锅上应立即加盖防护锅罩。

2）铸阳极板时，严禁向阳极模上浇水，防止铅液爆炸伤人。严禁在浇铸小车上站立或走动，以免踩脱陷入铅液中烧伤。

3）机组上出现挤片、掉片等故障时，应停机处理，若提片机上方挂有极板，应先将极板取下。

4）停机处理故障时，PLC 系统开关应断电，悬挂警示牌或专人看管，严禁任何人私自启动各种开关。

三、锌冶炼安全技能

1. 硫化锌精矿焙烧安全技能

（1）干燥窑安全技能

1）使用煤气（天然气）过程中，突然熄火或点不着火时，应马上关闭燃气阀门，放散燃烧室余气，待试点火正常后，才能再次点火。

2）严禁熄火后立即点火，煤气（天然气）管道堵塞时，排污阀应慢慢打开；煤气（天然气）正常后，应及时关好排污阀和放散阀。

3）使用燃气时应打开燃烧室两个以上的煤气嘴，并调整燃气开关大小来调整燃烧室温度；停用燃气时应关闭燃气阀，并从燃烧室操作孔确认燃烧已终止。

4）干燥窑点火作业，应先开窑尾风机，煤气（天然气）点燃后，再开窑头风机。

（2）沸腾炉安全技能

1）在开炉或烤炉中，如果使用煤气，应防止煤气中毒、火灾爆炸等事故。如果使用柴油或重油，应采取相应的防火措施。

2）开炉点火应及时调整沸腾炉排风机入口负压，避免炉膛正压过大向外冒烟气。

3）清理沸腾炉排料出口时，应先缩减风量，且应该先清理下料入口，再清理排料出口。

4）使用压缩风吹沸腾层时，操作人员要戴好面罩式安全帽，应先把风管插入炉内，再开风；开阀门时应缓慢进行，停吹时应先关风，再拿出风管，防止风管烫伤人。

（3）电除尘安全技能

1）本质安全要求：

①电除尘壳体、收尘极、气流分布板、灰斗楼梯、操作台和保温箱等处应接地可靠；

②除尘器各人孔应与高压供电设备联锁。

2）安全操作技能：

①处理电场故障时应由 2 名以上作业人员同时进行，其中 1 人负责安全监督；应将电场对应的硅整流停车断电，确认接地完好并挂上停电牌，反复核准故障电场后方能处理。

②故障处理完后，应将所有人员、工具和其他金属杂物全部清出场外，断开接地，关闭检修场所，取走警示标牌，方可开车送电。

2. 锌焙烧矿浸出安全技能

（1）浸出反应槽罐安全技能

1）严格控制溶液酸度，防止剧烈反应造成溶液冒槽、飞溅。

2）入罐清渣时，首先应将设备断电、挂安全警示牌，检查检修设备可靠，同时防止槽盖上物品坠落；操作时，罐内应保持良好通风。

（2）加酸作业安全技能

1）加酸作业现场应严格管理水和浓硫酸，防止两类物质接触；

2）准备碱、石灰等应急物资，配备清水喷淋装置等应急设施。

（3）球磨机安全技能

1）开动球磨机时，开车前应做好检查工作，注意转动部分不能有人有物；开车时应先开球磨机后进矿浆。

2）球磨机检修时，要通知电工将配电室内电源切断，拿下保险，并挂上“禁止合闸”的警示标牌；机内有人时，应派专人监护；检修完试车时，应检查球磨机内外是否有人和障碍物，确认无误后方可开车。

3. 硫酸锌溶液净化安全技能

（1）净化作业安全技能

1）本质安全要求：

①净化罐应加盖密封，配有抽风装置，减少和杜绝砷化氢自罐面溢出对操作人员造成危害；

②保持作业现场通风，现场应配备砷化氢气体检测、报警装置。

2）安全操作技能：作业现场严禁烟火，操作时应防止金属相碰产生火花，以免引起氢气爆炸。

（2）锌粉安全技能

1）严禁烟火，防止氢气爆燃。

2）锌粉、辅料应定点堆放，保证通道畅通；做好锌粉防潮措施，严禁将水或液体喷洒到锌粉上，避免因锌粉接触水受潮而发生爆燃事故。

4. 硫酸锌溶液电解沉积安全技能

（1）硫酸电解槽安全技能

1）电解槽出槽时从槽内最多同时吊出一半阴极，待全部装完新的阴极，并确认导电后方可再取出另一半阴极进行更换，以防放电断路。

2）平整单片阳极时，应采取防止发生断路的措施。

3）经常检查，防止电解槽漏液，采取保障措施保持槽内液面；槽上作业时，要严防槽间短路。

4）锌电解工序，楼面禁止烟火，防止氢气爆炸。

（2）起重机械安全技能

1）本质安全要求：

①吊车必须设有安全装置，具体包括吊车之间防碰撞装置，大、小型车端头缓冲和防冲撞装置，过载保护装置，主、副卷扬限位、报警装置，登吊车信号装置及门联锁装置；露天作业的吊车必须设置防风装置，端梁内侧应设置安全防护设施。

②起重机械必须装有能从地面辨别额定载荷的标识，严禁超负荷运行；吊车滑线必须安装通电指示灯或采用其他标识带电的措施，并且必须布置在吊车司机室的另一侧，若布置在同一侧，必须采取安全防护措施。

2）安全操作技能：

①严格执行起重机械、吊具检修、维护、专检、点检、巡检、月检、周检、日常性检查管理制度，吊具必须在其安全系数允许范围内使用。

②起重作业应按规定路线进行。

③起重机启动和移动时应发出声响与灯光信号，吊物不应从人员头顶和重要设备设施（操作室、易燃易爆气体管道及设施）上方越过；吊运时，吊车司机必须鸣笛，严禁同时操作大、小车；不应用吊物撞击其他物体或设备；吊物上不应有人。

④起重作业应遵循国家标准对现场指挥人员和起重机司机所使用的基本信号和有关安全技术的规定，现场指挥人员应易于被起重机司机所识别。

（3）熔铸安全技能

1）入炉锌片应干燥，有少量水分时一次进料量要少；扒渣口（进料口）前有人时，不能进行扒渣（进料）作业。

2）现场各类入炉物料应保持干燥，并做到定置堆放，同时保证现场安全通道畅通。

3）各类作业工具要经常检查，防止受潮发生锌爆伤人，或由于缺陷引发突发事故。

第五章　金属压力加工安全技能

金属分为黑色金属和有色金属两大类，黑色金属是工业上对铁、铬和锰的统称，也包括这三种金属的合金，除此之外的其他金属称为有色金属，包括铝、镁、铜、镍、锌等及其合金。

金属压力加工是指利用金属在外力作用下所产生的塑性变形，来获得具有一定形状、尺寸和力学性能的原材料、毛坯或零件的生产方法，其生产工艺复杂，容易引发生产安全事故。因此，从业人员必须了解金属压力加工生产过程中的危险有害因素，熟悉本质安全要求，掌握安全操作技能，提升事故应急处置能力，有效防范和遏制各类生产安全事故的发生。

第一节　黑色金属压力加工安全技能

黑色金属压力加工一般包括轧制（轧钢）、挤压冲压、拉拔、锻造等过程，生产工艺主要由原料准备、工业炉处理、轧制（包括热轧和冷轧）、精整等组成，生产过程中容易引发机械伤害、起重伤害、物体打击、高处坠落、中毒和窒息、触电、火灾、爆炸等事故。因此，必须认真采取有效措施，制定应急预案，防止事故发生。

本节重点：了解黑色金属压力加工生产过程中的危险有害因素，熟悉本质安全要求，掌握安全操作技能，提升事故应急处置能力。

一、原料准备安全技能

1. 起重伤害防范措施

（1）吊车司机吊运钢坯、钢卷时，严禁从操作室、易燃易爆气体管道及设施上方通过；

（2）严格执行吊具、吊车检修、维护、专检、点检、巡检、月检、周检、日常性检查管理制度；

（3）发现设备缺陷应及时处理，确保设施完好无损；

（4）指挥吊运的人员必须站位得当，严禁站在危险区内指挥；

（5）吊车司机吊运作业时必须严格执行相关安全管理制度，严禁违章作业。

2. 车辆伤害防范措施

（1）本质安全要求。企业必须重视、落实厂内自管铁路、道口安全防护设施的建设，确保安装有道口自动声光报警器、安全栏杆、警示标识并保持完好。

（2）安全操作技能

1）车辆管理和使用单位应落实钢卷运输车和厂内机动车辆的检查、保养、大修、年检管理制度，确保厂内运输车辆设备完好率达100%；司机出车前必须检查确认车辆刹车等安全系统完好后，方能出车。

2）道口工应培训合格后方能上岗，并认真落实安全操作规程，严禁脱岗、离岗等，发现事故隐患应及时报告处理。

3）加强厂内钢卷过跨小车和操作人员日常的安全管理，确保设备本质化安全，做好操作、检修过程中的安全确认，严禁违章作业。

3. 物体打击防范措施

（1）本质安全要求

1）钢卷库区应设置钢卷存放鞍座并保持完好，应正确使用三角铁或三角木，防止钢卷滚动；

2）钢卷运输车存放鞍座必须与车体固定焊牢，防止钢卷从车上滚落；

3）钢卷辅助套筒等工具应设置专用托架。

（2）安全操作技能

1）热轧坯料，垛高不能高于 4.5 m，人与原料间隔不能小于 2 m；堆垛要放置平稳整齐，垛间应保持一定安全距离并考虑高温坯料的热辐射因素。

2）冷轧原料钢卷必须堆放在有鞍座的库区内，多层堆垛必须呈梯形，高度不能超过 3 层，垛距应大于 0.4 m，钢卷凸出端面部分必须小于带宽的 1/4；堆垛与人行道间距应大于 2 m。

4. 高处坠落防范措施

（1）本质安全要求。夹钳、C 形钩必须设置安全销或防脱钩装置。

（2）安全操作技能

1）作业人员应每天观察夹钳和 C 形钩的危险断面是否出现裂纹；

2）每 2 年对夹钳和 C 形钩的危险断面进行一次探伤检测；

3）电磁吊断电后延续保护时间必须达到 30 min；

4）指吊人员必须安全站位，严禁站在原料堆垛上或吊车司机视线盲区内指挥。

5. 灼烫防范措施

1）加强库区定置管理；

2）严禁触摸炽热的钢坯和热轧卷。

二、工业炉处理安全技能

1. 中毒和窒息防范措施

（1）本质安全要求

1）工业炉煤气区域及操作室必须按规范要求设置固定式一氧化碳报警器和便携式一氧化碳报警器，并按周期定期送检校准，同时张贴检定标识，确保装置完好有效；

2）一端闭塞或滞留燃气、有毒气体的地沟，必须设可燃气体、有毒气体在线报警器，并采取通风措施；

3）加热炉操作室内应配备空气呼吸器，其气瓶必须按期检验，并确保空气呼吸器完好有效，加热工必须人人会使用、维护空气呼吸器；

4）加热炉必须按相关煤气安全规程的要求设置煤气放散管，放散管应高出厂房 4 m。

（2）安全操作技能

1）一旦发现煤气、氮气泄漏，作业人员必须立即报告，并按要求进行应急处置。

2）炉内清扫和检修前，必须可靠地切断危险气体阀门，并按规范要求进行炉内吹扫、保持炉内通风。检测氧含量合格后，办进炉许可证，派专人监护、联络，至少两人以上携带便携式一氧化碳报警器和氧气报警器进炉作业。

2. 容器爆炸防范措施

（1）本质安全要求。使用氮气设备必须设有粗氮、精氮含氧量极限显示和报警装置，有紧急防爆的应急措施。

（2）安全操作技能

1）加热炉使用的压力容器、安全阀、压力表严禁超压使用，并按周期检验、检定、校准；

2）严格控制氮气中的氧含量，确保氧含量自动监测设施有效。

3. 火灾防范措施

（1）本质安全要求

1）储油罐或重油池，必须安装排气管和溢流管；

2）输送重油的管路，必须设置火灾时能很快切断重油输送的专用阀。

（2）安全操作技能

1）发现煤气、天然气、燃油泄漏必须立即处理；

2）加热炉检修严禁违章动火，严禁遗留易燃物；

3）灭火器应检查维护到位，失效灭火器必须及时更换。

4. 灼烫防范措施

（1）加热炉外壳温度不得超过 100 ℃；

（2）严禁触摸高温炉壳和加热钢坯；

（3）现场作业必须穿隔热服、戴防护手套等防护用品；

（4）严格按规定的温度进炉作业。

5. 加热炉、退火炉、常化炉、干燥炉本质安全技能

（1）本质安全要求

1）加热炉必须设置燃气快速切断阀和有效隔断装置；

2）加热炉、常化炉必须设置泄爆阀，其泄爆口不准正对操作室和通道；

3）连续退火炉必须设置炉压安全控制装置和自动报警装置；

4）加热炉、常化炉、干燥炉应按要求设置泄爆装置；

5）加热炉、均热炉、常化炉等必须配置高位水源；

6）加热炉必须按要求设置放散管。

（2）安全操作技能

1）加热炉、均热炉、常化炉等所有密闭性水冷系统使用前必须按规定试压合格；

2）加热炉水压不得低于0.1 MPa，出口水温不得高于50 ℃；

3）必须确保连续退火炉快速切断阀、氮用快速切断阀、氢用快速切断阀、辉光加热器（安装在连续退火炉的出口密封室上方燃烧剩余煤气，防止因煤气积聚而产生的炉内爆炸的装置），设置在出口密封室上方的防爆盖，以及停电、停氮、停水安全保护设施安全可靠。

6. 炉子点火安全技能

（1）长期停炉或检修过的炉子点火前，必须对主煤气管道进行氮气吹扫；对其取样分析，氧含量达标合格后，方能向主管道送煤气；送完煤气后，还要取样做煤气的爆发试验，确认合格后才能进行炉子的点火操作。

（2）加热炉点火前必须确认主煤气阀开启的8个条件：

1）输入的煤气压力正常；

2）煤气配管、增湿器、烧嘴、烟道、炉内经过氮气吹扫后氧含量达标；

3）现场点火烧嘴燃烧正常；

4）气体配管的渗漏试验、气密性试验完成；

5）炉压处于正压状态；

6）煤气与氮气管道间不存在“硬连接”；

7）主风机工作正常；

8）计算机程序控制正常。

（3）干燥炉辐射管烧嘴点火前，必须首先启动主风机向炉内送风，吹扫合格后方可再开煤气主阀。

(4) 炉子点火时，除通过计算机画面及控制程序确认外，操作人员还必须到现场确认烧嘴完全点燃后，方可进行送主煤气的操作。

(5) 按要求对煤气区域进行点检、巡检，发现煤气、天然气泄漏时应立即按应急处置要点处置。

(6) 吹扫和置换煤气设施内部的煤气过程中，严禁在煤气设施上拴、拉电焊线，煤气设施周围 40 m 内严禁火源。

7. 炉内通氢气（氨气）安全技能

(1) 加热工必须熟知危险气体爆炸的“三要素”（即一定浓度的可燃气体、密闭空间和点火源）。

(2) 炉内通氢气（氨气）前，加热工必须确认以下操作条件全部具备以后，方能打开氢气（氨气）总阀，缓慢打开氢气（氨气）流量调节阀使流量达到工艺要求为止：

1）确认气体配管的渗漏试验、气密性试验已完成；

2）确认炉内已用氮气吹扫干净，炉内氧含量≤1.0%；

3）确认所有保护气体管道及增湿器已用氮气清洗，且氧含量≤1.0%；

4）确认无氧化炉已点火；

5）确认各炉温度在 760 ℃以上；

6）确认辉光灯已通电，红色指示灯已亮；

7）确认入口炉门、出口密封辊的开度合适；

8）确认炉内压力为正压，炉子头、尾部压力正常；

9）确认非常用氮电磁阀正常，前后手动阀已按设定打开（入口手动阀全开，出口手动阀半开），控制仪器仪表等装置运行正常。

8. 炉子运行安全技能

(1) 确保加热炉煤气设施和安全报警设施点、巡检到位，发现煤气泄漏，立即处置；处理煤气泄漏应至少两名以上工作人员同时佩戴空气呼吸器进行泄漏处置。

(2) 设置柴油机发电系统，并确保完好；确保事故氮系统检查、维护、检修到位，随时可用；当出现紧急停电，炉内氢气无法排出时，立即向炉内补充氮气。

9. 停炉安全技能

(1) 关闭加热炉所有烧嘴，关闭加热炉上燃气自动阀和手动阀，关闭加热炉的“零”

阀，各煤气管道系统打开末端放散管进行放散；

（2）氮气吹扫后，必须及时将氮气与煤气管道间法兰脱开或堵盲板。

三、热轧安全技能

1. 机械伤害防范措施

（1）本质安全要求

1）初轧机必须设置防止过载、误操作或出现意外情况的安全装置；

2）高线PF线必须实行封闭管理，有叉车和人行的地方必须设置声光报警器，并检查、维护到位；

3）型钢专用加工作业线上各设备之间，穿孔机、轧管机、定径机、均整机和减径机等主要设备与辅助设备之间，必须设置安全联锁装置；

4）严禁触摸运转中的棒材轧机入口的导卫辊和其他装置。

（2）安全操作技能

1）高线轧钢工在测量轧机孔型时，必须确认轧机停机后，方可进行测量，严禁边测量边开机的违章作业；

2）高线轧钢工在观察轧机孔型时必须站位得当，轧机停机后方可进行观察；

3）台上操作工开机前，必须“一看、二问、三点动、四操作”，未经台下操作工允许，严禁开机；

4）轧机轧制时，严禁检查和调整导卫板、夹料机、摆动式升降台和翻钢机；

5）圆盘剪、碎边剪溜槽卡钢处理时必须停机，调试时联系呼应必须到位，严禁误操作。

2. 起重伤害防范措施

（1）吊车司机必须严格执行吊车司机安全操作规程及其他安全管理规定，严禁违章作业、违章指挥。

（2）必须确保桥式起重机设备运行良好，安全防护设施有效。

（3）热管件吊运必须使用管件专用夹钳，成品吊运必须整捆一起进行。吊运时起重工必须找好中心，锁好绳扣，垫好防割胶垫。

(4) 穿孔机、轧管机、定径机和减径机等主要设备的轧辊更换，应优先采用液压换辊方式。

(5) 轧管作业更换顶头、顶杆和芯棒必须采用机械化作业。

(6) 轧管作业换芯棒时必须认真检查挂吊钢丝绳，确保钢绳受力均匀。

3. 高处坠落防范措施

(1) 热轧地下卷取机危险区域必须设置安全警示标识、防滑地板；

(2) 检修调试和处理生产事故的人员必须穿耐砸防滑鞋，佩挂安全带。

4. 物体打击防范措施

(1) 本质安全要求

1) 高速棒线轧机危险区域必须设置防止红钢冲出的防护网，保持输送溜槽、导入装置、防护罩内部无结瘤、无卡钢，发现缺陷必须立即停机处理；

2) 棒材输出辊道两侧必须设置安全栏杆并保持完好，临时拆除的栏杆检修后必须立即恢复；

3) 预精轧机、精轧机、定径机、减径机的机架以及高速线材轧机必须设置金属防护罩；

4) 地下卷取机危险区域必须设置安全警示标识、安全防护栏杆和门禁系统，并确保其完好有效；

5) 轧机除鳞装置必须设置防止铁鳞飞溅危害的安全护板和水帘；

6) 热连轧机与卷取机之间的输送辊道两侧必须设置不低于0.3 m的防护挡板。

(2) 安全操作技能

1) 处理冷床及其他设备冲钢故障时，必须停机、挂警示标识；

2) 轧件、喂料装置等修磨时，作业人员必须佩带护目镜；

3) 管件修磨时，严禁手动砂轮机压下量过大；

4) 带锯下料前，必须将管件两端支撑好、固定好，严禁用手托起管件；

5) 主轧线必须完全封闭，严禁有人穿越主轧线。

5. 车辆伤害防范措施

(1) 本质安全要求

1）热轧换辊小车与轧线通道平交处两侧必须设置“当心换辊小车”的警示标识；

2）在轧钢跨与磨辊跨之间开安全门，设置人车分流通道；

3）设置声光报警或语言提示系统。

（2）安全操作技能

1）热轧钢卷运输车必须维护检修到位，定期中修、大修，定期检验，确保车辆各系统安全有效；

2）热轧钢卷运输车驾驶员必须认真落实开车前的安全检查确认制度，杜绝车辆“带病”驾驶；

3）热轧钢卷运输车驾驶员必须认真落实安全操作规程，严禁超载、酒驾、疲劳驾驶等违章作业。

6. 灼烫本质安全防范措施

（1）在初轧机和前后推床的侧面，必须设置防止氧化铁皮和钢渣飞溅，以及其他爆炸危害的挡板、索链或金属网；

（2）热锯机必须设置防止锯屑飞溅的安全设施，在有人员通行的方向必须设置防护挡板。

7. 火灾防范措施

（1）本质安全要求

1）轧机应设超温、超压、超速报警联锁装置，油雾发生器应有超温报警联锁装置，油烟风道应安装防火挡板，风道的适当位置上应安装灭火探头并定期检测。

2）全油轧机及其板式过滤器和油箱室（地下室）应配置火灾自动报警和灭火系统，轧辊轴承箱、支撑辊轴承箱、轧制液压泵轴承应安装温度监控联锁装置并定期检测；热轧机应配备防液压油泄漏起火的灭火设施或器材。

3）有色金属压力加工使用的全油轧机的自动灭火系统应与主电源系统、润滑系统、送排风系统设联锁装置，自动灭火系统应由有资质的单位进行维护保养，并定期试喷。

（2）安全操作技能

1）在能通往电缆隧道、地下液压站、地下润滑站、小车地坑等重点防火部位上方动火，必须查清能通往隧道和地下站所、小车盖板的孔洞，并进行封堵；

2）动火作业必须办理动火证，动火时电缆隧道和地下站所、小车盖板的孔洞必须派专人在其下方监护、配置灭火器或打开消火栓、落实各项消防措施；

3）有色金属压力加工使用的高速轧机应设断带保护装置，防止断带时轧制油着火。

8. 淹溺防范措施

（1）热轧清理水冲渣沟时，作业人员必须关闭冲水阀门并锁定，在机组操作台上挂警示标识，落实联系呼应确认制。

（2）加强对水处理站和酸再生工业梯台、安全栏杆、安全过桥的检查、维护、防腐检修，设置“当心淹溺”警示标识。

（3）确保轧机各类油箱、乳化液箱上方的安全防滑、防坠落措施到位。

四、冷轧安全技能

1. 机械伤害防范措施

（1）本质安全要求

1）张紧辊两侧必须设置避免手指触摸带钢的安全防护网和警示标识，压辊必须设置安全销；

2）剪切机入口应设置安全网，剪切机活动剪刃的连杆上应设置安全销孔，剪切机应设置“当心机械伤害”警示标识。

（2）安全操作技能

1）开卷机、卷取机扇形块拆装和调试焊机必须派专人指挥，联系呼应必须到位。

2）酸连轧活套车两侧钢丝绳快速移动区域防护栏杆必须封闭，并开安全门、挂警示标识。

3）处理卷取机塔形卷、抽芯卷时，旁边其他设备必须停机，并支撑牢固，台上和台下操作人员必须配合密切，严禁误操作。

4）处理板头、碎边卡钢时，室内外操作工必须确认无误后，方能操作。

5）切头飞剪取样或处理卡钢时必须停机，且将剪切模式设置在手动位置，室内外操作工联系呼应必须到位，严禁误操作。

6）卡钢处理及更换剪刃前，必须及时清理地面油污，设置专用照明，严禁误操作。

7）作业人员在危险区域观察质量缺陷时必须穿好“三紧”（即袖口紧、领口紧、下摆紧）工作服，扣好衣扣，严禁打领带、挂胸牌；设置安全可靠的质量缺陷观察点；处理辊子质量缺陷时必须停机，两人同行。

8）剪切机及圆盘剪换剪刃或维修时，必须切断电源，插好安全销。

9）碎边卷取机溜槽运行时，必须盖好溜槽盖板；发现碎边溢出，立即停机处置。

10）严禁在辊子的入口擦拭运行中的带钢，严禁触摸运转中的张紧辊、夹送辊、转向辊等旋转体。

11）步进梁、钢卷小车、轧机传动侧等地坑入口必须设置警示标识和安全门，安全门必须常闭；严禁跨越运行中的步进梁和运输链。

12）打包机安全防护栏和包装接卷机行走报警器必须保持完好。

13）更换张紧辊压辊、双刃剪压辊，检修导板台时必须插安全销，并锁定压缩空气阀门。

14）机组穿带作业时，室内外操作工联系呼应必须到位，严禁误操作。

2. 起重伤害防范措施

（1）本质安全要求。桥式起重机、电葫芦、龙门吊、汽车吊等起重设备应符合《起重机设计规范》（GB/T 3811）和《起重机械安全规程　第 1 部分：总则》（GB 6067.1）的要求。

（2）安全操作技能

1）起重设备吨位牌、通电指示灯、限位器、联锁开关（门极限）、制动器、限载器、报警器、安全栏杆等安全设施应齐全有效；

2）吊车司机装、卸全氢炉对流板等易发生坠落的设备时必须精心操作，指挥工必须站位合理，控制好对流板堆放高度及偏心度，且必须确保天棚照明完好；

3）立式连续退火机组换辊检修时，必须检查钢丝绳完好、专用吊具的顶丝顶住辊轴后，方能进行吊装作业。

3. 高处坠落防范措施

（1）本质安全要求。冷轧机出入口及钢卷小车地坑地面必须设置花纹地板，并派人定期清扫；轧机两侧的钢卷输送小车应设置移动托板，或设置防护栏杆和警示标识。

（2）安全操作技能

1）步进梁上料及开卷区域应用安全栏杆全封闭，并开安全门，挂警示标识。

2）酸连轧机组开卷机、卷取机扇形块检修必须搭设好符合安全要求的安全跳板。

3）严禁在腐蚀严重的酸洗、酸再生钢结构厂房和机组平台上行走；酸洗、酸再生钢结构厂房按工业建筑要求定期进行防腐维修，定期进行厂房钢结构检验、大修。

4）立式连退炉、镀锌机组退火炉换辊检修时，活动栏杆拆除后，指吊人员必须佩戴安全带作业；确认换辊吊具及钢丝绳安全可靠；现场必须有专人监护，换辊吊装完毕应立即恢复安全栏杆。

5）开卷小车盖板接头易脱落，修理时作业人员必须佩戴安全带。

6）连续作业线穿带作业时，作业人员高处作业必须佩戴安全带，做好联系呼应。

7）步进梁区域必须实施封闭管理，设置安全栏杆和警示牌；步进梁深坑应设法铺设伸缩盖板，并保持完好。

4. 物体打击防范措施

（1）本质安全要求

1）板带冷轧机必须设置防止断带碎片边飞出的安全网；

2）大型轧机必须配置轧辊机械更换装置，并指派专人指挥；

3）冷轧机机架之间必须设置可升降式安全门或活动安全栏杆；

4）活套车钢丝绳必须定期更换，钢丝绳接头接好后必须铅封；

5）活套两端必须设置防止钢丝绳断裂伤人的防护装置；

6）冷轧管机与冷拔管机必须采取防止钢管断裂和管尾飞甩的措施。

（2）安全操作技能

1）酸洗车间和磨辊车间的抛丸工现场巡检和加丸粒时，必须佩戴防尘口罩和护目镜。

2）强化轧辊质量验收，减少轧辊应力集中；刚换下和加工后的工作辊辊面必须用石棉布覆盖。

3）检修轧机导板台必须挂安全钩、更换刮油辊必须插好安全销。

4）穿带作业时，带头与穿带绳、穿带棒的连接必须牢靠。

5）收集废边和废切头等必须采用机械或用机械辅助。

5. 中毒和窒息防范措施

（1）煤气泄漏防范措施

1）本质安全要求：

①酸再生焙烧炉区域必须设置一氧化碳报警器。

②酸洗、酸再生车间内必须设置通风设施，并保证其完好有效；酸泄漏、酸槽开盖排酸作业时，严禁关闭通风装置。

2）安全操作技能：

①焙烧炉区域巡检时，作业人员必须两人同行，携带一氧化碳报警器。

②发现煤气泄漏，立即按煤气泄漏现场处置方案进行处置。

③凡是进入炉、罐、箱、仓等有限空间内检查、清扫、检修，须切断煤气、氮气等危险气体阀并堵盲板，进行气体置换，增加强制通风，确保氧含量达到19.5%~23.5%，保持炉内通风，专人监护，办进炉证后方能实施作业。

④连续脱碳退火机组煤气设施严禁安装在炉台操作侧栏杆之外和传动侧废料斗吊运通道旁。

⑤二氧化碳和七氟丙烷自动灭火装置灭火区域的门口须设警示牌、警示灯，并保持完好，必须确认二氧化碳和七氟丙烷自动灭火装置灭火区域内无人后方能操作。

⑥现场惰性气体气瓶存放处、氮气通往现场作业线的第一道阀门处必须设置“当心窒息”警示标识，并由专人负责、专人检查，发现气瓶阀门、管道泄漏时，必须及时派专人佩戴空气呼吸器进行处置。

（2）氨气泄漏防范措施

1）本质安全要求：

①液氨站液氨罐上方必须按要求设置氨气报警器及水喷淋自动灭火装置，下方四周必须设置防泄漏围堰，卸氨处、球罐入口必须设置人体静电导除装置；

②液氨站、氢气站、煤气站及操作室内必须配置有毒气体、可燃气体在线式和便携式报警器、强制通风设施、防爆型电气设施、火灾报警设施和灭火设施、两个逃生出口、站外风向标、应急照明和应急逃生指示灯，严禁将操作室、电气室设置在液氨站爆炸危险区域内；

③现场消防器材、消火栓、消防报警设施必须按要求配置，并保持有效；

④进入液氨站的机动车辆应安装阻火器。

2）安全操作技能：

①操作工巡检时，必须两人同行，并持便携式气体报警器。

②按要求检查、维修气体管道、阀门、设备，确保其性能完好，不泄漏；发现危险气体泄漏，应立即报告，并按应急方案处置。

③气体置换后，氨气、煤气与氮气吹扫管道阀门间必须脱开或堵盲板。

④操作工卸氨、处理危险气体泄漏时，必须至少两名以上作业人员同行，按要求穿防护服，戴防毒面罩、防护眼镜、防护手套，按要求佩戴空气呼吸器。

⑤维护检修人员必须按要求使用铜质工具。

⑥站内严禁吸烟、违章动火，动火必须按程序办理动火证。

6. 灼烫防范措施

（1）本质安全要求

1）酸（碱）洗区域必须设置喷淋装置及洗眼器，并确保完好。

2）锌锅周边必须设置安全警示标识和可靠的、可拆卸的安全防护栏杆，并确保设施完好。

（2）安全操作技能

1）酸（碱）洗和酸再生工作业时必须穿防酸服，佩戴防护眼镜、防酸手套。

2）采用酸（碱）泵向酸（碱）洗槽供酸（碱）时，严禁人工搬运酸（碱）罐进行加酸（碱）作业。

3）酸（碱）洗、酸再生化验，化学品必须使用专柜，并指派专人管理。

7. 火灾防范措施

（1）本质安全要求

1）重点防火设施应通过消防设计审查及消防救援部门竣工验收，主要生产场所消防建设应符合《建筑设计防火规范》（GB 50016）的相关规定。

2）供电主控室、配电值班室、主电缆隧道和电缆夹层应按相关标准设置火灾自动报警器、烟雾火警信号装置、灭火装置和防止小动物进入的措施；整流及动力变压器应设置防火墙，电缆进出穿线时封闭、预留孔洞应用防火泥密封；合理布置消防水栓，并保证水量、水压；灭火器的配置应符合《建筑灭火器配置设计规范》（GB 50140）的相关规定，并应定期检查维护。

3）供电主控室、室内开关站、整流器室、变配电室、计算机室、地下油库、地下液压站、地下润滑站等要害部位，应按规定设置安全出入口，出入口的门应向外开。

4）厂房、车间紧急出入口、通道、走廊、楼梯及主要会议室、操作室、计算机室、室内开关站、整流器室、变频室、配电室、电缆隧道、地下室、液压站、油库、泵房、酸碱洗槽、监控中心、供气站等关键场所，应按规定设置应急照明、应急逃生指示灯；对于现场一端通向闭塞和危险区域的出口应挂置“非安全出口”警示标识，并定期检查记录。

5）涂镀层磷化、钝化和涂胶干燥时，必须防止热源与物料接触；涂层烘烤炉必须设置易燃易爆气体检测、控制安全联锁装置。

6）涂胶机及其辅助设备必须良好接地，易产生静电的部位必须设置消除静电积聚的装置。

（2）安全操作技能

1）经常清理开卷机、开卷器、链式输送机、步进梁设备下方液压油和破布，发现应泄漏及时处理，焊接处理前必须落实各项防火措施；

2）连续退火机组煤气设施必须安装在炉台操作侧栏杆之内，严禁连续退火线煤气管道安装在传动侧废料坑旁；

3）镀层与涂层的溶剂室、配制室、涂层粘合剂配制间必须采用防爆型电气设备和照明装置，设备必须良好接地；

4）溶剂、树脂溶液、粘合剂，必须储存在密闭容器中，生产中剩余的溶剂和配制剂必须集中储存；

5）作业时严禁使用钢质工具，严禁穿化纤衣物和带钉鞋；

6）溶剂室或配制间周围 10 m 以内，严禁烟火。

8. 触电防范措施

（1）本质安全要求。酸（碱）洗及酸再生必须按要求配置防腐电气盘、箱、柜和电缆桥架及其他电气设施。

（2）安全操作技能

1）酸（碱）洗及酸再生电气盘、箱、柜及其他电气设施必须按要求进行维护、检修、报废；

2）发现酸（碱）泄漏应及时处理。

9. 其他爆炸防范措施

（1）本质安全要求

1）镀层与涂层的溶剂室、配制室、涂层粘合剂配制间必须采用防爆型电气设备和照明装置，设备必须良好接地；

2）涂层烘烤炉必须设置易燃易爆气体检测、控制安全联锁装置。

（2）安全操作技能

1）镀锌设备和接触锌液的工具以及投入镀锌液中的物料必须预热干燥；

2）锌锅周围严禁渍水，发现厂房漏雨必须及时维修。

五、精整安全技能

1. 机械伤害防范措施

（1）严禁触摸精整设备轧辊等入口、出口的所有旋转部件，防止卷入，入口、出口平台可设置安全门进行防护隔离。

（2）清除板带上或辊道上的异物时，严禁用手直接接触，应使用专用工具。

（3）入口开卷、出口卷取区域运行部件多，采用集中式的安全互锁按钮集中控制，防止人员在该区域操作、维修时出现误操作，确保机械安全。

（4）生产运行过程中，严禁跨越辊道或设备。

（5）检查和清除轧辊表面缺陷时，作业人员应在轧辊转动的反方向进行作业。

（6）剪切板带头尾料时，作业人员不应靠近剪刀，严禁将手从剪刀下方穿过。

（7）穿带引料时，应采用专用辅助工具。

（8）上下卷时，不准站在移动小车上跟随作业。

（9）设备维修维护时，在危险部位必须停止电气、液压或气压动力，悬挂“禁止操作，有人工作”提示牌；有条件的应对动力部分进行机械或电气安全锁控制，彻底防止能量意外释放。

（10）进入皮带助卷机和导板台活动范围内作业时，必须插安全销。

2. 火灾、爆炸防范措施

（1）生产运行前，对二氧化碳自动灭火系统的电气和机械设备进行检查，确保灭火系统使用剂量符合要求，确定灭火系统安全后才能开机生产；

（2）矫直机组使用的矫直辊需要进行经常性点检，检测其是否卡死或温度超高，防止发生火灾；

（3）矫直机组周边应定期进行卫生清理，避免在日常维护检修过程中，动火作业发生火灾；

（4）矫直机组应处在相对空旷的空间，避免油气局部积聚不散造成火灾、爆炸。

3. 触电防范措施

（1）本质安全要求。电气设备应做好可靠接地和保护接零。

（2）安全操作技能

1）电气作业人员应持证上岗；

2）进行电气作业必须严格按照停电、验电、挂牌、能量锁定的电气安全操作程序进行，停电后挂好“禁止操作”警示标识，有条件的进行电气安全锁具锁闭，防止人员意外启动；

3）严禁违章带电作业；

4）电气设备区域应设隔离门禁，防止无关人员随意进入；

5）手持工具设备应使用 36 V 以下安全电压；

6）外壳为金属的日用电气设备应考虑在设备前端设置漏电保护器；

7）电气设备应经常检查检修，确保绝缘有效、接地可靠、运行稳定。

4. 高处坠落防范措施

（1）本质安全要求

1）开卷机上料小车、卷取机卸料小车、步进梁地坑入口处，应在三边设置安全栏杆，另一边设置安全门或安全链并配置“非岗位人员禁止入内”警示标识；

2）自由活套地坑较深，因此其安全栏杆和直爬梯的安全护笼必须完好。

（2）安全操作技能

1）高处作业的人员应佩戴安全带；

2）发现开卷机上料小车、卷取机卸料小车盖板脱落，必须及时修复。

5. 起重伤害防范措施

（1）本质安全要求。起重作业应优先使用电动吊具，以实现本质安全。

（2）安全操作技能

1）起重作业人员应遵守相关安全操作规范；

2）起重吊运物不得从人和重要设备上方经过；

3）吊运不同重物应使用规范、匹配的起重吊具，起重必须捆绑牢固；

4）起重作业应由一人指挥，不得多人指挥；

5）起吊前指挥人员和吊车司机必须确认人员站位，手脚放置位置安全后才能起吊。

6. 物体打击防范措施

（1）设备机组生产时，严禁站在开卷机和卷取机正前方进行检查，防止断带伤人；

（2）剪钢带时应站在钢带侧面进行，禁止站在正面，防止钢带绷出伤人；

（3）电机检修时，必须切断电机电源并挂牌，有条件的要采用电气安全锁具锁定，防止异常启动；

（4）维修液压设备时必须释放蓄能器中的压力。

7. 车辆伤害防范措施

（1）本质安全要求

1）拐角处应设置凸面镜；

2）应人车分流、各行其道，交叉位置设置隔离、减速设施。

（2）安全操作技能

1）确保车辆刹车、灯光、倒车报警等设施功能正常；

2）严禁载人、超速行驶，不转急弯；

3）驾驶员应佩戴安全帽、安全带；

4）特种车辆作业应持证上岗；

5）倒车前应先观察以确认安全；

6）斜坡处不斜向行驶，以防止翻车；

7）若叉车前方物品较高，应倒车行驶；

8）不叉运超高、超宽、超长物品；

9）运输物品应捆绑牢固。

第二节　有色金属压力加工安全技能

有色金属的加工工艺与黑色金属的基本一致，统称为冶金行业的压力加工，生产过程中也容易引发火灾、爆炸、灼烫、机械伤害、起重伤害、物体打击、高处坠落、中毒、窒息、触电等事故。

本节重点：了解有色金属压力加工生产过程中的危险有害因素，熟悉本质安全要求，掌握安全操作技能，提升事故应急处置能力。

一、熔炼及铸造安全技能

1. 火灾防控措施

（1）天然气火灾防控措施

1）本质安全要求：

①新建或大修后的设备，要进行强度及严密性试验，合格后方可投产。

②易发生天然气泄漏区域的电气设施应按《爆炸危险环境电力装置设计规范》（GB 50058）的规定采用防爆设计。

③应在车间或有天然气的场所设置可燃气体报警器和局部抽风装置，同时可配备便携式报警器。

④应在煤气支管上设置有切断阀和自动调节阀，两阀之间应设吹扫接口。

⑤车间内每台设备上都要有一个切断阀，并在车间外部设一个总阀；应在车间生产设备总燃气管道的一端引出一根排气管道，并高出屋顶 2 m。

2）安全操作技能：

①对有可能泄漏的部位，用肥皂泡法和压力试验的方法进行检查并形成相关的检查制度，防止天然气泄漏；

②在有燃气存在的条件下进行维修工作时，必须使用盲板将有天然气的管路与检修系统完全隔离，检修工具采用铜质工具或采取不打火措施；

③盲板厚度要经过计算并满足要求；

④在停送天然气放散时，放散管周围 40 m 内不准有明火存在；

⑤烧嘴停止燃烧时，应先停送天然气，然后再停送空气。

（2）工业燃油着火防控措施

1）本质安全要求：

①重油管道上应设发生事故时能迅速关闭燃料的装置；

②重油储罐应放在车间室外，并保持必要的防火间距；

③消耗油罐应置于与车间隔离的不可燃的房间，并与大型储槽用管道连接，小于 5 m^3 的消耗油罐可以放在车间内，但与炉子距离不应小于 1.5 m；

④油罐的密封性应良好，并配置温度计、放油阀、呼吸阀和阻火器等安全设施；

⑤液体燃料在管道中流动可能会产生静电火花导致油蒸气和空气的混合气体燃烧和爆炸，为消除静电，排油管道和构架必须接地；

⑥重油炉的车间内要配备泡沫灭火器和消防沙池；

⑦油炉必须配置有抽风罩的风机，提高职业卫生防护功能。

2）安全操作技能：

①开始点燃前要往炉内吹风并打开烟道闸门，以排除炉内的爆炸性气体。

②为了避免渗漏的燃油挥发出的油气在燃烧室内积聚，在点燃烧嘴前应先通入一段时间空气，然后再供给重油。

③为安全起见，最好采用电点燃等先进安全的点火方法。

④油罐区应划为禁火区。储罐、管道和阀门等燃油设备需要动用明火时，应首先办理动火证审批手续；如果地面有污油，必须要彻底清理，并采取防火措施后方可动火作业。

3）油气着火防控措施：

①对油污严重的物料进行特殊保管，不可与其他废料混料；

②对油污严重的物料在熔炼前要采用热水清洗、干燥等除油措施；

③对压制成包的废料合成体要有抽样检查制度，严把收料关；

④做好各类处理边角废料的设备，尤其是处理废料的打包机等的维护保养工作，严防设备漏油。

（3）漏铝液引起可燃物着火防控措施

1）铸造现场电缆应采取防铝液接触引起着火的措施；

2）铸造场地应消除铝液泄漏到地下室的隐患，缝隙要采取密封措施；

3）铸造现场不得有可燃物。

2. 铝液爆炸防控措施

（1）本质安全要求

1）熔炼炉、保温炉和铸造机周边地面应干燥，周边不应有积水坑（铸造井、铸造坑除外）；铸造厂房内的地坑应进行防渗漏设计和施工，防止地下水渗入；熔炼设备、铸造设备、盐浴槽上方不应设置存在滴、漏水隐患的设施。

2）真空熔炼炉应设有泄爆阀等装置，真空自耗炉应设有泄爆口并通往室外，电子束炉应设有防辐射设施。

3）铸造机升降平台或托架等，不应有储水空间。

4）铸造倾翻炉应设置紧急复位操作系统以及液位自动检测、控制系统等联锁保护装置。

5）用水冷却的熔炼炉、铸造机应设置应急冷却水源。

6）铸井应涂刷防爆涂料，并定期检查防爆层是否完好。

7）铸造浇注生产流程中应设置金属液紧急排放和储存的设施；过滤除气装置放干放流口（流眼处）应备有金属液放干箱，且容量为该装置容量的1.5倍以上。

（2）安全操作技能

1）装炉前要除掉铝锭及其废料上的冰雪，对潮湿的炉壁和物料要采取烘干或晾晒的办法除去水和潮气，加入熔炼炉的添加剂应干燥；做好设备冷却水、消防水管路的预防性维修和检查工作，防止管路泄漏导致水进入熔炼炉引起爆炸；熔炼炉上方不应设置天窗、上下水管等。

2）进行高温作业的工作台，特别是铸造台和熔炉周围，必须保持干燥。

3）工作中使用的工具要专门设置存放区域，以保证工具干燥，对盛装铝熔体的容器一般情况下要在使用前进行烘烤，除去潮气或水分。

4）高温废弃物应堆弃在干燥的地方，而不应投入水沟、水槽中，如熔炼产生的铝渣应放入有防潮措施的专门堆放装置内，这样既可防止事故，又有利于回收。

5）熔炼炉周围地面应向外倾斜，并备有排水系统，以保证熔炼炉附近无积水，防止铝熔体遇水爆炸。

6）加强设施的定期维护，保证设备完好，避免因设备问题发生铝熔体泄漏。

7）铸造前，过滤器出入口连接缝应塞严，放干流眼堵牢，结晶器缝隙应塞严，防止冷却水进入结晶器内腔。

8）熔炼炉、保温炉放流口（流眼处）应备有塞棒（流眼钎子），每个眼备用两个，并定期检查记录。

3. 压力容器爆炸防控措施

（1）本质安全要求

1）蒸汽缓冲器、压缩空气储罐、真空罐等压力容器应符合《固定式压力容器安全技术监察规程》（TSG 21）的要求；

2）压力管道应符合《压力管道安全技术监察规程——工业管道》（TSG D0001）的规定。

（2）安全操作技能

1）各种安全附件（安全阀、压力表、温度表等）应齐全，并按照相关规定定期检查；

2）压力容器、压力管道、安全阀、压力表必须按周期定期检定、校验、校准，并张贴标识。

4. 灼烫防控措施

（1）要定期对设备进行检修维护，保证设备完好，避免因设备问题发生铝熔体泄漏；

（2）使用的工具和熔炼铸造场地要保持干燥，防止铝水遇潮湿环境发生爆炸烫伤人事故；

（3）进行扒渣、精炼、投加原料或添加剂等作业时，员工要按规定穿戴好劳动防护用品，禁止穿化纤工作服和内衣；

（4）铸造前，过滤器出入口连接缝应塞严，放干流眼堵牢，结晶器缝隙应塞严，防止冷却水进入结晶器内腔；

（5）扒渣后的工具和炽热的物料应定置管理，设置安全警示标识；

（6）炉子和除气箱等流眼处要备好不少于两个具备使用条件的流眼钳子；

（7）吊包盛装铝熔体不得超过吊包外沿 150 mm；

（8）加强职工安全教育，增强职工安全意识，确保职工按章操作、注意力集中，防止出现跑流，特别是在操作时要按照规定佩戴好符合规定的劳动防护用品。

5. 起重伤害防控措施

（1）本质安全要求

1）吊运铝熔体吊包的起重设备必须符合《冶金起重机技术条件　第 5 部分：铸造起重机》（JB/T 7688.5）的要求；

2）金属液包及金属液包吊具的生产应符合《铁水浇包　第 1 部分：基本参数》（JB 5771.1）和《铁水浇包　第 2 部分：技术条件》（JB 5771.2）的有关规定，并定期检查记录。

（2）安全操作技能

1）定期由技术监督管理部门对起重行车进行检测检验。

2）不许使用与吊物不配套的吊具或有缺陷的吊具；桥式起重机吊物时，不准许从人上方经过；铸锭（棒）从出井至平放过程中，与人要保持安全距离。

3）定期检查、检修、维护起重机械或吊索具。

4）铸造结束起吊铸锭时，要正确使用吊钳，并确保捆绑方式正确。

5）应由取得起重机操作资格证书、有操作经验的专人操作。

6. 物体打击防控措施

（1）往熔炼炉中补料、投加添加剂时，操作人员应按规程规定进行站位并投加料；

（2）使用渣扒子搅拌、扒渣，使用氩气或氯气进行精炼时，操作人员应按规程规定操作；

（3）容易崩裂的合金硬铝与超硬铝扁铸锭应储放在安全位置或专门的防爆区，并要有警示标识，防止人员靠近，避免伤人；

(4) 铸锭堆放区地基要夯实、平整，用于垫放铸锭的木方或铁轨要符合要求，垛与垛之间要留有一定的安全距离，堆垛高度应符合规定；

(5) 铸造井检修或掏井渣子时，井口应设置护栏等安全防护装置，进入井内的人员应佩戴好安全帽。

7. 触电防控措施

(1) 本质安全要求

1) 高压配电装置设计应符合《3~110 kV 高压配电装置设计规范》(GB 50060) 的规定；低压电气装置设计应符合《低压配电设计规范》(GB 50054) 的规定；电力装置的继电保护、非电量保护和自动装置设计应符合《电力装置的继电保护和自动装置设计规范》(GB/T 50062) 的规定。

2) 除气、过滤精炼装置或流槽电加热保温装置应按规范进行布线，并采取接地保护措施。

3) 电炉炉壳外部的带电部位应设置完好的安全防护罩。

(2) 安全操作技能

1) 长期停用、检修后或新装的电动机，长时间停用的电加热炉和退火炉，送电前均应检测其绝缘情况；应定期对电机，变压设备，油烟较重及潮湿、粉尘场所的电气设备设施进行绝缘测量，并做好记录；电气安全绝缘工器具应由具备检测资质的部门进行定期检测。

2) 防护罩处理或设备维护、检修作业时，应在停电状态下进行。

3) 电炉扒渣、搅拌、精炼时应停电。

4) 定期对压力加工设备的配电控制盘、箱、柜进行清灰、端子紧固等。

8. 机械伤害防控措施

(1) 对熔炼铸造设备定期进行检修维护，确保炉门升降机构、炉盖开闭机构、电机传动机构等完好，防护装置到位；

(2) 检查运转的设备时应确保安全，处理故障时应停机；

(3) 加强从业人员设备安全使用培训，熟悉设备使用程序，避免误操作；

（4）铸锭专用铣床刀盘、刀具应安装牢固并安装防刀盘飞出和防止金属屑飞溅的设施；

（5）清理、擦拭铸锭下表面异物时，应配置专用料架并确保安全可靠。

9. 高处坠落防控措施

（1）本质安全要求

1）厂区内的坑、沟、池、井、洞、孔和高处的边缘等，应设置安全盖板、防护栏杆、平台和梯子；

2）牵引机轨道、中断锯、淬火炉水槽周围应设置防护栏杆；

3）淬火炉本体上应设置防护栏杆、楼梯，需到顶部作业、检修的油箱应设置走廊、栏杆、梯子；

4）油箱梯子与走廊表面必须经防滑处理，并在醒目位置放置防滑防摔警示标识；

5）直梯、斜梯、防护栏杆和工作平台应符合《固定式钢梯及平台安全要求　第1部分：钢直梯》（GB 4053.1）、《固定式钢梯及平台安全要求　第2部分：钢斜梯》（GB 4053.2）、《固定式钢梯及平台安全要求　第3部分：工业防护栏及钢平台》（GB 4053.3）的规定。

（2）安全操作技能

1）铸造井检修或掏井渣子时，井口应设置防护栏杆等安全防护装置，若无防护装置，则作业人员必须佩戴安全带；

2）到炉子顶部检修或工作时，作业人员应佩戴安全带。

10. 氯气中毒防控措施

（1）本质安全要求

1）氯气间及炉体氯气阀门处应设置氯气固定监测报警装置，并定期检定，确保有效；

2）氯气间应设置碱水池或其他应急处理泄漏氯气的装置。

（2）安全操作技能

1）氯气瓶要定期检验，确保符合规范要求；

2）氯气设备管路、阀门等要定期检查、维护、维修，确保其完好、不泄漏；

3）配备空气呼吸器及应急救援器材，并保持完好，定期组织演练；

4）氯气应储存在空旷、通风、无人的地方，并悬挂“有毒物品，禁止靠近”安全警示标识和职业病危害告知牌。

二、挤压与拉拔安全技能

1. 物体打击防控措施

（1）水压机开动前首先要确认回水阀门已经打开，否则不能开动设备。

（2）开水压机时，一定要先开低压阀门后开高压阀门，停车时顺序则相反。

（3）换水压机挤压筒、挤压轴和其他主要工具前，必须把低压罐中的压缩空气放掉。

（4）挤压过程中严禁操作人员进入挤压筒和挤压机活动横梁间的部位；严禁将头部伸向前机架或压型嘴处；严禁在挤压机出口处探视。

（5）当“闷车”或挤压时，操作人员不得俯身往导路口内窥，以免模子压碎或制品崩出伤人；不准在制品压出后俯视制品，以免制品突然翘起伤人。

（6）发生“闷车”后，要及时停车进行处理，不可蛮干，防止事故发生。

（7）对挤压出的制品应用专用工具进行承接和控制，防止其颤动打伤操作人员。

（8）管材、棒材、型材拉伸机在拉伸制品时，人与前后夹头两侧应保持安全距离，不得站在危险区域内。

（9）工作人员的肢体不得放在拉伸机活动夹头运行区域内。

（10）在拉伸制品时，不得用手触动拉伸模以及传动的索引链和钢丝绳；移动时不得触动小车轨道，小车返回时要防止被车碰伤。

（11）拉伸机钳口表面禁止涂油，以免物料滑出伤人。

（12）拉伸机钳口与垫板必须正确安放，垫板不得露在钳口外面，以免伤人。

2. 灼烫防控措施

（1）挤压出的制品应用专用工具进行承接和控制，防止其烫伤操作人员；

（2）应将废料及时装入废料箱内，不得随地堆放，以免烫伤操作人员；

（3）在对刚挤压出的制品进行质量检查时，应佩戴齐全的防护用品，并按规程作业。

3. 火灾防控措施

（1）对挤压出的热制品、压挤残料等高温料及物件应专区存放，存放区不应有易燃可燃物；

（2）挤压、拉拔及铸造加热设备的电气系统应定期检修、维护、检查，避免发生电气放炮短路事故；

（3）油压机检修动火作业前，应办理审批手续，对现场污油进行清理，采取相应的防火措施后方可进行动火；

（4）热设备的电气系统应定期检修、维护、检查，避免发生电气短路。

三、热处理和表面处理安全技能

1. 盐浴炉热处理安全技能

（1）灼烫防控措施

1）从业人员应按规定穿戴好劳动防护用品；

2）需要接触处理后的物料时，应使用专用工具。

（2）触电防控措施

1）盐浴炉加热装置应按规范进行接线，不应有电源线裸露情况，炉体应采取接地保护措施；

2）设备维护、检修作业时，应在停电状态下进行。

（3）爆炸防控措施

1）本质安全要求：

①保证盐浴炉房顶完好，不漏雨水；

②硝盐温度不应超过 550 ℃，应设有双重自动控温、报警的保护装置。

2）安全操作技能：

①补充的新盐和要入炉的工件、夹具等必须充分烘干；

②盐熔炉启动时，应将表面的固体壳打碎，使熔盐与大气相通；

③严禁将棉织物、木炭、油脂和石墨带入硝盐中；

④硝盐必须保存在金属容器中，严禁用木箱、布袋包装；

⑤硝盐炉发生火灾时，应使用干砂扑灭，切不可用泡沫灭火；

⑥严禁用硝盐炉处理镁的质量分数大于 10%的铝合金；

⑦盐浴槽、淬火油池不准许超温淬火，不准许其他液体进入槽体，液面高度应控制

在槽体的安全液面以下。

2. 电阻炉热处理安全技能

（1）触电防控措施

1）本质安全要求：

①为防止热处理工人在操作电炉时触电，当进出料开启炉门时，电源应有自动切断的联锁装置。

②对电热设备的高压带电部分应尽可能隔离和屏蔽，设备不带电的金属部分还应做好接地或接零保护。

③变压器和电路都应设继电器保护。

④热工仪表、电表应装在独立的控制柜上；当电力装置和热工仪表在同一个电控柜时，接触器应分别安装在相互分隔的两块配电盘上。

⑤固定式和移动式照明降压变压器外壳必须接地，移动式照明降压变压器（12~36 V）要用软电缆连接，绝不容许使用普通电线。

2）安全操作技能：

①导电部分应有良好的绝缘；应经常监控电炉设备的接地情况和电缆绝缘情况，发现不正常现象应及时纠正。

②必要时采用 12~36 V 的低压操作，或用绝缘棒、绝缘钳、橡皮垫等手段防止触电。

③定期对电炉进行检修维护，确保电气系统完好。

④设备维护、检修作业，应在停电状态下进行。

（2）灼烫防控措施

1）从业人员应按规定穿戴好劳动防护用品；

2）需要接触处理后的物料时，应使用专用工具。

（3）火灾防控措施

1）所有电炉都应设温度自动调节器；

2）对高温状态的热处理件应专区存放，存放区不应有易燃可燃物；

3）加热设备的电气系统应定期检修、维护、检查，避免发生电气短路放炮着火事故。

（4）物体打击防控措施

1）装炉时要将工件排列整齐或用料筐、料架、料箱装好，不得任意将加工件装入炉内；

2）吊装时应由专人进行指挥，严禁工件损坏炉衬、炉底板，避免其与炉子电阻丝接触。

3. 感应炉热处理安全技能

（1）本质安全要求

1）中频发电机应安装在隔离的生产场地，如直接装在车间和生产流水线上要使用特制防护罩。

2）车间内的电容器组应设置在封闭上锁的金属柜中，如放置在单独场所时，允许用丝网隔离，设网门并上锁；变压器应置于淬火间内，否则其带电部分应用外壳封闭；变压器次级线圈和感应器若不屏蔽，则感应器的一个接头必须接地；如果工艺允许，感应器和淬火器应放在专用空间内。

3）电子管式高频电源应有机械和电气联锁，以及避免和带电部分接触的栏杆。

4）高频电源的阳极回路上的交流和直流高压最危险，因此除感应器外的其他带电部分都必须封闭，而高压部分必须闭锁。

5）电子管式电源外壳必须接地，接地电缆要接在设备或淬火机床基座上；墙壁和天花板的金属板、网应屏蔽，防止对无线电广播的干扰。

（2）安全操作技能。感应加热的作业人员，应穿戴好合格的防护用品，经培训合格后方可作业。

四、锯切、铣面安全技能

1. 火灾、爆炸防控措施

（1）对液压设备和电气设备进行检查、维护、保养，确保设备可靠；

（2）锯切机、铣面机铣屑通风除尘设备应可靠接地；

（3）电气设施应符合防爆要求，设置防雷防静电装置；

（4）管道、屋架、地面上堆积的铝粉尘应定期清理。

2. 机械伤害防控措施

（1）锯切机、铣面机生产时，严禁在入口、出口方向位置站立，防止发生物体打击事故；

（2）设备应进行全封闭护网维护，设置安全门限位，防止人员进入设备加工核心区域。

3. 起重伤害防控措施

（1）使用行车进行板锭上下料吊运操作，行车故障、人员操作不规范均可能导致起重伤害的发生；

（2）铸锭吊运时，应使用长工具辅助推动、转动和控制方向。

4. 车辆伤害防控措施

厂房内叉车、厂内机动车、过跨车等车辆运行过程，若超速、空间狭小、人员视线不良，可能导致车辆伤害事故发生。

5. 触电防控措施

（1）现场电气设备必须绝缘良好，进行可靠接地；

（2）使用手持电动工具时，应严格执行电工安全操作规程。

6. 高处坠落防控措施

（1）锯切、铣面装置设备，加工废屑收集装置等高处作业面的安全防护装置必须完好；

（2）高处作业时必须佩戴安全带。

五、锻压安全技能

1. 物体打击防控措施

（1）搬运锻件时，控制单人搬运的重量，防止由于操作不当或配合不默契而造成扭伤和砸伤事故；

（2）用工具往锻压机运送小型锻件时，要确认锻件夹牢；

（3）锻压作业时，除非工作需要必须靠近锻件，否则人员应站在安全区域；

（4）工作中禁止到活动横梁下部探视冲模及半成品，需要检查时必须将工作台移出；

（5）锻件应按规定摆放，严禁超高、超宽等不规范堆放，容许立放的锻环等锻件应采取防倾倒、防滚动措施；

（6）定期对高压水系统进行检查、维修，确保不泄漏。

2. 灼烫防控措施

（1）高温状态的模具、锻件要进行定置管理，设置安全警示标识；

（2）严禁职工直接用手触摸锻件，防止烫伤；

（3）润滑冲模及毛料时，必须使用长把油刷，且把长不应小于0.5 m，脸部要远离模子和毛料并佩戴防护面罩。

3. 车辆伤害防控措施

（1）本质安全要求

1）电动轨道平板车应有明确运行方向的按钮、声光报警装置、扫轨器，轨道两端应安装阻挡装置，并定期检查；

2）过跨车应设置专有安全区域。

（2）安全操作技能

1）厂内机动车驾驶员必须持证上岗；

2）厂内机动车必须每年定期进行检测检验、粘贴标识；

3）厂内机动车应定期检修、维护、中修、大修，确保车辆完好，安全装置有效；

4）电动轨道平板车开车前，作业人员必须确认轨道上和车下无人，开启声光报警器后方能开车。

4. 起重伤害防控措施

（1）定期由技术监督管理部门对起重机械进行检测检验；

（2）起重机械应由取得行车操作资格证书的专人操作；

（3）定期检查、检修维护起重机械和吊索具；

（4）起吊锻件时，要正确使用吊具，确保捆绑方式正确，小型锻件要装箱（料架）吊运；

（5）用起吊棒起吊模具时，要将起吊棒插到位，并在吊运过程中不能离地面太高。

5. 火灾防控措施

（1）本质安全要求

1）油脂存放处必须设置专用且远离火种的存放区，油桶应定置，分开管理；

2）锻压生产车间应设置消防器材、消火栓和“当心火灾”警示标识。

（2）安全操作技能

1）对高温状态的模具、锻件应专区存放，存放区不得有易燃可燃物；

2）锻压及加热设备的电气系统应定期检查、维护、检修，避免发生电气短路放炮事故。

6. 容器爆炸防控措施

（1）本质安全要求

1）高压水系统要有防止超压的自动控制装置和报警装置，并确保其灵敏性；

2）应设有高、低水位控制装置，防止空气跑入高压水管道和超压等事故的发生。

（2）安全操作技能

1）对水位控制系统及超压报警装置应制定专门的检查测试和维护保养制度，并按规定进行检查测试及维护保养工作；

2）对高压管道特别是连接部位及应力集中部位要经常检查有无变形或其他异常现象发生；

3）检修高压系统时，对更换的零部件必须先确认材质，质量合格方可更换。

7. 机械伤害防控措施

（1）本质安全要求

1）压力加工设备应设有压力、油温、油位、速度检测及显示系统，并定期检测；

2）锻压机工作台与中顶器、侧顶器应设置联锁装置，并定期检查；

3）除水压机外，在压力加工设备主操作台、辅操作台应设有紧急停电按钮，并定期检查。

（2）安全操作技能

1）锻造或矫直时调整工件应使用专用工具处理；

2）机列头尾剪的料头无法通过时，应用专用工具引料。

第六章　金属冶炼职业病防治

金属冶炼生产工艺复杂，涉及的专业多，作业连续性强，炉窑、塔器、管道与大型机械纵横交错，作业空间狭窄，生产过程中容易引发尘肺病、噪声聋、职业性肿瘤等职业病。

第一节　烧结和球团职业病危害防护措施

一、烧结和球团通用职业病危害防护措施

（1）所有产尘设备和尘源点，应严格密闭，并设除尘系统；作业场所粉尘和有害物质的浓度，应符合《工业企业设计卫生标准》（GBZ 1）、《工业场所有害因素职业接触限值　第1部分：化学有害因素》（GBZ 2.1）、《工业场所有害因素职业接触限值　第2部分：物理因素》（GBZ 2.2）的规定。

（2）除尘设施的开停，应与工艺设备联锁；收集的粉尘应采用密闭运输方式，避免二次扬尘。

（3）接触粉尘人员要严格按要求佩戴防尘口罩、眼罩等劳动防护用品。

（4）对散发有害物质的设备，应严加密闭。

（5）工作场所操作人员每天连续接触噪声的时间接触碰撞和冲击等的脉冲噪声，应符合《工业场所有害因素职业接触限值　第2部分：物理因素》（GBZ 2.2）的规定；应积极采取防止噪声的措施，消除噪声危害；达不到噪声标准的作业场所，作业人员应佩

戴防护用具。

(6) 作业场所放射性物质的允许剂量，不应超过《电离辐射防护与辐射源安全基本标准》(GB 18871) 的标准；使用放射性核素时，应遵守《电离辐射防护与辐射源安全基本标准》(GB 18871) 的规定。

(7) 使用放射性装置的部位或处所，周围应划定禁区，并设置放射性危险标识。

(8) 使用放射性同位素的单位，应建立健全放射性同位素保管、领用和消耗等登记制度；放射性同位素应存放在专用的安全储存场所。

二、烧结职业病危害防护措施

烧结生产过程中的职业病危害因素主要是粉尘、物理因素（噪声和高温)、化学毒物及放射性物质。

(1) 粉尘。从烧结原料翻车、卸料到配料、混合、烧结及破碎、冷却、筛分和返矿运输等，整个生产过程都会产生粉尘。

(2) 物理因素。噪声主要来源于破碎机、振动筛、风机等生产设备运转以及物料在生产过程中对设备的撞击，是持续性稳态噪声。

高温主要存在于烧结机、单辊破碎机、冷却机、筛分系统及成品运输机等岗位，主要影响人体体温调节、水盐代谢的生理功能，可引起作业人员中暑，此外对人体的消化系统、神经系统、心血管系统等也有影响。高温危害的防控措施主要包括有效隔热、通风降温及个体防护等。

(3) 化学毒物。供给烧结机点火用的煤气在使用中如存在管道、闸阀的泄漏，则会导致作业人员急性一氧化碳中毒。

(4) 放射性物质。有部分钢铁厂烧结生产过程中利用核子秤等放射性密封源自动对物料质量进行检测，对人体存在放射性辐射危害。

三、球团职业病危害防护措施

球团生产过程中的职业病危害因素主要是粉尘、物理因素（噪声和高温)、化学毒物及放射性物质。凡进入有害作业场所进行作业的人员，必须按规定穿戴好劳动防护用品，同时按照可能接触的有害物质种类，佩戴性能可靠的检测仪器进入作业现场，严禁患有职业禁忌证人员从事禁忌作业。

（1）粉尘。从熔燃制备、预配料、干燥、辊压、配料、混合、造球、焙烧到成品分级，整个生产过程都会产生粉尘。产生粉尘的设备应有效密封，不得向外泄漏粉尘，如果发生粉尘外泄，必须当班向设备管理部门进行报告，并在设备运行记录中做好记录。工作区内易造成粉尘堆积的作业场所，必须及时清洗地面灰尘，防止造成二次扬尘。在粉尘区域作业，必须佩戴防尘口罩，不得使用纱布口罩代替。

（2）物理因素。噪声主要来源于立式磨、排粉风机、给料机、燃气炉混合机、造球机、带式焙烧机、链篦机、回转窑、环冷机、助燃风机、风机、成品分级器等生产设备运转。进入噪声区域必须佩戴防噪声耳塞或耳罩，以减少噪声对听力的损伤。在噪声较大的区域连续工作，宜分批轮换作业，尽可能减少作业时间。

高温主要涉及带式焙烧机、链篦机、回转窑、环冷机及成品运输机等岗位。持续接触热源后，应轮换作业和休息，休息时应脱离高温环境，并适当饮用含盐饮料，以补充身体流失的盐分。现场应配备防暑药品，当身体出现头晕、恶心等中暑征兆时，应当及时脱离高温场所，服用防暑药品，并躺下休息，如果身体状况无好转，应立即送往医院治疗。工作人员在高温区作业时，应佩戴防高温手套、穿隔热服。

（3）化学毒物。球团的干燥窑、回转窑或焙烧机使用高炉煤气或焦炉煤气作为燃料，煤气在使用中如存在管道、闸阀的泄漏，则会导致作业人员急性一氧化碳中毒。

（4）放射性物质。有部分钢铁厂球团生产过程中利用核子秤等放射性密封源自动对物料质量进行检测，对人体存在放射性辐射危害。

链篦机和带式焙烧机放射源在使用中应严格密闭，设置有效隔离设施，并在其周围挂警示牌，禁止人员靠近。放射源应按职业卫生防护要求管理。

第二节　金属冶炼职业病危害防护措施

一、炼铁供装料系统职业病危害防护措施

（1）在全系统安装良好的负压除尘装置，对所有扬尘点（所有带式输送机转运站、卸料小车进出口、振动筛上下口、料坑上方、炉顶受料口等处）进行密闭收尘，并实现除尘设备与生产设备同步运行；为全系统从事现场作业人员配备防尘口罩；现场悬挂职业危害告知牌；提高系统自动化水平、减少与产尘点的直接接触频率和时间；定期接受职业健康检查。

（2）操作控制室应安装双层门和玻璃，进行隔声；提高视频监控范围，减少与产生噪声设备的直接接触频率和时间；为现场作业人员配备防噪声耳塞。

（3）防止或减少放射源发出的射线对人体的伤害。主要有以下 3 种防护手段：

1）距离防护。距离放射源越远，接触的射线就越少，受到伤害也越小，因此应设置禁区。

2）屏蔽防护。选取适当的屏蔽材料（如混凝土、铁或铅等）做成屏蔽体遮挡放射源发出的射线。

3）时间防护。尽可能减少与放射源的接触时间，给岗位人员配备计量剂，实现时间总量控制；在管理上实行点检监控及交接班制度，严防放射源丢失而引起社会恐慌和无辜人员受伤。

二、炼铁富氧鼓风系统职业病危害防护措施

（1）煤气调节阀组的减振降噪目前尚未见有效途径，它处于煤气区域，附近很少有人群集中，主要防护措施是对进入该区域的点检人员配备防噪声耳塞。

（2）放风阀减振降噪可采用比较成熟的圆柱型消声器装置，在条件许可的前提下，

可将放风阀设置在离人群较远地段，选择体积较大的消声器装置，有效阻断噪声的传播，达到在传播过程中减弱噪声的效果。

（3）助燃风机减振降噪可根据风机的大小采用风机机壳与基础之间增加弹簧减振器、橡胶减振器的减振方法，在声源处减弱噪声的传播，也可修建隔声房来阻断或减弱噪声的传播。

三、炼铁荒煤气系统职业病危害防护措施

荒煤气系统的危险物质是高炉煤气，而煤气中的一氧化碳也是系统工艺过程中的重要的职业病危害因素。除此之外，炉顶的煤气均压放散的噪声和停炉时排放的炉尘污染物，不仅给厂区职工造成伤害，也给附近居民带来一定的危害。

为了减弱炉顶的煤气均压放散的噪声，目前国内大型高炉基本上采用放散管消声器。由于煤气放散气体中含尘量高、湿度大，经常会出现堵塞，所以，在设计消声器的同时，应考虑旁通系统，在降低噪声污染源的同时保证高炉正常生产。

停炉时排放的炉尘会给周边居民带来伤害，这就要求做好停炉准备，合理安排停炉计划，并将计划报给当地政府部门，尽可能降低污染对居民的直接危害。

四、渣铁处理系统及出铁场职业病危害防护措施

1. 渣铁处理系统职业病危害防护措施

（1）渣铁处理系统区域按《炼铁安全规程》要求设置固定式一氧化碳报警装置；

（2）对风口、渣口、铁口的泄漏煤气按煤气中毒事故预防控制措施处理；

（3）将噪声污染较严重的放风阀、助燃风机等设施安置在远离炉台处；

（4）对沟泥、浇注料等耐火材料进行送检化验，对劣质材料特别是新材料必须进行安全性论证，防止新的职业病危害因素进入渣铁处理系统。

2. 出铁场职业病危害防护措施

（1）高炉出铁场是渣铁处理的主要场地，出铁场配置足够的除尘设施是实现出铁场的职业病危害因素综合治理的必备条件；足够的负压风机和优质的除尘器，可使出铁场的烟尘被大量回收利用。

（2）出铁场的所有渣铁沟应全面上罩密闭并通过负压风机抽风，使绝大部分烟尘以及渣铁沟中耐火材料释放出的有毒有害物质和气体易于被除尘器收集和处理，这样能有效改善出铁场环境，降低职业危害程度，从而保障从业人员的身体健康。

五、铝冶炼职业病危害防护措施

（1）开展职业卫生培训，建立职业病档案，实施上岗前、岗中、离岗后的职业健康检查；

（2）有职业禁忌证者不得从事铝电解作业；

（3）已被诊断为职业病的作业人员应及时进行治疗和定期复查；

（4）尘肺患者、Ⅱ期和Ⅲ期工业性氟病患者应调离存在职业病危害的岗位；

（5）尘毒作业场所以及有毒物料的储存场所应按照《工作场所职业病危害警示标识》（GBZ 158）的要求设置警示标识，在主要污染物场所悬挂职业卫生标识。

六、铅冶炼职业病危害防护措施

1．鼓风炉熔炼职业病危害防护措施

（1）鼓风炉进料应采用自动控制装置；

（2）鼓风炉加料口应安装排烟罩和净化装置，并保持严密，防止烟尘外逸；

（3）鼓风炉放渣口、铅渣溜槽、前床排渣口、活动溜槽及渣包、放铅口、铸锭等放散烟气的部位，应靠近设置排烟罩或活动排烟罩，并对烟尘进行净化；

（4）渣包的倾渣点应设置排风罩；

（5）密闭鼓风炉冷凝器铅泵池上方，熔剂槽、分离槽、储锌槽等工作门上方及冷却槽出料口等放散烟尘的部位，应设置通风净化装置；

（6）浮渣破碎点应设置密闭罩和通风净化装置；

（7）鼓风炉和烟化炉水淬池冲渣入口处上方应设置通风净化装置；

（8）烟化炉作业场所宜设排风装置，加料口可采用侧吸罩；

（9）粉煤制备的破碎、筛分和输送应进行尘源密闭并设通风净化装置；

（10）扬尘的物料场，应设有固定或移动式喷水或喷雾装置；

（11）凡用于吊运熔融铅、高温渣的桥式吊车司机室，应设有空气调节与净化装置。

2. 粗铅火法精炼职业病危害防护措施

（1）熔铅锅和浇铸机应设密闭罩或吹吸式通风装置，且应便于操作；

（2）熔铅操作应减少操作人员在锅台的作业时间，装完锅后，应立即盖好烟罩；

（3）加入反射炉的粉料、碎料应采取控制粉尘逸散措施；

（4）反射炉加料、放铅、放渣溜槽处应设通风排烟装置；

（5）散装物料远距离运输时，应采用自动卸料的集料箱、密闭罐或其他专用运输设备；

（6）用于熔铅锅和反射炉作业的桥式吊车司机室，应设有空气调节与净化装置。

3. 电解精炼职业病危害防护措施

（1）电解厂房应设整体全面通风换气装置。

（2）电解残渣（阳极泥、碎渣）暂时堆存时，应设专门容器或堆放在指定地点，不应放在露天或有水流失的地方，避免造成污染。

（3）制造硅氟酸及硅氟酸铅的设备应加盖密封，作业间设排风净化装置。

（4）粉状物料不论散装或袋装，不应存放在露天场所，应储存在料库或料仓中。

（5）冶炼车间作业场所及允许湿扫的生产设备的清扫，应采取湿扫、湿抹的方式；含铅废水应集中处理、达标排放或净化后循环使用。

（6）制造阴极的阴极锅、电铅锅及铸锭设备均应设置排风净化装置。

七、锌冶炼职业病危害防护措施

（1）对产生粉尘、毒物的生产过程和设备（含露天作业的工艺设备），应优先采用机械化和自动化作业方式，避免直接人工操作；为防止物料跑、冒、滴、漏，其设备和管道应采取有效的密闭措施，密闭形式应根据工艺流程、设备特点、安全要求及便于操作、维修等因素确定，并应结合生产工艺采取合适的通风和净化措施；对移动的扬尘和逸散毒物的作业，应与主体工程同时设计移动式轻便防尘和排毒设备。

（2）对于逸散粉尘的生产过程，应对产尘设备采取密闭措施，设置适宜的局部排风除尘设施对尘源进行控制，生产工艺和粉尘性质可采取湿式作业的，应采取湿法抑尘；当湿式作业仍不能满足卫生要求时，应采用其他通风、除尘方式；锌火法冶炼生产过程中带式输送机转运点、振动筛、沸腾炉及圆筒冷却机等处，以及球磨机的进出料口等处均应采取设置密闭通风小室、整体密闭罩、密闭通风罩等密闭措施。

（3）产生或可能存在毒物或酸碱等强腐蚀性物质的工作场所应设冲洗设施；高毒物质工作场所墙壁、顶棚和地面等内部结构应采用耐腐蚀且不吸收、吸附毒物的材料，必要时加设保护层；车间地面应平整防滑，易于冲洗清扫；可能产生积液的地面应作防渗透处理，并采用坡向排水系统，其废水纳入废水处理系统。

（4）工作场所粉尘、毒物的发生源应布置在工作地点的自然通风或进风口的下风侧；使用和产生高毒物质的工作场所应与其他场所隔离。

（5）防尘和防毒设施应依据车间自然通风风向、扬尘和逸散毒物的性质、作业点的位置和数量及作业方式等进行设计；经常有人来往的通道（地道、通廊）应有自然通风和机械通风，且不宜敷设有毒液体或有毒气体的通道。

（6）在生产中可能突然逸出大量有害物质或易造成急性中毒或有易燃易爆的化学物质的室内作业场所，应设置事故通风装置及与事故排风系统相联锁的泄漏报警装置。

（7）可能存在或产生有毒物质的工作场所，应根据有毒物质的理化特性和危害特点配备现场急救用品，设置冲洗喷淋设备、应急撤离通道、必要的泄险区以及风向标；泄险区应低位设置且有防透水层，泄漏物质和冲洗水应集中纳入工业废水处理系统。

（8）在满足工艺流程要求的前提下，宜将高噪声设备相对集中安放，并采取相应的隔声、吸声、消声、减振等控制措施。

（9）为减少噪声的传播，宜设置隔声室，其天棚、墙体、门窗均应符合隔声、吸声的要求。

（10）产生噪声的车间，应在控制噪声发生源的基础上，对厂房的建筑设计采取减轻噪声影响的措施，注意增加隔声、吸声措施。

（11）产生振动的车间，应在控制振动发生源的基础上，对厂房的建筑设计采取减轻振动影响的措施；对产生强烈振动的车间应采取相应的减振措施，对振幅、功率大的设备应设计减振基础。

第三节　金属压力加工职业病危害防护措施

一、轧制备料职业病危害防护措施

轧制备料主要职业病危害因素是高温，尤其是原料库热板坯、热方坯、热钢卷均会产生高温。

高温职业危害防护措施如下：

（1）合理设计工艺过程，高温热源区域设置散热、通风设置，使工作区域温度降低；

（2）高温介质设备均应采用相应的隔热保温措施；

（3）合理安排高温作业人员的劳动和休息时间，调整夏季高温作业劳动和休息制度，尽量避免高温时段作业，采取轮流作业方式，增加工间休息次数和休息时间；

（4）供给合理的饮料并补充营养；

（5）原料工作业时必须穿隔热服、耐高温防砸鞋，戴安全帽、隔热面罩、耐高温手套等；

（6）在高温区域设置职业危害告知牌，定期检测并公示测量结果。

二、工业炉生产职业病危害防护措施

工业炉生产主要职业病危害因素是化学有害因素、粉尘、噪声、高温等。

1. 化学有害因素和粉尘职业病危害防护措施

（1）工业炉应采取负压排烟装置，加强其密闭性，防止化学有害因素和粉尘外泄；

（2）工作场所应加强通风，降低有害物质浓度；

（3）设置局部通风系统，将炉体产生的烟尘进行收集处理达标后再排放；

（4）定时清扫炉顶、炉底、炉内等部位，减少扬尘；

（5）在可能逸散化学有害因素和存在粉尘的作业场所设置职业危害告知牌，定期检

测并公示测量结果。

2. 噪声职业病危害防护措施

（1）在设备选型时应优先选用低噪声、含减振装置的设备；

（2）结合实际调节工业炉烧嘴的空燃比，确保现场噪声达标；

（3）煤气放散阀应增加消声器以减少噪声；

（4）在噪声区域设置职业危害告知牌，定期检测并公示测量结果；

（5）操作室应设置双层隔声玻璃降低岗位噪声。

3. 高温职业病危害防护措施

设置自然通风、机械通风，降低工业炉工作区域温度，其余的高温职业病危害防护措施见本节第一部分的相关内容。

三、热轧职业病危害防护措施

热轧主要职业病危害因素是化学有害因素、粉尘、噪声、高温、电离辐射等。

1. 化学有害因素职业病危害防护措施

（1）确保轧机油烟排烟装置、通风装置完好；

（2）使用油乳化液作为冷却剂和润滑剂时，应保证油和添加剂的比例正确，这样不但能减少它们对黏膜的刺激，而且还能防止与之接触的工人患急性皮炎；

（3）作业人员必须佩戴防毒口罩。

2. 粉尘职业病危害防护措施

（1）工业炉应采取负压排烟装置，加强其密闭性，防止有害物质外泄；

（2）精轧机、粗轧机和矫直机等产生粉尘的地方设置抽风设施或通过采取洒水降尘等措施来降低粉尘浓度；

（3）在粉尘区域设置职业危害告知牌，定期检测噪声并公示测量结果。

3. 噪声职业病危害防护措施

（1）在设备选型时应优先选用低噪声设备。

（2）对高噪声设备和环境应当采取有效的综合降噪措施，如对噪声较大的精轧机、粗轧机、卷取设备等，可采取阻尼减振和安装隔声罩等措施进行隔声降噪；装卸料、加料时可采取选择最佳角度与坡度、减少物料落差等方式，避免物料大落差的直接撞击。

（3）加强机械设备的维护，减少设备松动产生的噪声。

（4）使操作区尽量远离噪声源。

（5）在高噪声场所作业时，应佩戴护耳器。

（6）在噪声区域设置职业危害告知牌，定期检测噪声并公示测量结果。

4. 高温职业病危害防护措施

详见本节第一部分的相关内容。

5. 电离辐射职业病危害防护措施

（1）时间防护。尽量减少在辐射场所作业的时间，可尽量操作迅速，也可采用轮流制、替换制，减少每个作业人员的暴露时间。

（2）距离防护。增加作业人员与辐射源之间的距离。一般认为距离增加 1 倍，剂量减少为原来的 1/4。

（3）屏蔽防护。在人与辐射源之间设置合适的防护屏蔽，防护材料应为铅、铁、水泥等。

（4）加强对作业人员的职业健康检查，有血液系统疾病，晶体浑浊，肝肾疾病，内分泌疾病，皮肤疾病，严重的呼吸、消化、泌尿、免疫系统疾病，神经精神异常者，不能从事放射作业。

（5）作业人员结束工作后应及时清理用具，清除放射性污染物，在离开作业场所时应洗手或淋浴，正确使用防护用品，如穿戴工作服、防护镜、口罩等，在放射性工作场所内严禁饮食、喝水、抽烟。

四、冷轧职业病危害防护措施

冷轧主要职业病危害因素是化学有害因素、粉尘、噪声、高温、电离辐射等。

1. 化学有害因素职业病危害防护措施

（1）煤气中毒、氨气中毒控制措施参照化学有害因素职业病危害防护措施；

（2）有毒有害场所如镀层与涂层的溶剂室、配制室、涂层黏合剂配制间、酸库、酸再生泵房必须设置机械通风装置，降低有害物质浓度；

（3）酸碱区域应设置洗眼器、水喷淋装置；

（4）有毒区域的作业人员必须佩戴防毒口罩和防护眼镜，进行液氨泄漏抢救的人员必须穿防护服；

（5）有毒物的场所（镀层与涂层的溶剂室、配制室、涂层黏合剂配制间、酸库、酸再生泵房）应设置机械通风装置和安全警示标识、职业危害告知牌，加强毒物现场管理，认真做好接触职业危害人员的体检，发生职业危害事故应立即启动职业卫生应急预案；

（6）在有酸碱区域作业的作业人员应穿戴防护服、面罩、耐腐蚀手套等防护用品。

2. 粉尘职业病危害防护措施

（1）工业炉应采取负压排烟装置，加强其密闭性，防止有害物质外泄。

（2）各厂房应设置自然通风口。

（3）酸连轧机组头部活套和拉矫机、喷丸机氧化铁皮粉尘区域、热平整拉伸机组头部氧化镁粉尘较大的区域应设置功率较大的除尘器。同时，在这些粉尘较大的区域设置多处吸尘口，避免清扫时二次扬尘。

3. 噪声职业病危害防护措施

详见本节第二、第三部分的相关内容。

4. 高温职业病危害防护措施

详见本节第一、第二部分的相关内容。

5. 电离辐射职业病危害防护措施

详见本节第三部分的相关内容。

五、精整职业病危害防护措施

精整主要职业病危害因素是化学有害因素、粉尘、噪声。

1. 化学有害因素职业病危害防护措施

（1）加强设备设施密闭性，防止有害物质外泄；

（2）使用天然气场所应设置机械通风装置，降低有害物质浓度；

（3）拉伸弯曲矫直机区域宜设置油雾回收处理系统。

2. 粉尘职业病危害防护措施

剪切机组和热平整拉伸机组头部应设置除尘器，并确保其完好有效。

3. 噪声职业病危害防护措施

详见本节第二、第三部分的相关内容。

六、有色金属压力加工职业病危害防护措施

1. 熔炼与铸造生产职业病危害防护措施

熔炼与铸造生产主要职业病危害因素是化学有害因素、粉尘、高温、低温。

(1) 粉尘及化学有害因素职业病危害防护措施

1) 工业炉应采取负压排烟装置，加强其密闭性，防止有害物质外泄。

2) 熔炼炉炉门上侧必须安装排烟系统，并确保收尘、排放效果良好。

3) 烟尘必须经净化处理后方可排放。

4) 有毒有害场所必须设置机械通风装置，降低有害物质浓度。

5) 氯气工程技术防护措施：

①生产或使用氯气，应采用先进的生产工艺，使生产过程机械化、自动化、密闭化，工人在远离生产设备的控制室内操作，将有害作业和无害作业分开，消除或减少接触氯气的机会。

②氯气生产设备可设置在自然通风良好的框架式露天或半露天场所，不能采用自然通风的场所，应采用有效机械通风措施，但不宜使用循环风。

③使用和储存氯气的管道设施、设备、容器、阀门等应具备防腐性能，其设计制造应符合《固定式压力容器安全技术监察规程》(TSG 21) 的有关规定。

④液氯生产系统必须设置事故氯吸收装置，具备独立电源和能 24 h 连续运行的能力，并与电解故障停车、动力电失电联锁控制；液氯系统应安装逆止阀，可防止突然停电氯气倒逆排放。

⑤工作场所应设置事故通风装置及与事故排风系统相联锁的泄漏报警装置，参见《工作场所有毒气体检测报警装置设置规范》(GBZ/T 223)；事故通风宜由经常使用的通风系统和事故通风系统共同保证；发生事故时，应保证提供足够的通风量，事故通风的风量宜符合工艺设计要求并通过计算确定，事故通风装置的控制开关应分别设置在室内外便于操作的地点，排风口设置应尽可能避免影响作业人员；供电系统的可靠性等级应

由工艺设计确定，并应符合《供配电系统设计规范》（GB 50052）的要求。

⑥工作场所应设置固定式和便携式氯气检测报警仪，在不具备设置固定式氯气检测报警仪的工作场所应配置便携式氯气检测报警仪；氯气的报警设定值为 1 mg/m^3，检测报警仪的运行记录、标定记录、维护记录和计量检定资料等应及时存档。

⑦用人单位应当在施工区或厂区明显处设置风向标，工作场所应在便于观察处设置醒目的风向标，风向标的设置宜采用高点和低点双点的设置方式，高点设置在场所最高处，低点设置在人员相对集中的作业区、控制室、休息室等区域。

⑧在厂区全年主导风向的两侧设立安全区域用于人员疏散或集结，应急疏散路线和安全集结区域应有明显的安全标志。

⑨在工作场所的醒目位置应设置职业病危害警示标识和中文警示说明，警示说明应当载明产生职业病危害的种类、后果、预防及应急救治措施等内容。

⑩应经常检查、维修生产和使用氯气的设备、阀门、安全设施、泵等，防止跑、冒、泄、漏发生。

（2）高温职业病危害防护措施。详见本节第一、第二部分的相关内容。

（3）低温职业病危害防护措施

1）槽罐车充气过程中，若人员巡查过程需要接触设备阀门构件，应佩戴厚防护手套；

2）在寒冷环境中连续作业时间不宜过长，尤其在冬天，应适当增加工作中的休息次数，延长休息时间，防止身体长时间处在寒冷环境中。

2. 挤压与拉拔职业病危害防护措施

挤压与拉拔生产主要职业病危害因素是噪声和高温，其防护措施详见本节第一、第二、第三部分的相关内容。

3. 热处理和表面处理职业病危害防护措施

热处理和表面处理主要职业病危害因素是化学有害因素、粉尘、噪声、高温、高频电磁场。

（1）化学有害因素及粉尘职业病危害防护措施

1）尽量用无毒或低毒物质代替有毒、高毒物质；

2）工业炉应采取负压排烟装置，加强其密闭性，防止有害物质外泄；

3）将作业人员与有毒有害工艺过程隔离，或采取远距离操作；

4）有毒有害场所必须设置机械通风装置，降低有害物质浓度；

5）对产生有毒物质的工艺作业场地应制定切实可行的监测制度。

（2）噪声职业病危害防护措施。详见本节第二、第三部分的相关内容。

（3）高温职业病危害防护措施。详见本节第一、第二部分的相关内容。

（4）高频电场职业病危害防护措施

1）设备应接地良好，降低对地的脉冲高频电位，从而减少电磁辐射强度；

2）加强屏蔽以减少人体附近空间的磁场强度，屏蔽材料多用薄铁板或铝合金；

3）降低作业现场的温度、湿度，可通过加强通风来实现降温，控制作业场所的温度和湿度，以减少电磁场对机体的辐射影响；

4）保证良好绝缘性能，高频回路及高压电路的绝缘导线应有足够的抗电强度，不能漏电。

4. 锯切铣面职业病危害防护措施

锯切铣面主要职业病危害因素是粉尘、噪声。

（1）粉尘职业病危害防护措施

1）在铣面机产生的铝粉应用通风除尘管道收集后送至旋风除尘器处理；

2）尽量采用湿式作业，作业场地增设雾化喷嘴等设备，清扫粉尘时及时洒水，减少二次扬尘。

（2）噪声职业病危害防护措施。详见本节第二、第三部分的相关内容。

5. 锻压职业病危害防护措施

锻压主要职业病危害因素是化学有害因素、粉尘、噪声、高温。

（1）粉尘及化学有害因素职业病危害防护措施

1）模锻工艺中采用新的润滑剂，取代目前使用的石墨，从源头上解决粉尘问题；

2）锻造机应有排烟系统，锻造机上侧应安装排烟尘管道，使风机能随时抽走模锻过程中产生的烟尘；

3）机械加工锻件设备应安装粉尘收集系统；

4）锻造厂房内应增加通风系统，保证厂房内新鲜空气流通。

（2）噪声职业病危害防护措施。详见本节第二、第三部分的相关内容。

（3）高温职业病危害防护措施。详见本节第一、第二部分的相关内容。

第四节 职业病诊断与职业病患者保障基本要求

一、职业病诊断

1. 职业病诊断机构选择及需要提交的资料

（1）诊断机构选择。劳动者可以选择用人单位所在地、本人户籍所在地或经常居住地的职业病诊断机构进行职业病诊断。

（2）职业病诊断需要提交的资料：

1）劳动者职业史和职业危害接触史（包括在岗时间、工种、岗位、接触的职业病危害因素等）；

2）劳动者职业健康检查结果；

3）工作场所职业病危害因素检测结果；

4）职业性放射性疾病诊断还需要个人剂量监测档案等资料。

上述资料主要由用人单位和劳动者提供劳动者进行职业病诊断时，当事人对职业史、职业病危害接触史有争议的，可向用人单位所在地劳动人事争议仲裁委员会申请仲裁。其他资料，如劳动者不掌握，由职业病诊断机构书面通知用人单位提供。

2. 职业病诊断机构和诊断医师的条件

（1）职业病诊断机构条件。职业病诊断应当由通过省级卫生健康主管部门备案并公布的医疗卫生机构承担。职业病诊断的医疗卫生机构应具备下列条件：

1）持有《医疗机构执业许可证》；

2）具有相应的诊疗科目及与开展职业病诊断相适应的职业病诊断医师等相关医疗卫

生技术人员；

3）具有与开展职业病诊断相适应的场所和仪器、设备；

4）具有健全的职业病诊断质量管理制度。

（2）职业病诊断医师条件。从事职业病诊断的医师应当具备下列条件，并取得省级卫生健康主管部门颁发的职业病诊断资格证书：

1）具有医师执业证书；

2）具有中级以上卫生专业技术职务任职资格；

3）熟悉职业病防治法律法规和职业病诊断标准；

4）从事职业病诊断、鉴定相关工作三年以上；

5）按规定参加职业病诊断医师相应专业培训，并考核合格。

3. 职业病诊断程序及档案

（1）职业病诊断程序及诊断证明书

1）职业病诊断机构可根据诊断需要，聘请其他单位职业病诊断医师参加诊断。必要时可邀请相关专业专家提供咨询意见。

2）职业病诊断机构作出职业病诊断结论后，应当出具职业病诊断证明书。职业病诊断证明书应当由参与诊断的取得职业病诊断资格的执业医师签署。

3）职业病诊断机构应当对职业病诊断医师签署的职业病诊断证明书进行审核，确认诊断的依据与结论符合有关法律法规、标准的要求，并在职业病诊断证明书上盖章。

4）职业病诊断证明书的书写应当符合相关标准的要求。

5）职业病诊断证明书一式五份，劳动者一份，用人单位所在地县级卫生健康主管部门一份，用人单位两份，诊断机构存档一份。

6）职业病诊断证明书应当于出具之日起 15 日内由职业病诊断机构送达劳动者、用人单位及用人单位所在地县级卫生健康主管部门。

（2）职业病诊断档案。职业病诊断机构应当建立职业病诊断档案并永久保存，档案包括：

1）职业病诊断证明书；

2）职业病诊断记录；

3）用人单位、劳动者和相关部门、机构提交的有关资料；

4）临床检查与实验室检验等资料。

二、职业病鉴定

1. 职业病鉴定所需材料

（1）职业病诊断鉴定申请书；

（2）职业病诊断证明书；

（3）申请省级鉴定的还应提交市级职业病诊断鉴定书。

2. 劳动者在职业病诊断与鉴定过程中享有的权利

（1）选择诊断机构就诊的权利。劳动者可以选择用人单位所在地、本人户籍所在地或经常居住的职业病诊断机构进行职业病诊断。劳动者依法要求进行职业病诊断的，职业病诊断机构不得拒绝。

（2）知情权。职业病诊断、鉴定机构应当告知劳动者职业病诊断、鉴定所需材料和程序，并及时告知劳动者诊断、鉴定结果。

（3）申请劳动仲裁的权利。职业病诊断、鉴定过程中，有争议的可依法向用人单位所在地劳动人事仲裁委员会申请仲裁。

（4）异议申诉权利。劳动者对用人单位提供的工作场所职业病危害因素检测结果等资料有异议的，职业病诊断机构应当提请用人单位所在地卫生健康主管部门进行调查和判定。

（5）选拔鉴定专家权。劳动者可以自己或委托职业病鉴定办事机构从专家库中按照专业类别随机抽取鉴定专家。

（6）隐私受保护权。职业病诊断机构及其他相关工作人员应当尊重、关心、管护劳动者，保护劳动者的隐私。

法律规定，当事人如果对职业病诊断结果有异议，可在接到职业病诊断证明书之日起 30 日内，向职业病诊断机构所在地设区的市级卫生健康主管部门申请鉴定。当事人对设区的市级职业病鉴定结论不服的，可在接到鉴定书之日起 15 日内，向原鉴定组织所在地省级卫生健康主管部门申请再次鉴定，省级鉴定为最终鉴定。

三、职业病相关待遇

职业病患者可以享受医疗待遇、一次性伤残补助金、伤残津贴、就业医疗补助金、护理费等。

1. 医疗待遇

医疗待遇主要包括：

（1）符合工伤保险诊疗项目目录、工伤保险药品目录、工伤保险住院服务标准的治疗费用；

（2）住院伙食补助费；

（3）到统筹地区以外就医的交通食宿费；

（4）安装配置伤残辅助器具所需费用；

（5）在停工留薪期间内，原工资待遇不变，由所在单位按月支付；

（6）生活不能自理的，经劳动能力鉴定委员会确认的生活护理费。

2. 伤残待遇

职工被诊断、鉴定为职业病，经治疗伤情相对稳定后存在残疾、影响劳动能力的，应当进行劳动能力鉴定。劳动能力鉴定是指劳动功能障碍程度和生活自理障碍程度的鉴定（即伤残鉴定）。劳动功能障碍分为10个伤残等级，生活自理障碍分为3个等级，不同伤残的职业病患者享受的工伤待遇也不同。

（1）一级至四级伤残待遇。职业病致残鉴定为一级至四级伤残的，保留劳动关系，退出工作岗位，享受以下待遇：

1）从工伤保险基金按伤残等级支付一次性伤残补助金标准如下：一级伤残为27个月本人工资（本人工资指职工患职业病前12个月平均月缴费工资，本人工资高于统筹地区职工平均工资300%的，按统筹地区职工平均工资300%计算；本人工资低于统筹地区职工平均工资60%的，按统筹地区职工平均工资60%计算），二级伤残为25个月本人工资，三级伤残为23个月本人工资，四级伤残为21个月本人工资。

2）从工伤保险基金按月支付伤残津贴标准如下：一级伤残为本人工资90%，二级伤残为本人工资85%，三级伤残为本人工资80%，四级伤残为本人工资75%。伤残津贴实际金额低于当地最低工资标准的，由工伤保险基金补足差额。

3）患有职业病的职工达到退休年龄并办理退休手续后，停发伤残津贴，享受基本养老保险待遇。基本养老保险低于伤残津贴的，由工伤保险基金补足差额。

（2）五级、六级伤残待遇

1）从工伤保险基金按伤残等级支付一次性伤残补助金标准如下：五级伤残为 18 个月本人工资，六级伤残为 16 个月本人工资。

2）保留与用人单位的劳动关系，由用人单位安排适当工作。难以安排工作的由用人单位按月发给伤残津贴，标准如下：五级伤残为本人工资 70%，六级伤残为本人工资 60%，并由用人单位按照规定为其缴纳各项社会保险费。伤残津贴实际金额低于当地最低工资标准的，由用人单位补足差额。

（3）七级至十级伤残待遇

1）从工伤保险基金按伤残等级支付一次性伤残补助金标准如下：七级伤残为 13 个月本人工资，八级伤残为 11 个月本人工资，九级伤残为 9 个月本人工资，十级伤残为 7 个月本人工资。

2）劳动、聘用合同期满终止或职工提出解除劳动、聘用合同的，由工伤保险基金支付一次性工伤医疗补助金，由用人单位支付一次性伤残就业补助金。

第七章 事故应急与救护

第一节 生产安全事故应急预案

一、应急预案及其管理

根据《生产安全事故应急预案管理办法》（中华人民共和国应急管理部令第2号）应急预案的管理实行属地为主、分级负责、分类指导、综合协调、动态管理的原则，应急管理部负责全国应急预案的综合协调管理工作，国务院其他负有安全生产监督管理职责的部门在各自职责范围内，负责相关行业、领域应急预案的管理工作，县级以上地方各级人民政府应急管理部门负责本行政区域内应急预案的综合协调管理工作，县级以上地方各级人民政府其他负有安全生产监督管理职责的部门按照各自的职责负责有关行业、领域应急预案的管理工作。

生产经营单位主要负责人负责组织编制和实施本单位的应急预案，并对应急预案的真实性和实用性负责，各分管负责人应当按照职责分工落实应急预案规定的职责。

生产经营单位应急预案分为综合应急预案、专项应急预案和现场处置方案。

（1）综合应急预案是指生产经营单位为应对各种生产安全事故而制定的综合性工作方案，是本单位应对生产安全事故的总体工作程序、措施和应急预案体系的总纲。

（2）专项应急预案是指生产经营单位为应对某一种或者多种类型生产安全事故，或者针对重要生产设施、重大危险源、重大活动防止生产安全事故而制定的专项性工作方案。

（3）现场处置方案是指生产经营单位根据不同生产安全事故类型，针对具体场所、装置或者设施所制定的应急处置措施。

二、应急预案的编制

1. 基本要求

应急预案的编制应当遵循以人为本、依法依规、符合实际、注重实效的原则，以应急处置为核心，明确应急职责、规范应急程序、细化保障措施。

应急预案的编制应当符合下列基本要求：

（1）有关法律、法规、规章和标准的规定；

（2）本地区、本部门、本单位的安全生产实际情况；

（3）本地区、本部门、本单位的危险性分析情况；

（4）应急组织和人员的职责分工明确，并有具体的落实措施；

（5）有明确、具体的应急程序和处置措施，并与其应急能力相适应；

（6）有明确的应急保障措施，满足本地区、本部门、本单位的应急工作需要；

（7）应急预案基本要素齐全、完整，应急预案附件提供的信息准确；

（8）应急预案内容与相关应急预案相互衔接。

2. 编制程序

（1）编制应急预案应当成立编制工作小组，由本单位有关负责人任组长，吸收与应急预案有关的职能部门和单位的人员，以及有现场处置经验的人员参加。编制应急预案前，编制单位应当进行事故风险辨识、评估和应急资源调查。

1）事故风险辨识、评估是指针对不同事故种类及特点，识别存在的危险危害因素，分析事故可能产生的直接后果以及次生、衍生后果，评估各种后果的危害程度和影响范围，提出防范和控制事故风险措施的过程。

2）应急资源调查是指全面调查本地区、本单位第一时间可以调用的应急资源状况和合作区域内可以请求援助的应急资源状况，并结合事故风险辨识评估结论制定应急措施的过程。

（2）地方各级人民政府应急管理部门和其他负有安全生产监督管理职责的部门应当

根据法律、法规、规章和同级人民政府以及上一级人民政府应急管理部门和其他负有安全生产监督管理职责的部门的应急预案，结合工作实际，组织编制相应的部门应急预案。部门应急预案应当根据本地区、本部门的实际情况，明确信息报告、响应分级、指挥权移交、警戒疏散等内容。

（3）生产经营单位应当根据有关法律、法规、规章和相关标准，结合本单位组织管理体系、生产规模和可能发生的事故特点，与相关预案保持衔接，确立本单位的应急预案体系，编制相应的应急预案，并体现自救互救和先期处置等特点。

（4）生产经营单位风险种类多、可能发生多种类型事故的，应当组织编制综合应急预案。综合应急预案应当规定应急组织机构及其职责、应急预案体系、事故风险描述、预警及信息报告、应急响应、保障措施、应急预案管理等内容。

（5）对于某一种或者多种类型的事故风险，生产经营单位可以编制相应的专项应急预案，或将专项应急预案并入综合应急预案。专项应急预案应当规定应急指挥机构与职责、处置程序和措施等内容。

（6）对于危险性较大的场所、装置或者设施，生产经营单位应当编制现场处置方案。现场处置方案应当规定应急工作职责、应急处置措施和注意事项等内容。事故风险单一、危险性小的生产经营单位，可以只编制现场处置方案。

（7）生产经营单位应急预案应当包括向上级应急管理机构报告的内容、应急组织机构和人员的联系方式、应急物资储备清单等附件信息。附件信息发生变化时，应当及时更新，确保准确有效。

（8）生产经营单位组织应急预案编制过程中，应当根据法律、法规、规章的规定或者实际需要，征求相关应急救援队伍、公民、法人或者其他组织的意见。

（9）生产经营单位编制的各类应急预案之间应当相互衔接，并与相关人民政府及其部门、应急救援队伍和涉及的其他单位的应急预案相衔接。

（10）生产经营单位应当在编制应急预案的基础上，针对工作场所、岗位的特点，编制简明、实用、有效的应急处置卡。应急处置卡应当规定重点岗位、人员的应急处置程序和措施，以及相关联络人员和联系方式，便于从业人员携带。

三、应急预案的评审、公布和备案

1. 评审

（1）地方各级人民政府应急管理部门应当组织有关专家对本部门编制的部门应急预案进行审定；必要时，可以召开听证会，听取社会有关方面的意见。矿山、金属冶炼企业和易燃易爆物品、危险化学品的生产、经营（带储存设施的，下同）、储存、运输企业，以及使用危险化学品达到国家规定数量的化工企业、烟花爆竹生产、批发经营企业和中型规模以上的其他生产经营单位，应当对本单位编制的应急预案进行评审，并形成书面评审纪要。其他生产经营单位可以根据自身需要，对本单位编制的应急预案进行论证。

（2）参加应急预案评审的人员应当包括有关安全生产及应急管理方面的专家。评审人员与所评审应急预案的生产经营单位有利害关系的，应当回避。

（3）应急预案的评审或者论证应当注重基本要素的完整性、组织体系的合理性、应急处置程序和措施的针对性、应急保障措施的可行性、应急预案的衔接性等内容。

2. 公布

（1）生产经营单位的应急预案经评审或者论证后，由本单位主要负责人签署，向本单位从业人员公布，并及时发放到本单位有关部门、岗位和相关应急救援队伍。事故风险可能影响周边其他单位、人员的，生产经营单位应当将有关事故风险的性质、影响范围和应急防范措施告知周边的其他单位和人员。

（2）地方各级人民政府应急管理部门的应急预案，应当报同级人民政府备案，同时抄送上一级人民政府应急管理部门，并依法向社会公布。地方各级人民政府其他负有安全生产监督管理职责的部门的应急预案，应当抄送同级人民政府应急管理部门。

（3）易燃易爆物品、危险化学品等危险物品的生产、经营、储存、运输单位，矿山、金属冶炼、城市轨道交通运营、建筑施工单位，以及宾馆、商场、娱乐场所、旅游景区等人员密集场所经营单位，应当在应急预案公布之日起20个工作日内，按照分级属地原则，向县级以上人民政府应急管理部门和其他负有安全生产监督管理职责的部门进行备案，并依法向社会公布。

3. 备案

（1）上述所列单位属于中央企业的，其总部（上市公司）的应急预案，报国务院主管的负有安全生产监督管理职责的部门备案，并抄送应急管理部；其所属单位的应急预案报所在地的省、自治区、直辖市或者设区的市级人民政府主管的负有安全生产监督管理职责的部门备案，并抄送同级人民政府应急管理部门。所列单位不属于中央企业的，其中非煤矿山、金属冶炼和危险化学品生产、经营、储存、运输企业，以及使用危险化学品达到国家规定数量的化工企业、烟花爆竹生产、批发经营企业的应急预案，按照隶属关系报所在地县级以上地方人民政府应急管理部门备案；前述单位以外的其他生产经营单位应急预案的备案，由省、自治区、直辖市人民政府负有安全生产监督管理职责的部门确定。

油气输送管道运营单位的应急预案，除按照上述规定备案外，还应当抄送所经行政区域的县级人民政府应急管理部门。海洋石油开采企业的应急预案，除按照上述规定备案外，还应当抄送所经行政区域的县级人民政府应急管理部门和海洋石油安全监管机构。煤矿企业的应急预案除按照上述规定备案外，还应当抄送所在地的煤矿安全监察机构。

（2）生产经营单位申报应急预案备案，应当提交下列材料：

1）应急预案备案申报表；

2）相关单位应当提供应急预案评审意见；

3）应急预案电子文档；

4）风险评估结果和应急资源调查清单。

（3）受理备案登记的负有安全生产监督管理职责的部门应当在5个工作日内对应急预案材料进行核对，材料齐全的，应当予以备案并出具应急预案备案登记表；材料不齐全的，不予备案并一次性告知需要补齐的材料。逾期不予备案又不说明理由的，视为已经备案。对于实行安全生产许可的生产经营单位，已经进行应急预案备案的，在申请安全生产许可证时，可以不提供相应的应急预案，仅提供应急预案备案登记表。

（4）各级人民政府负有安全生产监督管理职责的部门应当建立应急预案备案登记建档制度，指导、督促生产经营单位做好应急预案的备案登记工作。

四、应急预案的实施

（1）各级人民政府应急管理部门、各类生产经营单位应当采取多种形式开展应急预案的宣传教育，普及生产安全事故避险、自救和互救知识，提高从业人员和社会公众的安全意识与应急处置技能。

（2）各级人民政府应急管理部门应当将本部门应急预案的培训纳入安全生产培训工作计划，并组织实施本行政区域内重点生产经营单位的应急预案培训工作。生产经营单位应当组织开展本单位的应急预案、应急知识、自救互救和避险逃生技能的培训活动，使有关人员了解应急预案内容，熟悉应急职责、应急处置程序和措施。应急培训的时间、地点、内容、师资、参加人员和考核结果等情况应当如实记入本单位的安全生产教育和培训档案。

（3）各级人民政府应急管理部门应当至少每两年组织一次应急预案演练，提高本部门、本地区生产安全事故应急处置能力。

（4）生产经营单位应当制订本单位的应急预案演练计划，根据本单位的事故风险特点，每年至少组织一次综合应急预案演练或者专项应急预案演练，每半年至少组织一次现场处置方案演练。易燃易爆物品、危险化学品等危险物品的生产、经营、储存、运输单位，矿山、金属冶炼、城市轨道交通运营、建筑施工单位，以及宾馆、商场、娱乐场所、旅游景区等人员密集场所经营单位，应当至少每半年组织一次生产安全事故应急预案演练，并将演练情况报送所在地县级以上地方人民政府负有安全生产监督管理职责的部门。县级以上地方人民政府负有安全生产监督管理职责的部门应当对本行政区域内前款规定的重点生产经营单位的生产安全事故应急救援预案演练进行抽查；发现演练不符合要求的，应当责令限期改正。

（5）应急预案演练结束后，应急预案演练组织单位应当对应急预案演练效果进行评估，撰写应急预案演练评估报告，分析存在的问题，并对应急预案提出修订意见。

（6）应急预案编制单位应当建立应急预案定期评估制度，对预案内容的针对性和实用性进行分析，并对应急预案是否需要修订作出结论。矿山、金属冶炼、建筑施工企业和易燃易爆物品、危险化学品等危险物品的生产、经营、储存、运输企业、使用危险化学品达到国家规定数量的化工企业、烟花爆竹生产、批发经营企业和中型规模以上的其他生产经营单位，应当每三年进行一次应急预案评估。应急预案评估可以邀请相关专业机构或者有关专家、有实际应急救援工作经验的人员参加，必要时可以委托安全生产技术服务机构实施。

（7）有下列情形之一的，应急预案应当及时修订并归档：

1）依据的法律、法规、规章、标准及上位预案中的有关规定发生重大变化的；

2）应急指挥机构及其职责发生调整的；

3）安全生产面临的风险发生重大变化的；

4）重要应急资源发生重大变化的；

5）在应急演练和事故应急救援中发现需要修订预案的重大问题的；

6）编制单位认为应当修订的其他情况。

（8）应急预案修订涉及组织指挥体系与职责、应急处置程序、主要处置措施、应急响应分级等内容变更的，修订工作应当参照本办法规定的应急预案编制程序进行，并按照有关应急预案报备程序重新备案。

（9）生产经营单位应当按照应急预案的规定，落实应急指挥体系、应急救援队伍、应急物资及装备，建立应急物资、装备配备及其使用档案，并对应急物资、装备进行定期检测和维护，使其处于适用状态。

（10）生产经营单位发生事故时，应当第一时间启动应急响应，组织有关力量进行救援，并按照规定将事故信息及应急响应启动情况报告事故发生地县级以上人民政府应急管理部门和其他负有安全生产监督管理职责的部门。

（11）生产安全事故应急处置和应急救援结束后，事故发生单位应当对应急预案实施情况进行总结评估。

第二节　事故现场急救技术

事故现场急救技术包括人工呼吸、心脏复苏、止血、创伤包扎、骨折临时固定和伤员转运等。

一、人工呼吸

人工呼吸是抢救伤员的一种常见急救措施，凡是由于触电、溺水、缺氧窒息、二氧化碳及瓦斯窒息或一氧化碳中毒而处于“假死”状态的伤员，均可对其施行人工呼吸急救措施。

施行人工呼吸前，首先将患者抬到有新鲜风流且较温暖的地方，使其躺在担架上或衣服上，迅速解开其上衣和腰带，脱掉胶靴；取出口、鼻中的堵塞物，并用棉被或毯子将身体盖好，以免受凉；检查有无内外伤，以便决定采用何种人工呼吸法。常用的人工呼吸方法有口对口吹气法、仰卧压胸法和俯卧压背法 3 种。

1. 口对口吹气法

口对口吹气法是效果最好、操作最简单的一种人工呼吸方法（见图 7-1），其操作步骤为：将伤员仰卧，急救者一手托起伤员下颌，并尽量使其头部后仰，另一手捏紧伤员的鼻子；急救者深吸气后，紧对伤员的口吹气，急救者自已吸气时，应将伤员的鼻子松开；吹气要保持一定的节律，以每分钟 14~16 次的速率进行，并注意不要漏气。

图 7-1 口对口吹气法

2. 仰卧压胸法

仰卧压胸法如图 7-2 所示，其操作步骤为：使伤员仰卧，头偏向一侧，尽可能将舌头拉出；在伤员背部垫枕，使胸部抬高，上肢放在身体两侧；急救者跨跪在伤员大腿两侧，面向伤员头部，两手放在伤员肋弓部，拇指向内，其余四指向外，压迫伤员胸部，使肺中空气排出，然后松手，胸腔自行扩张使空气吸入肺中。如此有节奏地进行，每分钟 16~20 次。

3. 俯卧压背法

俯卧压背法如图 7-3 所示，其操作步骤为：将伤员俯卧，头偏一侧，腹部放一枕垫；

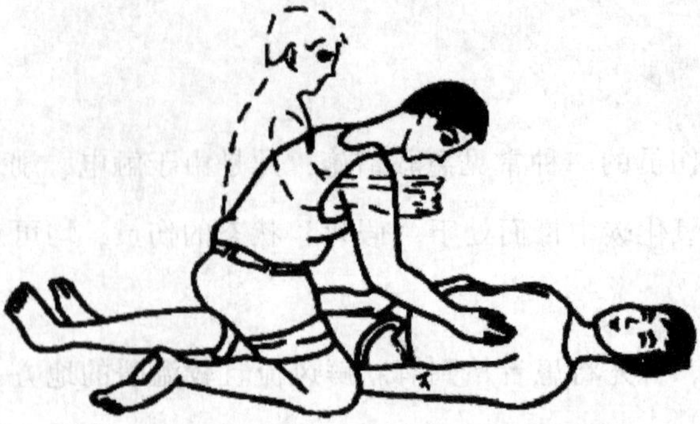

图 7-2　仰卧压胸法

伤员一臂伸向头侧，另一臂弯曲，使头枕于臂上；急救者骑跨在伤员的大腿旁，面向头部，两臂伸直，两手平放于伤员背部，拇指指向脊柱，其余四指向上外伸开；急救者身体向前倾，以身体重量压迫伤员胸部，使胸腔缩小，将胸腔中空气逼出，伤员呼气；随后急救者身体后仰，除去两手压力，使伤员胸部自然扩张，空气进入肺中，伤员吸气。如此重复动作，每分钟以 14~16 次为宜。

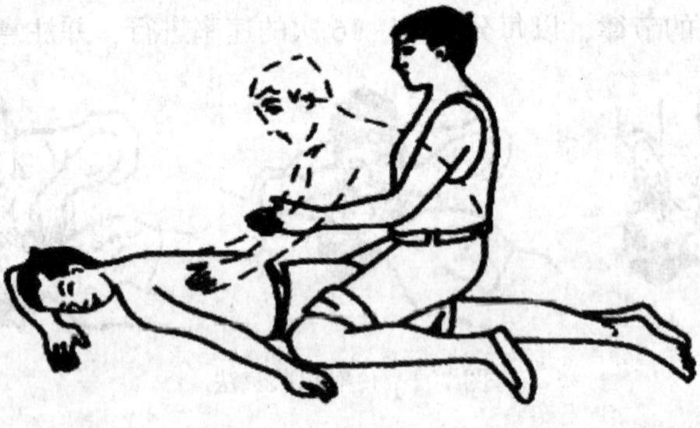

图 7-3　俯卧压背法

对二氧化硫和二氧化氮的中毒者只能进行口对口的人工呼吸，不能进行压胸或压背法的人工呼吸，否则会加重伤情。

二、心脏复苏

心脏复苏操作主要有心前区叩击术和胸外心脏按压术两种方法。进行心脏复苏时，伤员的正确体位应为仰卧。

1. 心前区叩击术

心前区叩击术是指伤员心搏骤停后救护者立即叩击心前区，叩击力应中等，一般可连续叩击3~5次，并观察伤员脉搏、心搏。若心搏恢复，则表示复苏成功；反之，应立即改用胸外心脏按压术。操作时，应使伤员头低脚高，施术者以左手掌置其心前区，右手握拳，从距患者胸部上方约40~50 cm处向左手背上叩击。

2. 胸外心脏按压术

胸外心脏按压术适用于各种原因造成的心搏骤停者。在进行胸外心脏按压前，应先用心前区叩击术，如果叩击无效，应及时正确地进行胸外心脏按压。其操作方法是：首先将伤员仰卧于木板上或地上，解开其上衣和腰带，脱掉胶鞋；救护者位于伤员左侧，手掌面与前臂垂直，将另一手掌压于其上，使双手重叠，置于伤员胸骨中下1/3处（其下方为心脏），以双肘和臂肩之力，有节奏、冲击式地向脊柱方向用力按压，使成人胸骨压下陷至少5 cm；按压后，迅速抬手使胸骨复位，以利于心脏的舒张。按压次数以每分钟80~100次为宜。按压过快，心脏舒张不够充分，心室内血液不能完全充盈；按压过慢，动脉压力低，效果也不好。

使用胸外心脏按压术时的注意事项：

（1）按压的力量应因人而异。对身强力壮的伤员，按压力量可大些；对年老体弱的伤员，力量宜小些。按压时要稳健有力、均匀规则，重力应放在手掌根部，着力仅在胸骨处，切勿在心尖部按压，同时注意用力不能过猛；否则可致肋骨骨折、心包积血或引起气胸等。

（2）胸外心脏按压与口对口吹气法最好同时施行，每按压心脏30次，做口对口人工呼吸2次。

（3）按压显效时，可摸到伤员颈总动脉、股动脉开始搏动，散大的瞳孔开始缩小，口唇、皮肤转为红润。

三、止血

止血方法很多，常用的有指压止血法、加垫屈肢止血法、止血带止血法和加压包扎止血法。

1. 指压止血法

指压止血法是指在伤口附近靠近心脏一端的动脉处，用拇指压住出血的血管，以阻断血流，如图 7-4 所示。此法可作为四肢大出血的暂时性止血措施，在指压止血的同时，应立即寻找材料，准备换用其他止血方法。

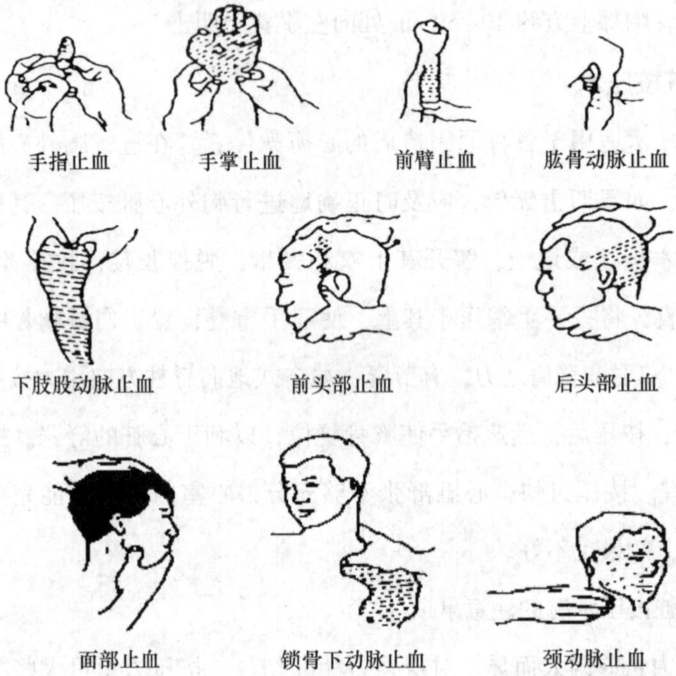

图 7-4　指压止血法

2. 加垫屈肢止血法

当前臂和小腿动脉出血不能止住时，如果没有骨折和关节脱位，可采用加垫屈肢止血法止血。在肘窝处或膝窝处放入叠好的毛巾或布卷，然后屈肘关节或屈膝关节，再用绷带或宽布条等将前臂与上臂或小腿与大腿固定，如图 7-5 所示。

3. 止血带止血法

当上肢或下肢大出血时，可就地取材，使用胶管或止血带等材料，采用止血带止血法压迫出血伤口的近心端进行止血，如图 7-6 所示。

（1）止血带的使用方法：①在伤口近心端上方加垫；②急救者左手拿止血带，上端留 13~17 cm，紧贴加垫处；③右手拿止血带长端，拉紧环绕伤肢伤口近心端上方两周，然后将止血带交左手中、食指夹紧；④左手中、食指夹止血带，顺着肢体下拉成环；

图 7-5 加垫屈肢止血法

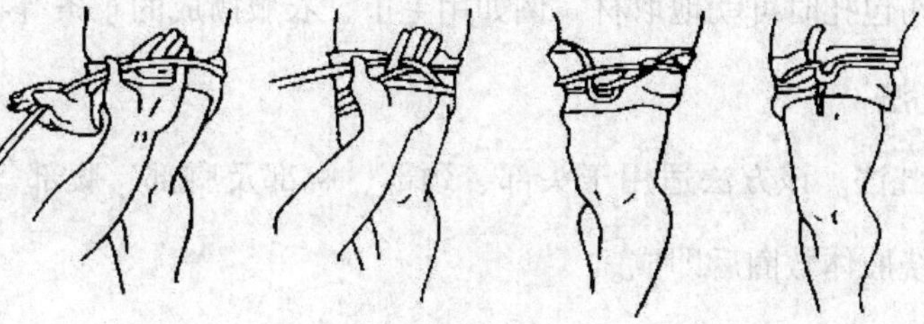

图 7-6 止血带止血法

⑤将止血带上端一头插入环中拉紧固定，在上肢应扎在上臂的上 1/3 处，在下肢应扎在大腿的中下 1/3 处。

（2）止血带使用注意事项：①扎止血带前，应先将伤肢抬高，防止肢体远端因淤血而增加失血量。②扎止血带时要有衬垫，不能直接扎在皮肤上，以免损伤皮下神经。③前臂和小腿不适于扎止血带，因其均有 2 根平行的骨骼，骨间可通血流，所以止血效果差。但在肢体离断后的残端可使用止血带，应尽量扎在靠近残端处。④禁止扎在上臂的中段，以免压伤桡神经，引起腕下垂。⑤止血带的压力要适中，应既阻断血流又不损伤周围组织。⑥止血带止血持续时间一般不应超过 1 h，时间太长可导致肢体坏死，太短会使出血、休克进一步恶化。因此，使用止血带的伤员必须配有明显标记，并准确记录开始扎止血带的时间，每 0.5~1 h 缓慢放松 1 次止血带，放松时间为 1~3 min，此时可抬高伤肢压迫局部止血。再扎止血带时应在稍高的平面上绑扎，不可在同一部位反复绑扎。使用止血带以不超过 2 h 为宜，应尽快将伤员送到医院救治。

4. 加压包扎止血法

图 7-7 加压包扎止血法

加压包扎止血法主要适用于静脉出血的止血。其做法是：首先将干净的纱布、毛巾或布料等盖在伤口处，然后用绷带或布条适当加压包扎，如图 7-7 所示。压力的松紧度以能达到止血而不影响伤肢血液循环为宜。

四、创伤包扎

创伤包扎的目的是保护伤口和创面，减少感染，减轻痛苦，防止流血。用夹板固定骨折的肢体时，需要包扎，以减少继发性损伤，也便于将伤员运送到医院。

现场进行创伤包扎时可就地取材，例如用毛巾、衣服撕成的布条等物品进行包扎。

1. 布条包扎法

（1）环形包扎法。该方法适用于头部、颈部、腕部及胸部、腹部等处的包扎。将布条作环行重叠缠绕肢体数圈后即成。

（2）螺旋包扎法。该方法用于前臂、下肢和手指等部位的包扎。先用环形法固定起始端，把布条渐渐地斜旋上缠或下缠，每圈压前圈的 1/2 或 1/3，呈螺旋形，尾部在原位上缠 2 圈后予以固定，如图 7-8 所示。

（3）螺旋反折包扎法。该方法多用于粗细不等的四肢包扎。开始先做螺旋形包扎，待到渐粗的地方，以一手拇指按住布条上面，另一手将布条自该点反折向下并遮盖前圈的 1/2 或 1/3，如图 7-9 所示。各圈反折须排列整齐，反折头不宜在伤口和骨头突出部分。

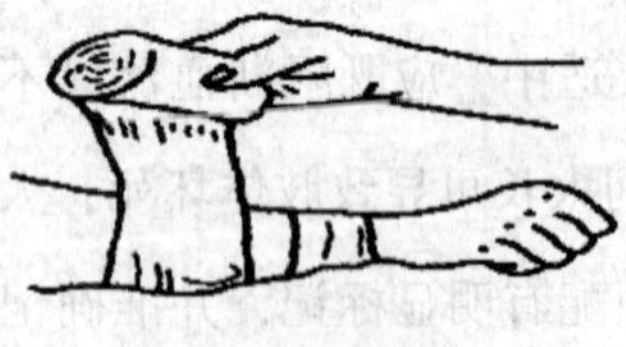
图 7-8　螺旋包扎法

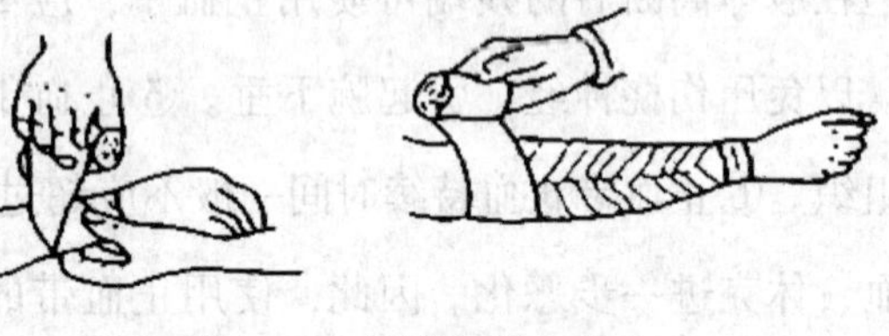
图 7-9　螺旋反折包扎法

（4）“8”字包扎法。该方法多用于关节处的包扎。先在关节中部环形包扎 2 圈，然后以关节为中心，从中心向两边缠，一圈向上，一圈向下，两圈在关节屈侧交叉，并压住前圈的 1/2，如图 7-10 所示。

2. 毛巾包扎法

（1）头顶部包扎法。将毛巾横盖于头顶部，包住前额，两前角拉向头后打结，两后角拉向下颌打结，如图 7-11 所示。

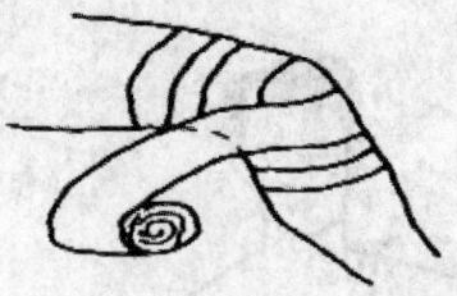

图 7-10　“8”字包扎法

图 7-11　头顶部毛巾包扎法（一）

另一种方法是将毛巾横盖于头顶部，包住前额，两前角拉向头后打结，然后两后角向前折叠，左右交叉绕到前额打结，如果毛巾太短可接带子，如图 7-12 所示。

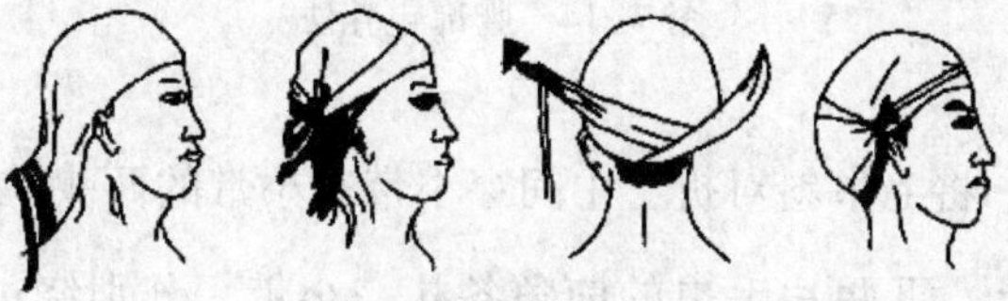

图 7-12　头顶部毛巾包扎法（二）

（2）面部包扎法。将毛巾横置，盖住面部，向后拉紧毛巾的两端，在耳后将两端的上、下角交叉后分别打结，在眼、鼻、嘴处剪洞，如图 7-13 所示。

图 7-13　面部包扎法

（3）下颌包扎法。将毛巾纵向折叠成四指宽的条状，在一端扎一小带，毛巾中间部分包住下颌，两端上提，小带经头顶部在另一侧耳前与毛巾交叉，然后小带绕前额及枕部与毛巾另一端打结。

（4）肩部包扎法。将毛巾斜折放在伤侧肩部，腰边穿带子在上臂固定，叠角向上折，一角盖住肩的前部，从胸前拉向对侧腋下，另一角向上包住肩部，从后背拉向对侧腋下打结。

（5）胸部包扎法。将毛巾对折，腰边中间穿带子，由胸部绕到背后打结固定。胸前的 2 片毛巾折成三角形，分别将角上提至肩部，包住双侧胸，两角各加带过肩到背后与横带相遇打结，如图 7-14 所示。

（6）背部包扎法。该方法与胸部包扎法相同。

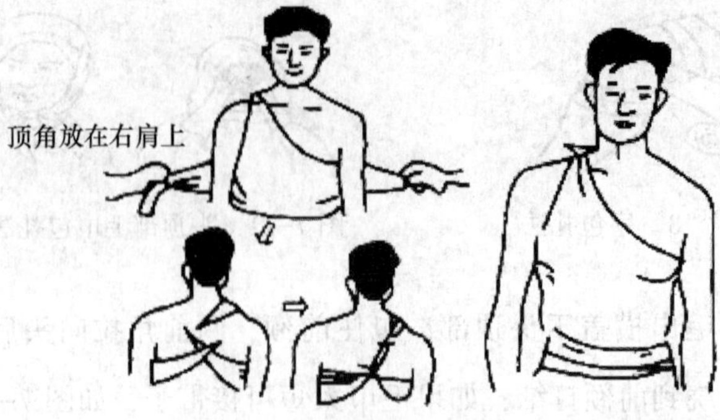

图 7–14　胸部包扎法

（7）腹部包扎法。将毛巾斜对折，中间穿小带，小带的两头拉向后方，在腰部打结，使毛巾盖住腹部。将上、下两片毛巾的前角各扎一小带，分别绕过大腿根部与毛巾的后角在大腿外侧打结。

（8）臂部包扎法。该方法与腹部包扎法相同。

3. 包扎注意事项

（1）在包扎时，应做到动作迅速敏捷，不触碰伤口，以免引起出血、疼痛和感染。

（2）不能用污水冲洗伤口。伤口表面的异物（如矿石、矿石等）应去除，但伤口深部异物须由医院处理，防止重复感染。

（3）包扎动作要轻柔，松紧度要适宜，不可过松或过紧，结头不要打在伤口上，应使伤员体位舒适，绷扎部位应维持在功能位置。

（4）脱出的内脏不可拿回腔内，以免造成体腔内感染。

（5）包扎范围应超出伤口边缘 5~10 cm。

五、骨折临时固定

骨折临时固定可减轻伤员的疼痛，防止因骨折端移位而刺伤邻近组织、血管和神经，也是防止创伤休克的有效急救措施。

1. 操作要点

（1）在进行骨折固定时，应使用夹板、绷带、三角巾、棉垫等物品。手边没有上述物品时，可就地取材，如使用树枝、木板、木棍、硬纸板、塑料板、衣物、毛巾等代替。必要时也可将受伤肢体固定于伤员健侧肢体上，如下肢骨折可与健侧下肢绑在一起，伤指可与邻指固定在一起。如果骨折断端错位，救护时暂不要复位，即使断端已穿破皮肤露在外面，也不可进行复位，而应按受伤原状包扎固定。

（2）骨折固定应包括上、下两个关节，在肩、肘、腕、股、膝、踝等关节处应垫棉花或衣物，以免压破关节处皮肤。固定应以伤肢不能活动为度，不可过松或过紧。

（3）搬运伤员时要做到轻、快、稳。

2. 固定方法

（1）上臂骨折固定。于患侧腋窝内垫以棉垫或毛巾，在上臂外侧安放垫衬好的夹板或其他代用物后开始绑扎。绑扎后，使肘关节屈曲 90°，将患肢捆于胸前，再用毛巾或布条将其悬吊于胸前，如图 7–15 所示。

（2）前臂及手部骨折固定。用衬好的两块夹板或代用物，分别置放在患侧前臂及手的掌侧及背侧，以布带绑好，再用毛巾或布条将前臂吊于胸前，如图 7–16 所示。

图 7–15 上臂骨折固定包扎法

图 7–16 前臂及手部骨折固定包扎法

（3）大腿骨折固定。用长木板放在患肢及躯干外侧，将髋关节、大腿中段、膝关节、小腿中段、踝关节同时固定。

（4）小腿骨折固定。用长、宽合适的两块木夹板，自大腿上段至踝关节分别在内外两侧捆绑固定。

（5）骨盆骨折固定。用衣物将骨盆部包扎住，并将伤员两下肢互相捆绑在一起，膝、踝间加以软垫，屈髋、屈膝。要多人将伤员仰卧平托在木板担架上。有骨盆骨折者，应注意检查伤者有无内脏损伤及内出血。

（6）锁骨骨折固定。以绷带作“∞”形固定，固定时双臂应向后伸。

六、伤员转运

转运伤员时要尽量做到轻、稳、快，没有经过初步固定、止血、包扎和抢救的伤员，一般不应转运。运送时应做到不增加伤员的痛苦，避免造成新的损伤及并发症。伤员转运时应注意以下事项：

（1）呼吸、心搏骤停及休克昏迷的伤员应先及时复苏后再搬运。若现场没有懂得复苏技术的人员，为争取抢救的时间，可迅速向外搬运伤员去迎接救护人员，进行及时抢救。

（2）对昏迷或有窒息症状的伤员，要将其肩部稍垫高，使头部后仰，面部偏向一侧或采用侧卧位，以防胃内呕吐物或舌头后坠堵塞气管而造成窒息，注意随时都要确保呼吸道的通畅。

（3）一般伤员可用担架、木板、风筒、刮板输送机槽、绳网等物件运送，脊柱损伤和骨盆骨折的伤员应用硬板担架运送。

（4）对一般伤员均应先经过止血、固定、包扎等初步救护后，再进行转运。

（5）一般外伤的伤员，可平卧在担架上，抬高伤肢；胸部外伤的伤员可采取半坐位；有开放性气胸者，须封闭包扎后才可转运。腹腔部内脏损伤的伤员，可平卧，用宽布带将腹腔部捆在担架上，以减轻痛苦及出血。骨盆骨折的伤员，可仰卧在硬板担架上，屈髋、屈膝，膝下垫软枕或衣物，用布带将骨盆捆在担架上。

（6）搬运胸、腰椎损伤的伤员时，先把硬板担架放在伤员旁边，由专人照顾患处，另有2~3人在旁帮其保持脊柱伸直位，同时用力轻轻将伤员推移到担架上，推动时用力大小、快慢要保持一致，要保证伤员脊柱不弯曲。伤员在硬板担架上采取仰卧位，受伤部位垫上薄垫或衣物，使脊柱呈过伸位，严禁坐位或肩背式搬运。

（7）对脊柱损伤的伤员，严禁让其坐起、站立和行走，也不能用1人抬头、1人抱腿或人背的方法搬运，因为脊柱损伤后再弯曲活动时，有可能损伤脊髓而造成伤员截瘫甚至突然死亡，所以在搬运时要十分小心，上、下担架时最好4人共同操作。

（8）转运时应让伤员的头部在后面，随行的救护人员要时刻注意伤员的面色、呼吸、脉搏，必要时要及时抢救。随时注意观察伤口是否继续出血、固定是否牢靠，出现问题要及时处理。走上、下坡时，应尽量保持担架平衡，防止伤员从担架上滚落下来。

（9）将伤员运送到安全地点后，应向接管医生详细介绍受伤情况及检查、抢救经过。

第八章 金属冶炼典型事故案例分析

案例 1 轧机转钢辊道机械伤害事故分析

一、事故经过

2019 年 9 月 9 日，河南某钢铁有限责任公司（以下简称钢铁公司）第一轧钢厂轧线升级改造项目中的 4 300 mm 轧机机前转钢辊道发生一起机械伤害事故，造成 3 人死亡、1 人重伤，直接经济损失约 640 万元。

2019 年 9 月 9 日 7 时 40 分，潘某在一轧钢厂一楼会议室开的早调会上说："今天新轧机有调试任务，需要各部门配合。" 8 时，刘某在设备动力室科务会上也提到，下午交接班的时候要检修导卫，接着他又用电话通知了参与检修的相关人员。除潘某、刘某、陈某外，确定参与检修的人员还有某冶建设有限公司施工员李某、一轧钢厂的秦某等。操作工王某等是由秦某通知参与工作的。

15 时左右，参与检修的某冶建设有限公司施工员李某填了一个"禁止操作牌"交给刘某，让其继续办理禁止操作手续。刘某没有办理停电手续，没有让设备点检员和操作工继续填写"禁止操作牌"，径直来到 6#台，让操作工王某把左操作台上的第四组"辊道选择"按钮中除"老轧机辊道"外的 7 个按钮操作权限取消，然后他把只有施工方一方签字的"禁止操作牌"直接挂在"辊道方向/速度给定"（过钢）手柄上。16 时左右，在未填写"三方安全确认单"的情况下，刘某通知李某可以上到新轧机机前导卫处紧固螺栓了。李某带着本公司自招的临时工赵某，蹬着转钢辊道南侧的轴承座翻过推床，上了新轧机前转钢辊道。他们通过转钢辊道来到新轧机机前除尘罩下面的机架辊上，拿着 85 mm 的打击扳手和 14 磅的大锤紧固导卫螺栓。机前导卫螺栓南北横向分布，数量是 10

个，他们按从北到南的顺序开始紧固螺栓。当时，赵某和李某两人都站在机架辊上，赵某在李某的前面扶着扳手，李某在后面挥动大锤敲打扳手紧固螺栓。就在他们紧固螺栓时，潘某、秦某和刘某为查看情况也上了辊道。同时，陈某也从辊道北侧蹬着转钢辊道的轴承座上了辊道。他们在李某的身后观察了一会儿，刘某对李某说："导卫导向键槽那儿还有缝，接着紧吧。"李某听完后，回身继续紧螺栓。大约又紧了一到两个螺栓时（具体时间是16时13分），转钢辊道突然转动，秦某、潘某、刘某以及被刘某叫上来帮忙紧固螺栓的张某（某钢公司实业公司派来的劳务人员）几乎同时被卷进了相向转动的辊缝里。秦某、潘某被夹在转钢辊道东数第一根和第二根辊子的辊缝里。秦某靠近北侧，被辊缝夹到腰部；潘某近南侧，被辊缝夹到胸部；刘某被夹在东数第三根和第四根辊靠近南侧的辊缝里，被夹到腰部。被刘某喊来帮忙的张某是从转钢辊道东南侧上了辊道，正行进间，张某左腿被突然转动的东数第七根和第八根辊子夹在靠近南侧的辊缝里。当时陈某一只脚站在转钢辊道上，一只脚站在机架辊轴承座上看李某他们紧螺栓，不经意间被突然转动的转钢辊道辊子带倒了。慌忙中陈某下意识地拉了一下正在前面紧固螺栓的赵某，才没有被夹到辊缝里。

事故发生后，钢铁公司进行应急处置，至16时30分左右，所有被夹人员全部救出送医院救治，刘某、潘某、秦某因抢救无效死亡。

二、事故原因

1. 直接原因

潘某、刘某等人在未办理停电手续，未采取相关防护措施的情况下，登上未停电的设备（辊道）从事检修作业。6#台操作工王某在用有线对讲机与调度室通话时，话筒线无意间拖住了前转钢辊道操作手柄，导致前转钢辊道启动。致使正在辊道上检修的人员被卷入相向转动的辊子之间，造成3人死亡、1人重伤的较大机械伤害事故。

2. 间接原因

钢铁公司安全教育和培训工作不到位，对违章指挥、违章作业安全隐患的排查不到位，对本单位的安全生产工作督促指导、现场检查不到位。主要有以下几方面：

（1）因急于改造项目投产，违反《河南省安全生产条例》（2010版）第十七条第二款的规定，新设备调试、检修前未对上岗作业人员进行专门的安全生产教育培训。检修人员上岗前缺乏相关的设备知识，对新设备的操作不了解，对新设备调试、检修注意事项不了解。

（2）安全技术措施不到位。一轧钢厂《施工和检（维修）安全管理制度》第3.2.9条规定，对检修设备上的电源，应采取可靠的断电措施，确认无电后在电源开关处设置安全警示标识或加锁。事故作业人员在未切断电源情况下登上转钢辊道违章作业，且也未采取在辊道上放置钢板等保护措施。

（3）在6#台操作台上乱放对讲机、茶杯等杂物，极易因误触、误拖、误砸、误带操作台上的按钮、手柄及旋钮，引起设备的误启动。

（4）设备调试无统一规划。插空进行设备调试或检修，无法保证安全培训的超前性，不利于有针对性的安全技术措施的编制和贯彻，很难为设备调试（或检修）做好充分的准备。

（5）新设备调试、检修队伍中存在习惯性违章。在这次新设备检修工作中，未编制相关的安全技术措施，未进行专门的安全培训，检修人员只是凭着以往的工作经验工作。为不影响老轧线正常生产，他们在无措施、无监护的情况下，直接登上带电的前转钢辊道进行维修作业，才酿成这次惨痛的教训。

三、防范措施

（1）要认真吸取事故教训，钢铁公司各级、各部门和单位要加强作业现场的安全管理工作，认真排查事故隐患，并结合事故举一反三，严查作业现场的“三违”现象。

（2）新上项目在未经正式验收投产前，项目指挥部应充分发挥指挥、调度、监管和协调作用，各职能工作小组要认真履职尽责。

（3）强化安全教育培训工作，特别要加强针对使用新工艺、新技术、新设备、新材料的岗位的作业人员前要进行专门的安全技术培训，提高职工遵守安全生产制度和安全操作规章的意识，熟悉操作技能。安全培训考核不合格不能上岗。

（4）用标准化的理念规范调度室、操作台的建设。调度室、操作台应整洁卫生，工作台（操作台）上不得摆放杂物。其他配套设备设施应设置合理，不能存在安全隐患。应在室内张挂管理制度、岗位职责、操作规程、工作程序以及相关的设备图纸或工艺流程图，在操作台适当位置安装视频监测探头，准确记录操作工的操作过程。记录和监测资料要妥善保存备查。

（5）要积极与为一轧钢厂轧线升级改造项目提供 L1、L2 控制系统设备和编程的厂商沟通，在该系统中增加防止非正常操作或动作的程序及措施设计，防止因非正常操作、误操作等造成事故，提高该控制系统的本质安全性。

（6）各业务部门和各级管理人员要按照“三管三必须”要求，树立管业务必须管安全思想理念，业务管理部门要与安全管理部门有机结合，共同携手认真抓好安全生产工作。

案例 2　拉丝车机械伤害事故分析

一、事故经过

2017 年 11 月 30 日，某冶炼有限公司发生一起一般机械伤害事故，造成 1 人死亡，直接经济损失约为 110 万元。

2017 年 11 月 30 日凌晨 1 时 50 分左右，某冶炼有限公司连铸拉丝车间拉丝二班 4 号 5 吨拉丝车拉丝工周某拉制规格为 22 mm×10.6 mm 的铜棒，因拉丝钳打滑，于是叫旁边 3 号车拉丝工谢某帮忙（两车相距约 2.5~3 m）压下小车尾勾。谢某走到 4 号拉丝车旁压下小车尾勾，尾钩勾住运行的链条，夹紧铜棒，小车向前运行。在这过程中，谢某右侧衣服不慎被小车突出的接触器方形小铁块挂住，拉丝工周某见状立即切断电源，但巨大的拉力仍将谢某带入下料杆和拉丝车之间（形状呈右开口的“U”字形，间距约 18 cm），接触器方形小铁块（向外突出小车轨道约 10 cm）从谢某身体右股至腹部强力挤压并划过，导致右股及腹部呈开放性创伤。

事故发生后，公司进行了应急处置，谢某被送往宁波第二医院抢救，当天 7 时左右，谢某经抢救无效身亡。

二、事故原因

1. 直接原因

谢某在拉丝车旁进行操作时，安全距离保持不够，导致衣服被小车的接触器铁块挂住并带入下料杆与拉丝车之间，右股及腹部被挤压划开，最后经抢救无效死亡。

2. 间接原因

（1）某冶炼有限公司未有效落实安全生产主体责任：

1）事故隐患排查整治不到位。针对拉丝钳多次出现的打滑现象未及时解决，未对该类机械设备及时维修和保养，未及时排查消除潜在事故隐患，未在拉丝车旁安装防护栏并设置安全警示标志，使从业人员在操作时与拉丝车安全距离保持不够。

2）安全管理存在漏洞。连铸拉丝车间夜班时间现场安全管理人员缺失，对从业人员的不安全行为未能及时发现，拉丝操作规程缺失相应安全防护内容。

3）安全教育培训不全面。未能确保从业人员熟悉设备所处环境，未能有效培训从业人员自我保护意识。

（2）某冶炼有限公司法人代表楼某作为企业安全生产第一责任人，未有效督促本企业开展日常隐患排查整治，及时完善修订相应操作规程，未督促落实一线安全管理人员履职。安全生产责任未层层执行到位。

三、防范措施

（1）某冶炼有限公司应对公司所有的机械设备进行一次全面的安全隐患排查，举一反三，对存在防护缺陷的设备，要立即做好防护措施，并进一步严格落实机械设备的维修保养制度，建立完善相应操作规程，确保所有机械设备运行安全可靠；

（2）某冶炼有限公司要吸取事故教训，进一步加大安全培训力度，督促从业人员严格按照岗位操作规程操作，熟悉设作业环境，提高从业人员的安全意识和自我保护意识。

（3）某冶炼有限公司要进一步加强现场安全管理力度，落实生产现场安全管理人员履职到位，增加现场巡查频率，确保安全生产。

案例 3　高处坠落事故分析

一、事故经过

2020 年 8 月 8 日，中卫市某冶炼有限责任公司（以下简称冶炼公司）发生一起高处坠落事故，造成 1 人死亡，直接经济损失 120 万元。

2020 年 8 月 8 日 8 时许，冶炼公司电气车间主任安排工人李某、张某对矿热炉变压器进行检修。11 时许，李某、张某对 3 号矿热炉 C 相变压器进行检修，两人爬上变压器顶盖，分别用扳手紧螺钉。李某的扳手打滑，其身体顺势摔落在变压器平台上，口鼻流血。

事故发生后，公司进行了应急处置，张某赶快喊来不远处工作的王某等人，对李某采取了相应的急救措施并拨打 120 急救中心的电话求救，随后将李某用担架抬到一楼地面上。11 时 30 分，120 急救中心的医生赶到现场，经医生诊断李某已经死亡。

二、事故原因

1. 直接原因

经过调查，综合分析认定：作业人员李某不具备高处作业资格进行登高作业，未佩戴安全带在高 2.7 m 的 3 号矿热炉 C 相变压器顶盖进行检修作业，是造成此次事故的直接原因。

2. 间接原因

（1）冶炼公司安全生产主体责任不落实，没有按照法律规定设置安全管理机构或者配备专职安全管理人员。

（2）冶炼公司的主要负责人未严格履行安全管理职责，未组织制定本单位的检修工作方案，未认真督促、检查本单位的安全生产工作，未及时消除生产安全事故隐患。

（3）冶炼公司的厂长、车间主任未严格履行安全管理职责，未组织或参与制定本单位的检修工作方案，未认真检查本单位的安全生产状况，未及时排查生产安全事故隐患，未制止和纠正李某的违章作业。

三、防范措施

（1）冶炼公司要认真吸取事故教训，举一反三，查找不足，牢固树立安全第一的理念，认真落实企业主体责任，设立安全管理机构，配备专职安全管理人员，做到安全责任到位、安全投入到位、安全管理到位、应急救援到位。

（2）冶炼公司要强化检维修作业风险辨识，确保隐患排查无遗漏。全面梳理作业活动、设备设施以及器具使用过程中存在的风险，编制风险清单，并在全公司扎实进行风险培训。

（3）冶炼公司要规范检修管理，在检修作业前编制检修方案，识别风险、制定控制措施、明确人员职责。

（4）冶炼公司要加强教育培训，提高从业人员安全意识和水平。要采取多种形式开展工艺、设备、安全等知识的培训，在从业人员取得执业资格的基础上，加强本企业、本岗位应知应会知识的培训，使从业人员掌握基本知识，提高从业人员认知水平。

案例 4　矿槽内窒息事故分析

一、事故经过

2017 年 3 月 4 日，某金属冶炼公司在某股份炼铁总厂二烧成品矿槽区域内进行检修作业过程中，发生一起人员窒息事故，造成 1 人死亡，直接经济损失 70 万元。

从 2017 年 2 月 6 日开始，某股份炼铁总厂二烧作业区停产大修，不涉及大修的区域进行设备检修作业。3 月 4 日，公司在更换二烧成品矿槽篦条作业结束后，清理现场时一块备用铁板（1 500 mm×400 mm×6 mm）从 7 号矿槽上部东侧篦子的间隙掉入矿槽内。经理助理王某安排工长张某、气焊工邵某进行处理。13 点左右，张某、邵某来到 7 号矿槽，经查看无法处理，电话向王某进行了报告。15 点 30 分左右，王某来到现场，与在此等候的张某、邵某共同研究如何将矿槽内的铁板拿出来。邵某有其他工作离开了现场，王某为了确定铁板在矿槽内的具体位置，不顾张某的劝阻，手拿手电筒从矿槽下部的漏嘴处（620 mm×550 mm）进入槽内，当身体全部进入时，挂在矿槽壁上的烧结料突然脱落将其掩埋。

事故发生后，该公司进行了应急处置，王某被救出时已停止了呼吸，经 120 急救人员检查已无生命迹象，确认因窒息死亡。

二、事故原因

1. 直接原因

王某为了确定铁板在矿槽内的位置，手拿手电筒从矿槽下部的漏嘴处进入槽内，当身体全部进入时，挂在矿槽壁上的烧结料突然脱落将其掩埋，造成窒息死亡，导致事故发生。

2. 间接原因

（1）张某在王某手拿手电筒从矿槽下部的漏嘴处违规进入矿槽内作业时，没有进行有效的阻止，导致事故发生，违反《安全生产法》第二十五条第六项规定。

（2）某冶炼公司，对本单位安全管理人员安全生产教育和培训工作不到位，落实规章制度不严格，安全管理人员带头违规操作和对违规作业不能坚决的制止和纠正，安全工作有漏洞，违反《安全生产法》第二十五条、二十七条、二十八条、四十四条规定。

三、防范措施

某金属冶炼公司应深刻吸取事故教训，立即进行整顿：一是全面开展从业人员的安全教育和培训工作，提高管理人员和从业人员的安全管理水平和安全生产能力素质；二是严格落实各种安全生产法律法规和规章制度，加强生产现场的组织和安全监管工作，坚决杜绝“三违”行为发生。

案例 5　塔酸槽爆炸事故分析

一、事故经过

2017 年 3 月 20 日，河南某金铅股份公司冶炼厂（以下简称冶炼厂）阳极泥预处理工序塔酸槽顶部动火作业过程中发生一起爆炸事故，造成 3 人死亡，直接经济损失 300 万元。

2017 年 3 月 20 日，冶炼厂按照检修计划对电解工段阳极泥预处理工序塔酸槽顶部的电动阀门进行拆卸维修。10 时左右，预处理工序班长孙某安排周某（为项目负责人）、张某（为检修项目监护人）拆除电动阀门。10 时 41 分，张某、周某到西塔酸槽顶开始用扳手拆卸电动阀门法兰连接螺栓。11 时 2 分，两人离开塔酸槽顶休息吃饭。13 时 9 分，阳极泥预处理焙烧操作工赵某和周某推着氧气瓶和乙炔瓶到塔酸槽附近。13 时 12 分，张某到西塔酸槽顶、用绳将割炬吊到塔酸槽顶部。13 时 16 分，赵某、周某先后来到西塔酸槽顶。13 时 18 分，张某用打火机点燃割炬。13 时 34 分，张某开始切割第二条螺栓时，两台塔酸槽突然爆炸、塔酸槽顶盖均被炸开。西侧塔酸槽槽体向东北侧移位，大量土黄色烟雾从槽内喷出，弥漫槽顶空间。3 名作业人员随顶盖向上抛起，周某被爆炸冲击波抛掷到预处理车间北面马路北侧绿化带处、赵某被抛掷到预处理车间北侧空地处、张某被抛掷到预处理车间北面窗户处。

事故发生后，冶炼厂进行了应急处置，现场人员拨打 120 急救电话，医护人员赶到事故现场时，周某、赵某和张某已经死亡。

二、事故原因

1. 直接原因

停工检修期间，塔酸槽连接的环境集中处理系统引风机停机，塔酸槽内衬橡胶破损造成酸性介质与槽体铁壁反应产生氢气，不能及时排出，与槽内空气混合，达到爆炸极限；职工在拆除电动阀门时未经批准擅自在禁火区使用明火作业，违规操作，引爆塔酸槽内爆炸性混合气体。

2. 间接原因

（1）冶炼厂风险辨识不到位，没有辨识塔酸槽可能因内衬橡胶破损导致槽内稀硫酸与槽体铁壁发生化学反应产生氢气的隐患，动火作业安全管理和现场安全管理不到位，职工未经批准擅自在禁火区域动火作业，现场监护人员未制止。

（2）股份公司存在安全管理方面的原因：一是在塔酸槽验收环节中管理不到位。塔酸槽验收时没有对内衬橡胶质量进行验收，企业没有拿到塔酸槽检验检测报告和使用技术说明文件。对内衬橡胶在质保期两年期限内，可能发生破损的隐患认识不足。在设备管理工作中，将塔酸槽划归为一般设备进行管理，导致在使用及设备维护检修等环节埋下隐患。二是对某冶炼厂风险辨识审批不严格。三是对某冶炼厂现场安全管理监督管理不到位。四是安全生产培训教育力度不够。

三、防范措施

（1）冶炼厂一要立即开展安全风险辨识与管控工作。依据相关行业法规、标准和技术规范，对排查和预判出来的风险点进行分级，确定风险类别，并按照危险程度及可能造成后果的严重性，实施动态管理。二要加强设备、工艺的改进。改进塔酸槽材质，改用新型无钢壳防酸蚀材质或不发生化学反应的材质槽罐，杜绝槽内发生和正常工艺无关的其他化学反应，减少有害有毒、易燃易爆等气体产生。三要强化现场安全管理。严格厂区内动火等作业管理制度，严格审批流程，强化实施过程监管。四要加强重点部位、重点设备等危险源点的在线监测监控管理。在塔酸槽装置上增设氢气在线工艺监测点，连接塔酸槽的引风机要采用防爆风机。

（2）股份公司一要举一反三、开展隐患排查治理。深刻吸取事故教训，严格落实《河南省生产安全事故隐患排查治理办法》（河南省人民政府令173号），建立全员参与、全岗位覆盖、全过程衔接的闭环管理隐患排查治理机制，实现企业隐患自查、自纠、自治常态化制度。二要进一步强化内部管理。项目建设部门和设备采购部门要严把质量关，要与生产单位进行设备交底、技术交底，确保生产单位编制的操作规程和安全制度能够保障企业安全生产和设备运行稳定。三要进一步完善安全管理制度和作业操作规程，加大职工安全培训教育，按章操作，坚决杜绝“三违”现象，确保安全。

案例6　矿热炉精炼炉烧结机工程高大模板支撑系统坍塌事故分析

一、事故经过

2018年12月23日，某集团某冶炼有限公司“就地技改和新增矿热炉、精炼炉、烧结机项目”工程发生高大模板支撑系统坍塌较大事故，造成8人死亡、4人受伤，直接经济损失1 085万余元。

2018年12月23日，王某等18名工人正在某集团某冶炼有限公司“就地技改和新增矿热炉、精炼炉、烧结机项目”工程施工，13时40分许，已经浇筑好的第三层混凝土板面突然发生坍塌坠落，坍塌高度19.65 m，坍塌面积约570 m^2。坍塌时现场施工人员共有18人，其中12人随同混凝土和支撑模板一并坠落至第一层被埋压，造成8人死亡、4人受伤，直接经济损失1 085万余元。

二、事故原因

1. 模板支撑架体搭设不满足规范要求

（1）整个架体未见扫地杆。违反了《建筑施工扣件式钢管脚手架安全技术规范》（JGJ 130）第 6. 3. 2 条的规定：脚手架必须设置纵、横向扫地杆。纵向扫地杆应采用直角扣件固定在距钢管底端部大于 200 mm 处的立杆上。

（2）整个架体未设置剪刀撑。违反了《建筑施工扣件式钢管脚手架安全技术规范》（JGJ 130）第 6. 9. 3 条的规定：普通型架体应在架体外侧周边及内部纵、横向每 5~8 m，应由底至顶设置连续竖向剪刀撑，剪刀撑宽度应为 5~8 m。在竖向剪刀撑顶部交点平面应设置连续水平剪刀撑。

（3）立杆接长基本在同一高度。特别是三层洞口的支撑立杆，虽然采取的是对接，但对接扣件没有交错布置，全在同一水平面处。违反了《建筑施工扣件式钢管脚手架安全技术规范》（JGJ 130）第 6. 3. 6 条的规定：当立杆采用对接接长时，立杆的对接扣件应交错布置，两根相邻立杆的接头不应设置在同步内，同步内隔一根立杆的两个相隔接头在高度方向错开的距离不宜小于 500 mm。

（4）可调支托螺杆伸出长度普遍超过 200 mm，局部立杆上下均使用可调支托，大部分可调支托与立柱上下不同心。违反了《建筑施工模板安全技术规范》（JGJ 162）第 6. 1. 9 条的规定：钢管立柱顶部应设置可调支托，U 形支托与楞梁两侧间如有间隙，必须楔紧，其螺杆伸出钢管顶部不得大于 200 mm，螺杆外径与立柱钢管内径的间隙不得大于 3 mm，安装时应保证上下同心。

（5）所有模板支撑架体未与主体结构柱作固结。违反了《建筑施工模板安全技术规范》（JGJ 162）第 6. 2. 4 条的规定：当支架立柱高度超过 5 m 时，应在立柱周圈外侧和中间有结构柱的部位，按水平间距 6~9 m、竖向间距 2~3 m 与建筑结构设置一个固结点。

（6）局部立柱接长采用搭接连接严重不符合要求。违反了《建筑施工模板安全技术规范》（JGJ 162）第 6. 2. 4 条的规定：立柱接长严禁采用搭接，必须采用对接扣件连接，相邻两立柱的对接接头不得在同步内，且对接接头沿竖向错开的距离不宜小于 500 mm，各接头中心距主节点不宜大于步距的 1/3。

2. 架体承载力验算不满足要求

框梁、板模板架体的立杆长细比、立杆轴压力不满足要求；支撑梁板的模板用的木方和钢管抗剪、抗弯、挠度、稳定性不满足要求；对拉螺栓位置不满足要求。

3. 钢管、扣件、顶托质量不满足要求

根据《低压流体输送用焊接钢管》（GB/T 3091）、《钢管脚手架扣件》（GB 15831）、《租赁模板脚手架维修保养技术规范》（GB 50829）等规范规定并对照检测结果，所使用的钢管、扣件、顶托质量不满足要求。

三、防范措施

事发公司的主要负责人为安全生产第一责任人，对公司的安全生产工作负总责，要建立健全安全生产责任制，完善安全管理机构，切实做到安全管理工作责任到位、安全投入到位、培训到位、安全管理到位和应急救援到位。杜绝公司在扩建厂房、安装设施设备时无施工图纸、无监理单位、无监理人员等违法违规现象发生。

案例 7　高温金属液体外泄灼烫事故分析

一、事故经过

2016 年 6 月 21 日，泊头市某冶金公司（以下简称冶金公司）发生一起灼烫事故，造成 5 人死亡、2 人受伤，直接经济损失 500 余万元。

2016 年 6 月 21 日 12 时 30 分左右，冶金公司法定代表人王某、铸造车间主任胡某带领毛某、曹某、金某、王某峰、林某、张某等 6 名工人开始试制一种新型复合轧辊（即用两种不同成分的金属铸成），炉工毛某负责操作电炉熔炼金属，王某峰负责操作桁车吊运装满金属液体的钢包，张某负责操控离心机，曹某负责稳定钢包，金某负责摇动钢包浇注。13 时 40 分左右，在浇注完第一包合金金属液体、第二包普通金属液体约剩余 50 kg 左右时，因高速旋转导致自行设计制造的工装模具侧盖连接耳处开裂，高温金属液体在离心力的作用下突然外泄，致王某、曹某、金某、胡某、王某峰、林某、张某 7 人烫伤。

事故发生后，冶金公司进行了应急处置，公司负责人把伤员全部送至医院救治。曹某、金某、王某、王某峰、张某经医院救治无效死亡。

二、事故原因

1. 直接原因

某冶金公司自行设计制作的工装模具侧盖连接耳焊接强度不足，小于离心浇铸时产生的向外推力；当金属液体注入工装模具后，离心浇铸所产生的向外推力引起连接耳处开焊断裂，导致工装模具侧盖外移，发生高温金属液体外泄，是本次事故发生的直接原因。

2. 间接原因

（1）冶金公司企业管理混乱。在新产品试制过程中未按有关技术要求进行规范设计、审核和试车，而是仅凭经验估算，盲目设计、制作工装模具，在未经任何测试实验的情况下盲目试生产导致事故发生。

（2）冶金公司安全管理规章制度不健全，安全生产责任制不完善，执行安全管理制度和安全操作规程不到位，未配置专职或者兼职的安全管理人员，特种作业人员无证上岗作业。

（3）冶金公司安全教育和培训不到位，只对从业人员进行口头培训，未组织从业人员进行安全生产三级教育和考试。

三、防范措施

（1）加强企业内部管理。冶金公司要配备具有专业技术能力的人员负责生产技术管理，在今后技术改造、使用新产品新工艺时要聘请有专业资质的机构或人员进行设计、审核、试车，正式投产前报市行业管理部门备案。

（2）加强对员工的安全教育培训。针对企业特点和各个作业场所的特殊性，切实加强员工的安全教育培训工作。强化对公司规章制度的执行力，严明员工劳动纪律，不断强化从业人员的安全意识、责任意识，杜绝冒险进入危险区域作业或从事与工作无关的活动。

（3）深入排查治理事故隐患。企业要对存在的安全风险实行辨识、分级，制定具体办法实施有效的管控；深入开展安全大检查工作，要建立长效的隐患排查治理和监控机制，聘请专家定期进行隐患排查，切实做到："不留死角，不漏一人，不走过场，全面覆盖"。要制定有针对性的整改措施，防患于未然，把事故消灭在萌芽状态。

（4）切实加强安全管理。企业要按照相关法律法规、标准和规范性文件的规定和要求，结合自身安全生产特点，采取有效措施，不断优化企业的各项规章制度、安全生产责任制度和安全操作规程，提高设备的科技含量；健全安全生产责任体系，严格落实企业的主体责任，形成安全管理的长效机制，杜绝生产安全事故的发生。

案例 8　中频电炉炉衬底烧穿钢水灼烫事故分析

一、事故经过

2019 年 6 月 1 日，平度市某铸造有限公司（以下简称铸造公司）中频电炉发生熔炼炉钢水灼烫事故，造成 2 人死亡、1 人轻伤，直接经济损失 196 万元。

2019 年 6 月 1 日 8 时 30 分许，熔炼工于某顺、于某全开始进行烧结烘炉作业。他们先将 1 000 kg 自产废钢（浇铸冒口）装入 A 炉（事发中频炉），然后对 A 炉进行升温加热。9 时 30 分许停止对 A 炉加热，切换电源至 B 炉加热约 1.5 h，将 B 炉内的废钢熔炼至约 1 600 ℃的钢水，钢水熔炼完成后将 B 炉钢水经由钢包转运倒入 A 炉（分析钢水倒入前 A 炉内浇铸冒口的温度约为 500～600 ℃，远低于作业指导书规定的 1 100 ℃）内，约 11 时 30 分许切换电源对 A 炉进行快速升温。

13 时 5 分许（推测炉内钢水温度约为 1 500 ℃以上）炉衬底局部被钢水烧穿，炉内的钢水与感应线圈缠绕的冷凝水铜管发生接触，铜管融化破损后冷凝水遇钢水瞬间形成大量水蒸气，导致钢水喷爆爆炸，将在操作平台进料口的熔炼工于某顺、于某全喷倒，现场合模工李某被轻微烫伤后快速撤离呼救。班组长柳某此时短暂离开车间到卫生间，听到爆炸声后快速返回铸钢车间组织人员扑救火势。

事故发生后，铸造公司进行应急处置，经 120 急救人员现场诊断，确认于某顺、于某全已无生命迹象，将伤者李某送往医院救治。

二、事故原因

1. 直接原因

事故发生单位违反《中频无心感应炉》（JB/T 4280）第 5.2.4 条的规定：中频无心炉的坩埚炉衬厚度应符合设计尺寸，炉衬的捣筑、烘烤及烧结等应严格按照耐火材料厂商提供的工艺操作。违反作业指导书中烧结时间 16 h 的规定，采用错误的工艺，在炉衬烘炉烧结作业过程中急速升温，导致炉衬未烧结成型，炉衬强度不足，在钢制胎膜熔融后，高温的钢水烧穿炉衬底部，钢水喷爆爆炸，导致事故发生。

经查，事发企业虽按照耐火材料厂家提供的作业指导书制定了本企业作业指导书，但该企业在实际烘炉作业过程中，长期按照急速升温的错误工艺进行作业，并非个别工人的违章行为，因此采取错误的工艺对炉衬进行烘炉烧结作业是事故发生的直接原因。

2. 间接原因

（1）安全生产责任制不健全。铸造公司未建立健全安全生产责任制，责任制中所列部门与实际部门设置不符，2019 年安全目标责任书中签订日期存在大量涂改。未配备注册安全工程师从事安全管理工作，安全生产责任落实流于形式，未认真落实安全生产风险管控和隐患排查治理工作，对公司存在的安全生产风险特别是中频炉风险辨识、评估不全面，风险管控措施不落实；从业人员素质低，专业技能不足，安全管理水平较低，公司安全管理能力不能适应企业实际需要。

（2）未依法开展安全生产教育和培训。铸造公司未依法组织安全生产培训，未开展车间级、班组级安全生产教育和培训，厂级岗前安全培训内容不全；在采用新设备时，对从业人员的教育培训针对性不强；未组织转岗员工教育培训，未如实记录安全生产教育和培训情况，培训考试内容与岗位实际不符；相关特种作业人员未进行上岗培训且无相关资格证书。

（3）安全生产检查流于形式。铸造公司建立了安全生产隐患排查治理管理制度，每日安排两人值班进行隐患排查，但未发现制止铸造车间高温熔炼环节长期违反作业指导书规定，采用错误工艺进行烘炉烧结作业的问题，平时监督检查流于形式，企业安全管理体系建立和运行有待完善。

(4) 金属熔炼环节安全管理缺失。铸造公司对金属熔炼安全管理重视程度不够，缺乏完善的管理制度和操作规程。技术部仅根据耐火材料厂家提供的作业指导书制定中频炉操作规程，未对具体操作步骤和注意事项进行明确。铸钢车间和班组对中频炉熔炼作业长期违反操作规程的行为监管失察；作业人员未按照公司作业指导书操作，违规作业造成钢水喷爆爆炸。

(5) 关键岗位安全操作规程缺失。该企业熔炼工安全操作规程中没有烘炉烧结作业的内容，安全操作规程中没有对炉衬制作提出具体技术要求和实施程序（如炉衬厚度、加热电流大小、测温方式、冷却系统调整等），对岗位日常操作没有进行详细规范，仅仅标明了注意事项，且可操作性差。

三、防范措施

(1) 进一步增强安全生产意识。铸造公司要吸取本次事故教训，进一步建立健全安全生产责任制，加强隐患排查治理力度，不断完善安全管理制度和岗位操作规程，并抓好落实。不断强化员工的安全意识、提高安全防范能力，认真制定安全技术操作规程及相关安全制度并组织员工学习、抓好落实，切实提高职工自我保护意识，杜绝违章作业情况发生。

(2) 进一步加快推进安全生产风险隐患双重预防体系建设。铸造公司要按照有关规定要求，全面排查本单位可能导致事故发生的风险点，逐一明确管控层级（公司、车间、班组、岗位），落实具体的责任单位、责任人和管控措施。要针对各个风险点制定隐患排查治理制度、标准和清单，对排查出来的事故隐患要立即整改；不能立即整改的，要采取有效的安全防范措施和监控措施，并落实整改措施、责任、资金、时限和预案。对于重大事故隐患，要及时将治理方案向有关部门报告，并在规定时限内完成治理工作，切实防范从业人员违反操作规程等不安全行为。

案例 9　桥式起重机起重伤害事故分析

一、事故经过

2019 年 4 月 17 日，某炼钢修造厂维修车间电工班班长宋某，在某炼钢总厂一分厂连铸作业区2号方坯准备区的解体机顶部检查设备时，被运行的桥式起重机刮倒，从解体机顶部坠落至解体机检修平台上（落差5 m），造成伤害后死亡。

2019年4月17日8时，某炼钢修造厂维修车间召开了安全会。会后电工班班长宋某召开了班前会，进行了班组工作布置和安全交底，安排电工沈某同自己一组对位于厂房西侧的故障方坯解体机进行检查。两人取完工具后，来到方坯解体机处，宋某安排沈某在解体机下方检查，自己爬到解体机的中部检修平台检查，一直检查到解体机的顶部（到顶部设有爬梯，顶部有设备电缆线）。8时30分左右，某耐材资源有限公司特耐分厂中包作业区丁班班长吕某，计划把解体区靠东部内侧钢水包移到外侧。于是，站在地面上指挥某金属结构环保分公司炼钢作业区一工区丁班起重机司机王某操纵2号起重机车，由西往东向作业区运行。运行过程中，起重机要从位于厂房西侧的方坯解体机顶部（解体机顶部与吊车横梁距离为260 mm，解体机顶部为起重机司机和地面指挥人员的视觉死角）通过。起重机运行至解体区东部作业区进行作业。

8时45分，某炼钢修造厂维修车间电工班沈某完成了自己检查任务后，喊班长宋某没有回应。于是，上到解体机中部检修平台上，发现宋某坐靠在解体机内侧安全护栏旁，头部有伤。

事故发生后，修造厂进行了应急处置，沈某立即电话向安全员李某报告。李某立即来到解体机平台上，喊叫宋某但并无回应，于是李某一边向厂领导报告一边拨打120急救电话。20 min左右，120急救人员到达现场，经检查确认宋某已经死亡。

二、事故原因

1. 直接原因

维检车间电工班班长宋某，在未与2号起重机司机取得联系，领取操作牌的前提下，冒险到解体机顶部进行检查设备，被由西向东运行的2号起重机横梁剐撞坠落至解体机中部检修平台上，违反了该公司《连铸点检一作业区安全技术规程》相关规定，导致该起事故发生。

2. 间接原因

（1）企业安全生产工作主体责任强化和落实不到位，违反了《安全生产法》第三条规定。

（2）对从业人员安全教育和培训不到位，致使从业人员没有掌握本岗位安全生产知识，熟悉有关的安全生产规章制度和安全操作规程，掌握本岗位的安全操技能，违反了《安全生产法》第二十八条规定。

（3）教育督促从业人员严格执行本单位的安全生产规章制度和安全操作规程不到位，违反了《安全生产法》第四十四条规定。

（4）安全管理人员履职尽责不到位，未能按照工作职责进行安全教育，进行经常性检查，未能及时制止和纠正违章行为，违反了《安全生产法》第四十六条规定。

三、防范措施

（1）某炼钢修造厂：一是要强化和落实安全生产工作主体责任；二是要严格按规定对从业人员安全教育和培训，保证从业人员具备必要的安全生产知识，熟悉有关的安全生产规章制度和安全操作规程，掌握本岗位的安全操作技能，了解事故应急处置措施；三是要加强对从业人员的教育和督促，严格执行本单位的安全生产规章制度和安全操作规程，如实告知作业场所和工作岗位存在的危险因素、防范措施以及事故应急措施；四是要严格落实事故隐患排查治理制度，采取有效的管理措施，及时发现并排除事故隐患；五是要提高安全管理人员的能力素质，增强安全管理人员的责任心，依法履职尽责。

（2）某股份炼钢总厂：一是要认真吸取事故教训，查找对相关方安全管理方面存在的问题，并采取有效的安全管理措施，加强安全检查，认真落实安全生产工作的统一协调和管理职责；二是对两个以上生产经营单位（包括相关方）在同一作业区域内进行作业时，要按照《安全生产法》第四十八条的规定，指导、督促、检查相互间是否签订了安全管理协议，明确了各自安全生产职责和应当采取的安全措施，并指定了专职安全管理人员进行安全检查与协调，确保安全生产。

案例 10　炼铁厂除尘器箱体煤气中毒事故分析

一、事故经过

2017 年 1 月 2 日，江苏某钢铁集团有限公司（以下简称集团公司）炼铁厂热风工段停产检修布袋除尘器箱体灰斗时，发生一起因未佩戴长管呼吸器进入箱体作业导致的煤气中毒事故，并因盲目施救造成事故扩大，共造成2人死亡、1人受伤，直接经济损失约240万元。

2017年1月2日上午8点10分左右，炼铁厂热风技师高某到集团公司安环部办理有限空间作业安全工作票，并领取四合一煤气报警仪一台、长管呼吸器1台、呼吸面罩三副、氧气急救瓶两组。8点30分左右高某将防护设备及工作票交给热风工段长杨某，并强调了安全相关注意事项，杨某带领李某、王某从布袋除尘器1#箱体开始清除积尘。10点左右，热风技师高某巡检到布袋箱体处，看到李某佩戴长管呼吸器正在布袋除尘器5#箱体内作业，杨某、王某在人孔处监护，随后高某到其他检修岗位巡查。12点左右，热风技师高某在检查热风炉热风阀是否漏气漏水时，听到了工段长杨某呼救有人煤气中毒，高某立即给炼铁厂副厂长刘某打电话，并迅速赶到布袋箱体处，发现王某、李某、杨某3人倒在9#布袋箱体内，均没有佩戴长管呼吸器。

事故发生后，集团公司及炼铁厂进行了应急处置。12点10分左右，集团公司安环部长权某接到炼铁厂厂长于某电话赶赴现场（途中通知救护车），和赶到现场的炼铁厂副厂长刘某一起佩戴长管呼吸器进入布袋箱体，先后将王某、李某、杨某救出，并利用氧气急救瓶急救，几分钟后救护车赶到现场将王某、李某和杨某送往医院抢救。后杨某、李某两人于12点30分因抢救无效死亡。

二、事故原因

1. 直接原因

作业人员李某进入有限空间作业，未按规定佩戴防护设施进行违章作业导致煤气中毒，是本次事故的直接原因。

现场监护人员杨某、王某发现李某煤气中毒后，未按规定佩戴防护设施便盲目进入箱体进行施救，是导致事故扩大的直接原因。

2. 间接原因

（1）企业主体责任落实不到位，有限空间作业专项培训不到位，员工安全意识不强；

（2）作业现场风险因素分析不全面、没有考虑到布袋除尘器箱体下部人孔以下盲区残存煤气溢出的风险，风险分析及措施不到位；

（3）公司规章制度没有在基层得到认真落实，现场告知及作业程序不规范；

（4）经事故调查组认定，这是一起因违章作业和违规盲目施救导致事故扩大的一般生产安全责任事故。

三、防范措施

（1）集团公司要认真吸取此次事故教训，立即停产整顿，按照“四不放过”原则对相关人员进行处理。企业主要负责人和安全管理人员应重新参加安全资格培训，提高安全管理水平；全体员工要重新进行上岗前的培训，提高自我保护意识；全面排查事故隐患并采取有效措施进行隐患治理，安全生产事故隐患整改后经有资质的安全评价机构检查，具备安全生产条件并经验收合格后方可进行生产。

（2）事故发生在冶金煤气、有限空间领域，并因盲目违规施救导致事故扩大，事故发生单位要切实落实好企业主体责任，加强企业内部管理、从业人员安全知识和技能培训，要抓班组、抓现场、抓细节，完善煤气作业区域审批制度和岗位安全操作规程并严格执行，加强有限空间辨识建档，作业审批、现场监护、器材配备等制度措施落实。

案例 11　烧结厂带式输送机机械伤害事故分析

一、事故经过

2009 年 2 月 19 日，某烧结厂烧结原料运输车间丙班皮带工孟某同本班工长费某到 4 号带式输送机尾部清理落地料。当时由于带式输送机没有运转，两人在没有切断机头操作箱内急停开关，仅拉了一下事故拉线开关的情况下就进入带式输送机下方进行清理作业。当清理完靠近头轮方向的间隔后，费某在带式输送机外侧将清出的球团往输送带上装，孟某又进入靠近带式输送机尾轮的另一间隔继续清理，由于出汗，孟某脱掉了安全帽。13 时 50 分，4 号带式输送机准备运转，操作工周某通过指令电话向现场喊话 3 次以后启动带式输送机。由于安装在 4 号带式输送机尾部的喇叭损坏，加之两人正在集中精力作业，未听到主控室喊话，突然启动的带式输送机将孟某头部、右手挤在距尾轮 1.4 m 处的返输送带与下托辊之间，经抢救无效死亡。

二、事故原因

1. 直接原因

原料运输车间丙班操作工孟某违章操作，自我保护意识不强，在未将机头操作箱开关打到零位的情况下，进入带式输送机下方进行清理作业，且未按规定佩戴安全帽，是造成本起事故的直接原因。

2. 间接原因

（1）原料运输车间丙班工长费某安全意识不强，对作业现场环境危险源辨识不到位，在危险区域作业未采取安全措施违章作业，互相监护不到位。

（2）职工忽视规章制度和安全操作规程，作业人员未佩戴安全防护用品上岗操作。

（3）安全管理有漏洞。原料运输车间领导和相关人员的安全生产责任制落实不到位，安全检查有死角，隐患排查和整改不及时。

（4）原料运输车间设备管理不到位。4 号带式输送机尾部喊话器喇叭和带式输送机事故拉绳开关长时间损坏没有被及时发现并维修，致使操作工与主控室的通信联系中断，带式输送机运转系统能够被直接启动。

三、防范措施

（1）认真贯彻安全生产责任制，建立安全生产规章制度，完善安全操作规程，根据设备检修、维护、运转、防护等特点提出相关安全要求。

（2）进一步提高职工安全意识和自我保护能力，要从规章制度学习和岗位操作技能训练开始，使职工了解生产工艺、掌握设备性能、识别风险，最终做到规范操作。

（3）加强设备设施的检查、维护（包括带式输送机机头、尾轮、传动部位的安全防护，安全事故开关、拉绳、带式输送机架子护栏、安全过桥、上下走梯等），提高设备本质化安全程度。

（4）要认真吸取事故教训，对全厂职工重新进行安全教育，杜绝习惯性违章操作，同时加大检查、督促、指导、考核力度，防止事故再次发生。

（5）生产作业中岗位人员要真正落实安全第一、预防为主、综合治理的安全生产方针，深入开展本岗位危险源辨识活动，做到举一反三。

（6）全面隐患排查和现场人员行为检查，对查出的各类事故隐患、违章行为要做到及时上报，组织落实整改工作，对不能立即解决的隐患项目要制定安全可靠的防范措施，确保安全生产。

案例 12　焦化厂高处坠落事故分析

一、事故经过

某焦化厂脱硫工段甲安排某焦化厂雇用劳务人员 3 人及某建筑安装工程公司的雇用人员两人到脱硫液循环槽（圆柱体，直径 7 m、高 7 m，简称循环槽）顶部添水、加脱硫催化剂（脱硫液以氨和脱硫催化剂的水溶液为主，脱硫催化剂是一种易溶于水而不易燃易爆、不易挥发的固体粉末），并焊接加料斗（直径 0.4 m、高约 1.1 m）。由于加料斗较重，需增派人手将其由循环槽外直梯抬升至槽顶，甲便又叫来附近的某焦化厂绿化岗位劳务人员 1 人参加作业。

16 时 55 分左右，当进行循环槽顶部焊接作业时，循环槽开始晃动并发出异响，随即发生爆炸。爆炸将脱硫液循环槽顶盖掀起，跌落在距脱硫液循环槽约 20 m 远的地上，除在地面配合的甲，以及某焦化厂雇用劳务人员 1 人外，在循环槽顶部的 5 人被抛出，造成某焦化厂雇用劳务人员两人和某建筑安装公司雇用人员 1 人当场死亡，某焦化厂和某建筑安装公司雇用人员各 1 人受重伤。附近人员立即拨打 110、119 及 120，随即两名伤员被送往医院抢救，其中，某建筑安装工程公司雇用人员 1 人经抢救无效死亡，某焦化厂雇用劳务人员 1 人脱离生命危险。

二、事故原因

1. 直接原因

事故调查组认为造成事故的原因：作为脱硫碱源的氨主要来自焦炉剩余氨水蒸氨岗位的浓氨水（氨是一种易挥发性物质），在槽内挥发形成了氨与空气的混合气体（在空气中氨的爆炸极限为 15%~30.2%）。

2. 间接原因

发生事故的脱硫液循环槽顶有人孔口 1 个，直径 500 mm，罐顶排气管 1 根，直径 300 mm，高约 2.5 m，均敞开。由此推断：事故发生时，脱硫液循环槽空间内氨气与空气混合形成了爆炸性气体，遇明火发生爆炸。

三、防范措施

（1）成立检修组织协调机构，制定检修方案加强检修前的针对性安全教育和现场检查；

（2）检修前须停产，对易燃易爆及有害气体采取通风置换措施，检测其浓度合格后方可作业；

（3）存在火灾、爆炸危险的区域严禁动火作业，需动火作业时须严格遵守动火审批制度；

（4）作业人员应配备相应的防护用品并正确使用。

案例 13　炼铁煤气中毒事故分析

一、事故经过

2009 年 8 月 21 日，雷雨天气，某炼铁厂 1 号高炉主风机于 19 时 25 分跳闸断电，高炉被迫休风。19 时 45 分，故障排除，热风班开始对干式除尘器进行引煤气操作，用煤气置换除尘器箱体内空气，并在主控室依次关闭除尘器 1～7 号箱体 DN250 放散管气动蝶阀。由于 7 号箱体 DN250 放散管气动蝶阀出现故障没有完全关闭，1 号高炉热风班 4 名工人于 21 时 40 分，上到 7 号箱体顶部实施人工关闭。由于没有关闭到位的 7 号箱体蝶阀使煤气仍处于放散状态，造成除尘器箱体顶部煤气大量积聚，导致 4 人当场中毒。21 时 50 分左右，在箱体下留守监护的 3 人怀疑箱体上面出现问题，在未佩戴空气呼吸器和携带一氧化碳报警仪，且未切断煤气气源的情况下，再次上到 7 号箱体顶部工作台，致使其中的 2 人相继倒下。事故共造成 6 人死亡、1 人轻伤，直接经济损失 500 余万元。

二、事故原因

（1）不符合《工业企业煤气安全规程》（GB 6222）规定的不应在雷雨天气、不宜在夜间进行作业的要求，属违规作业。

（2）在7号箱体放散管气动蝶阀关闭不到位，未切断煤气气源，放散管仍处于放散的情况下，4名作业人员未按照规定佩戴煤气报警仪和空气呼吸器，贸然上到7号箱体顶部实施作业。

（3）其他3名操作人员也在未佩戴空气呼吸器，未采取任何措施的情况下盲目施救。

三、防范措施

（1）严格按《工业企业煤气安全规程》（GB 6222）作业，雷雨天气及夜间严禁进行煤气作业。

（2）需要切断煤气气源时，放散管气动蝶阀要关闭到位。

（3）进入煤气设备设施区域作业时，必须按照规定佩戴煤气报警仪和空气呼吸器。

（4）发生煤气中毒事故时，不可盲目施救，必须按照规定佩戴煤气报警仪和空气呼吸器后，方可进入施救现场。

（5）发生煤气中毒、着火、爆炸和大量煤气泄漏等事故，应立即报告调度室和煤气防护站。如发生煤气着火事故应立即拨打火警电话，发生煤气中毒事故应立即通知附近卫生所。发生事故后应迅速查明事故情况，采取相应措施，防止事故扩大。

（6）抢救事故的所有人员都应服从统一领导和指挥，指挥者应是企业领导人（厂长、车间主任或值班负责人）。

（7）事故现场应划出危险区域，布置岗哨，阻止非抢救人员进入。进入煤气危险区的抢救人员应佩戴呼吸器，不应用纱布口罩或其他不能防止煤气中毒的器具。

（8）未查明事故原因和采取必要安全措施前，不应向煤气设施恢复送气。

案例 14　液钢瓶泄漏事故分析

一、事故经过

某日，某甲液氨气体有限公司一辆装运液氨钢瓶的运输车辆，在丙有限公司卸完 2 瓶液氨后，途经某饭店时，驾驶员和押运员离车用餐。当时阳光直射，平均气温约为 35 ℃，最高温度达到 38 ℃，大约 20 min 后，在烈日的暴晒下，1 只 200 kg 钢瓶突然爆裂，泄漏的液氨气体导致现场附近 108 人中毒，之后先后被送至市中心医院救治。

事故发生时，车载 10 只液氨钢瓶，其中 6 只为 200 kg，4 只为 50 kg。200 kg 钢瓶中 4 只是空瓶，2 只为刚在丙有限公司卸完液氨的钢瓶，爆裂钢瓶是刚卸完液氨的 1 只钢瓶。事后经称重发现，有 1 只 200 kg 瓶内尚有残余液氨 31 kg，4 只 50 kg 液氨钢瓶为满瓶。驾驶员和押运员持有相关证件。钢瓶运输过程没有遮阳措施。

气瓶充装时间为事发前 8 日，充装单位没有相关瓶号的记录。用户单位采购资料中没有相关瓶号记录，也没有现场卸液氨操作的相关记录，无法真实反映卸液氨瓶号、卸液氨前后压力变化、储槽液位记录等。

满液气瓶于事发日 9 时 30 分左右到达用户作业现场，卸氨后约 11 时 15 分离开。卸第一瓶液氨用了 20 min。卸第二瓶时由于下方的液相接口连接出现问题，便将卸液导管接在了上方的气相接口上，连接导管用时 10 多分钟，然后用时近 1 h 卸液，其间操作人员曾对液氨管路系统的阀门进行操作，以瓶体结霜为确认液氨是否卸完的依据。用户无卸液计量设施，储槽液位计模糊不清，难以正确确定液位，且没有配置防止倒灌的装置，在系统压缩机工作的情况下，存在操作失误导致系统内液氨倒灌至钢瓶的条件。

在对钢瓶表面除漆后，未见气瓶制造单位钢印。发现 4 处检验钢印，最早的检验钢印是 1990 年 8 月，其中“03”钢印明显有误，反映该气瓶检验单位管理混乱，也不排除是不具备资质的非法检验单位。

破口呈塑性断裂，断口上未见明显的金属缺陷，破口沿筒体中部纵向破裂，长约 710 mm、宽约 50 mm，距下焊缝约 410 mm。破口中央在纵焊缝的热影响区近熔合线处，断口处测得的最小壁厚为 31 mm。筒体周长约 1 978 m，破口最大处筒体周长约 2 030 mm。

事故瓶外表面腐蚀较严重，瓶体表面存在大量点状腐蚀，尤其是近焊缝处。

对事故瓶筒体进行测厚、金相、磁粉、射线、化学、母材和焊缝机械性能等检验和试验，未发现严重超标缺陷。

二、事故原因

（1）液氨钢瓶充装单位对充装环节疏于管理，没有瓶号及操作等相关记录；

（2）液氨钢瓶运输单位高温天气没有采取遮阳措施而进行运输；

（3）有关部门对驾驶员和押运员培训不到位；

（4）有关部门对气瓶充装企业的资质及充装人员的培训与监督管理不到位；

（5）用户单位没有严格执行装卸液氨的操作规程；

（6）气瓶内存有过量气体（液氨），液氨钢瓶超期使用，严重腐蚀。

三、防范措施

（1）充装单位对充装环节应当严格管理；

（2）用户单位对卸液工作必须高度重视、严格管理；

（3）运输单位应当严格按照《气瓶安全监察规程》规定运输，对运输和作业人员应当进一步加强安全教育。液氨钢瓶运输高温天气应采取遮阳措施。

案例 15　氮气超标窒息事故分析

一、事故经过

某日，某工程项目部工作人员带领 2 名农民工到某公司连铸车间水泵房除盐水池（长 15 m、宽 6 m、高 2.5 m）进行池壁渗漏修复作业。事先已将水池水位降至溢流最低点（池内剩余水深约 0.5 m）。13 时 45 分左右，2 名农民工先后下到池底（池内余水已在当天中午前排除），相继晕倒。旁边 2 名电工甲和乙闻讯下池救人，也晕倒在除盐水池内。电工丙顺着爬梯下到水池一半高度时，发现池内已有 4 人倒地，感觉情况异常回到地面。管道安装作业长带人赶至事故现场，误以为是触电导致下池人员晕倒，在断电后让管道工丁下池救人，导致丁缺氧窒息倒在池内。至此，除盐水池内共 5 人窒息晕倒，后送医院均抢救无效死亡。

二、事故原因

1. 直接原因

事故调查组认为，事故是由稳压罐内氮气随回水管道反窜到除盐水池内，造成池内氮气含量超标、严重缺氧，导致作业人员下池后窒息死亡。

2. 间接原因

有限空间作业，盲目施救带来的严重后果。

三、防范措施

（1）加强从业人员安全技能提升培训，使其掌握惰性气体的物理性质和化学性质；

（2）加强从业人员安全意识的培养；

（3）制定施工方案，严格检查和落实；

（4）规范设置和使用安全警示标识；

（5）按规定进行事故上报；

（6）加强对外包施工队伍的监督管理；

（7）非常规作业，应遵守《缺氧危险作业安全规程》（GB 8958）的相关规定；

（8）编制应急救援预案并严格落实。

参考文献

［1］国家安全生产监督管理总局宣传教育中心．冶金企业从业人员安全生产培训教材［M］．北京：团结出版社，2010.

［2］姜涛．烧结球团生产技术手册［M］．北京：冶金工业出版社，2014.

［3］何建平．炼焦化学产品回收与加工［M］．北京：化学工业出版社，2005.

［4］潘立慧，魏松波．干熄焦技术［M］．北京：冶金工业出版社，2005.

［5］于振东，郑文华．现代焦化生产技术手册［M］．北京：冶金工业出版社，2010.

［6］鞍山钢铁公司炼铁厂．大高炉炼铁生产［M］．北京：冶金工业出版社，1974.

［7］邓守强．高炉炼铁技术［M］．北京：冶金工业出版社，1991.

［8］杨富．冶金安全生产技术［M］．北京：煤炭工业出版社，2010.

［9］文泉，赵民革．实用高炉炼铁技术［M］．北京：冶金工业出版社，2002.

［10］余志祥．现代转炉炼钢技术［J］．炼钢，2001（2）：13-18.

［11］人力资源和社会保障部教材办公室．转炉炼钢工艺及设备［M］．北京：中国劳动社会保障出版社，2009.

［12］辛景昌．转炉煤气回收工艺及安全措施［J］．河北冶金，2011（1）：28-30.

［13］孙礼明．转炉双联法冶炼工艺及其特点［J］．上海金属，2005，27（2）：44-46.

［14］人力资源和社会保障部教材办公室．连铸设备与工艺［M］．北京：中国劳动社会保障出版社，2009.

［15］王文明．电弧炉炼钢工艺浅谈［J］．科技情报开发与经济，2006（17）：289.

［16］毕诗文．氧化铝生产工艺［M］．北京：化学工业出版社，2006.

［17］李照明．有色金属冶金工艺［M］．北京：化学工业出版社，2010.

[18] 郭万里. 氧化铝制取工 [M]. 太原：山西人民出版社，2006.

[19] 王婕. 电解铝生产工艺与设备 [M]. 北京：冶金工业出版社，2006.

[20] 邱竹贤. 预焙槽炼铝 [M]. 3 版. 北京：冶金工业出版社，2005.

[21] 魏萍，程振南. 煤气作业人员安全技术培训教材 [M]. 北京：中国建材工业出版社，1999.

[22] 徐迎春. 重金属冶炼技术 [M]. 长沙：中南大学出版社，2011.